AUF DEM WEG ZUR WELTFORMEL

BYBLOS VERLAG BERLIN

Paul Davies & John Gribbin

*Superstrings, Chaos, Complexity – und was dann?*

# Auf dem Weg zur Weltformel

bb

AUS DEM AMERIKANISCHEN VON WOLFGANG RHIEL

DER GROSSE ÜBERBLICK
ÜBER DEN NEUESTEN
STAND DER PHYSIK

Sonderausgabe Byblos Verlag GmbH, Berlin 1997

Die Originalausgabe erschien 1992 unter dem Titel
'The Matter Myth. Dramatic Discoveries that Challenge
our Understanding of Physical Reality'
im Verlag Simon & Schuster, New York.

# *Inhalt*

# *Vorwort*

Der Begriff »Revolution« wird in der Wissenschaft gern überstrapaziert. Und doch merken wohl selbst die, die sich nur beiläufig für wissenschaftliche Themen interessieren, daß tatsächlich revolutionäre Veränderungen stattfinden. Wir meinen weniger bestimmte Entdeckungen, die immer gemacht werden, noch die vielen herausragenden technologischen Fortschritte. Sicher, auch diese Veränderungen sind revolutionär. In der Wissenschaft findet jedoch ein grundlegender Wandel statt: in der Sicht der Wissenschaftler auf die Welt.

Der Philosoph Thomas Kuhn hat erklärt, der Wissenschaftler baue seine Vorstellung von der Wirklichkeit um spezifische »Paradigmen«. Ein Paradigma ist keine eigenständige Theorie, sondern ein Denkschema, um das herum die durch Experiment und Beobachtung erlangten Daten angeordnet werden. Von Zeit zu Zeit kommt es in der Geschichte des Denkens zu einem Paradigmenwechsel. Wenn das geschieht, ändern sich nicht nur wissenschaftliche Theorien, sondern auch die Weltbilder der Wissenschaftler. Und genau das erleben wir gegenwärtig.

Leider sind Behauptungen, daß wir uns mitten in einem solchen Paradigmenwechsel befinden, bereits zum Klischee geworden. Sie beruhen nur auf Teilwahrheiten. Vielen wird aufgefallen sein, daß in den letzten Jahren eigenartige und provozierende Begriffe aufgetaucht sind: Schwarze Löcher, Wurmlöcher, Quanten-»Geisterhaftigkeit«, Chaos, »denkende« Computer – um nur einige zu nennen. Doch das ist nur die Spitze des Eisbergs. In Wirklichkeit wirft die Wissenschaft am Ende des 20. Jahrhunderts die Denkfesseln dreier Jahrhunderte ab, in denen ein Paradigma das Weltbild der Wissenschaftler beherrscht hat: die mechanistische Naturauffassung. Simpel ausgedrückt besagt sie, daß das Universum lediglich eine Ansammlung wechselseitig aufeinander einwirkender Materieteilchen ist, eine gigantische planlose Maschine, in der der menschliche Körper und sein Gehirn nur unmaßgebliche, unbedeutende Teile sind. Dieses mechanistische Weltbild und der mit ihm verwandte Materialismus lassen sich bis ins antike Griechenland zurückverfolgen. Ihre neuzeitlichen Ursprünge liegen jedoch bei Isaac Newton und seinen Zeitgenossen des 17. Jahrhunderts. Es war Newton, der die Gesetze der Mechanik entwickelte und den Boden dafür bereitete, daß alle physikalischen Systeme, alle Ereignisse, als Teil eines gewaltigen mechanistischen Prozesses betrachtet werden. An der Schwelle zum 21. Jahrhundert wird dieser Mythos vom Materialismus zu Grabe getragen.

Der Trend zu einem »postmechanistischen« Paradigma, das der Wissenschaft des 21. Jahrhunderts angemessen wäre, vollzieht sich auf breiter Front: in der Kosmologie, der Chemie selbstorganisierender Systeme, der neuen Chaosforschung, der Quantenmechanik und der Teilchenphysik, der Informatik und (noch widerstrebend) an der Schnittstelle zwischen Biologie und Physik. In all diesen Bereichen sehen es die Wissenschaftler als fruchtbar oder unumgänglich an, den Teil des Universums, mit dem sie sich befassen, völlig neu anzuschauen, in Kategorien, die mit den alten Vorstellungen vom Materialismus und der kosmischen Maschine kaum noch etwas zu tun haben. Dieser gewaltige Paradigmenwechsel bringt auch eine ganz neue Sicht auf den Menschen und seine Rolle im großen Spiel der Natur mit sich.

Der Physiker Joseph Ford hat das materialistische, mechanistische Paradigma als »Gründungsmythos« der klassischen Wissenschaft bezeichnet. Müssen wir deshalb annehmen, daß der gewaltige Fortschritt der Wissenschaft in den letzten drei Jahrhunderten auf einem totalen Mißverständnis über das Wesen der Natur beruht? Nein, das hieße, die Rolle wissenschaftlicher Paradigmen falsch zu verstehen. Ein Paradigma ist weder richtig noch falsch, es spiegelt lediglich eine Perspektive, einen Wirklichkeitsaspekt wider, der sich entsprechend den Umständen als mehr oder weniger fruchtbar erweisen kann – so, wie ein Mythos, auch wenn er nicht *die* Wahrheit ist, allegorische Einsichten enthalten kann, die sich entsprechend den Umständen als mehr oder weniger brauchbar herausstellen.

Das mechanistische Paradigma erwies sich als so erfolgreich, daß man fast überall bereit war, es mit der Wirklichkeit gleichzusetzen, es nicht als eine Seite der Wahrheit anzusehen, sondern als Wahrheit schlechthin. Inzwischen erkennen immer mehr Wissenschaftler die Grenzen der materialistischen Naturauffassung und meinen, daß die Welt mehr ist als eine gigantische Maschine.

Im vorliegenden Buch erkunden wir die aufregenden und provozierenden Veränderungen und diskutieren ihre Bedeutung für uns alle, nicht nur für die Wissenschaftler. Um diese Geschichte erzählen zu können, müssen wir uns weit auf wissenschaftliches Terrain begeben, aber wir haben uns bemüht, die Darstellung so einfach wie möglich zu halten. Vor allem die Mathematik haben wir völlig ausgeklammert, obwohl einige der neuen Konzepte sich erst in der Sprache der Mathematik voll erschließen.

Wir möchten einen kurzen Blick auf das Universum bieten, das sich vor uns auftut. Es ist ein noch kläglich unvollkommenes Bild, doch allein das, was bereits zu erkennen ist, ist aufregend genug. Wir zweifeln nicht daran, daß diese Revolution, deren unmittelbare Zeugen zu sein wir das Privileg und das Glück haben, die Sicht des Menschen vom Universum für immer verändern wird.

Paul Davies
John Gribbin

I

# Der Materialismus ist tot

Alltäglich wird uns bewußt, daß manche Dinge sich ändern, andere nicht. Wir werden älter, vielleicht klüger, doch das *Wir*, das diese Veränderungen erfährt, bleibt scheinbar das gleiche. Jeden Tag ereignet sich Neues auf der Erde, Sonne und Sterne jedoch scheinen davon unberührt. Aber wieweit sind all das nur menschliche, durch unsere Sinne begrenzte Wahrnehmungen?

Im alten Griechenland gab es die große Auseinandersetzung um das Wesen von Veränderung. Einige Philosophen, so Heraklit, meinten, *alles fließe*, nichts entgehe der Veränderung. Dagegen hielt Parmenides, daß alles sei, was es sei, und folglich nicht werden könne, was es nicht sei. Veränderung und Sein waren somit unvereinbar, und nur die dauerhaften Erscheinungen konnten als wahrhaft real angesehen werden.

Im 5. Jahrhundert v. Chr. wies Demokrit einen genialen Ausweg aus dieser Sackgasse: mit der Hypothese, daß alle Materie aus winzigen, unzerstörbaren Einheiten bestehe, die er Atome nannte. Die Atome selbst blieben unveränderlich, da sie feste Eigenschaften wie Größe und Gestalt hatten, aber sie konnten sich frei im Raum bewegen und untereinander Verbindungen eingehen, so daß die makroskopischen Körper, die sie bildeten, sich offenbar verändern konnten. Auf diese Weise konnten Beständigkeit und Veränderlichkeit versöhnt werden; alle Veränderungen in der Welt wurden einfach neuen Verbindungen von Atomen im leeren Raum zugeschrieben. Damit war die Lehre vom Materialismus begründet.

Jahrhundertelang mußte der Materialismus mit anderen Ideen konkurrieren, etwa mit dem Glauben, die Materie besitze magische oder sonstige Wirkungen, oder sie könne sich mit vitalistischen oder okkulten Kräften aufladen. Diese mystischen Vorstellungen traten mit dem Aufkommen der modernen Wissenschaften in den Hintergrund. Ein Schlüsselereignis war 1687 die Veröffentlichung von Isaac Newtons ›Principia‹. In diesem Buch stellte Newton seine berühmten Bewegungsgesetze vor. Wie schon die griechischen Atomisten bezeichnete Newton die Materie als passiv und träge. Wenn ein Körper sich im Ruhezustand befindet, verbleibt er nach den Newtonschen Gesetzen ewig in diesem Zustand, sofern keine Kraft von außen auf ihn einwirkt. Der bewegte Körper bleibt dagegen mit gleicher Geschwindigkeit und in gleicher Richtung in Bewegung, solange keine Kraft ändernd auf ihn einwirkt. Materie ist somit völlig passiv.

Nach Newton besteht Materie aus festen, massiven, undurchdringlichen, beweglichen Teilchen. Für ihn und seine Zeitgenossen gab es keinen wesentlichen Unterschied zwischen den Eigenschaften alltäglicher Gegenstände und denen der elementaren Bestandteile, aus denen sie sich vermeintlich zusammensetzen (abgesehen von der Undurchdringlichkeit der letzteren).

### *Das Maschinenzeitalter*

Newtons Sicht auf die Materie als träge Masse, die durch äußere Kräfte gestaltet und geformt wird, setzte sich in der westlichen Kultur durch. Ungeteilte Akzeptanz sollte sie vor allem während der industriellen Revolution finden, die immense Macht und Wohlstand mit sich brachte. Im Europa des 18. und 19. Jahrhunderts wurden die Kräfte der Natur für Produktionszwecke gezähmt und nutzbar gemacht. Dampfkraft und Eisen, Lokomotiven und große Schiffe bildeten die Macht, das Antlitz der Erde zu verändern. Diese Fortschritte stärkten den Wunsch, Materielles in großen Mengen und unterschiedlichster Form zu besitzen. Wohlstand wurde in Masse gewogen – in Tonnen Kohle, in Hektaren Land, in Gold oder anderen Gütern. Die industrielle Revolution war eine Zeit grenzenloser Zuversicht – der Triumph des Materialismus.

Bei Erscheinen der ›Principia‹ waren Uhren die technisch aufwendigsten Apparate. Newtons Bild von der Wirkungsweise der Natur als einem ausgeklügelten Uhrwerk paßte genau in die Zeit. Die Uhr verkörperte Ordnung, Harmonie und mathematische Genauigkeit, Vorstellungen, die sich bestens mit der herrschenden Theologie vertrugen. Entgegen alten Auffassungen vom Kosmos als mystisch durchdrungener, lebendiger Organismus hatte die newtonsche Mechanik eine klare Verbindung zwischen Ursache und Wirkung hergestellt, und die mechanistische Darstellung verlangte, daß sich die Materie streng nach mathematischen Gesetzen richtete. Gerade der Bereich, der sich etwas Magisches und Geheimnisvolles bewahrt hatte, das All, bot die erfolgreichsten Anwendungsmöglichkeiten für die newtonsche Mechanik. In der Verbindung der Bewegungsgesetze mit dem Gravitationsgesetz konnte Newton die Umlaufzeit des Mondes sowie die Umlaufbahnen der Planeten und Kometen überzeugend darstellen.

Die Lehre, nach der das Universum aus träger Materie besteht, die in eine Art deterministisches Riesenuhrwerk eingesperrt ist, hat sämtliche Bereiche menschlichen Forschens durchdrungen. So beherrscht der Materialismus beispielsweise die Biologie. Lebende Organismen werden nur als komplizierte Ansammlungen von Teilchen betrachtet, die blind von ihren Nachbarn angezogen oder abgestoßen werden. Richard Dawkins, ein wortgewandter Verfechter des biologischen Materialismus, bezeichnet den Menschen (und andere Lebewesen) als *Genmaschinen*. Organismen werden demnach wie Automaten behandelt. Solche Ideen haben sogar die Psychologie beeinflußt. Die behavioristische Schule versteht alles menschliche Handeln als eine Art newtonsches dynamisches System, in dem der Geist eine passive (oder träge) Rolle spielt und auf äußere Einwirkungen oder Reize letztlich deterministisch reagiert.

Es steht außer Frage, daß das newtonsche Weltbild mit seiner Lehre vom Materialismus und vom Uhrwerk-Universum enorm zum Fortschritt der Wissenschaft beigetragen hat, weil es einen äußerst zweckmäßigen Rahmen für die Untersuchung der verschiedensten Phänomene bot. Es ist aber auch keine Frage, daß es wesentlich die Entfremdung des Menschen von seinem Universum beförderte. Donald Mackay, ein Experte für die Erforschung des Gehirns als Kommunikationssystem, spricht von »der Krankheit der Maschinenfixiertheit«. Er führt aus: »In unserem Zeitalter, wo die Menschen nach Erklärungen suchen, geht die Tendenz immer mehr dahin, jede Situation, die wir verstehen wollen, durch die Analogie zur Maschine zu begreifen.« Auf menschliche Belange wie Politik oder Wirtschaft angewandt, führt die Maschinenfixiertheit zu Demoralisierung und Entpersönlichung. Die Menschen erleben ein Gefühl von Hilflosigkeit; sie sind Rädchen einer Maschine, die ungeachtet ihrer Empfindungen und Handlungen weiterläuft. Viele lehnen das wissenschaftliche Denken deshalb ab, weil ihnen der Materialismus als eine inhalts- und trostlose Philosophie erscheint, die das menschliche Sein auf das von Automaten reduziert und keinen Raum für den freien Willen oder die Kreativität läßt. Sie können aufatmen: Der Materialismus ist tot.

## *Eine neue Physik für eine neue Gesellschaft*

Es ist nur gerecht, daß die Physik, die dem Materialismus die Steigbügel gehalten hat, auch seinen Sturz verkündet. In diesem Jahrhundert hat die moderne Physik die Grundsätze der materialistischen Lehre in einer Folge atemberaubender Entwicklungen wie Seifenblasen platzen lassen.

Es war zunächst die Relativitätstheorie, die Newtons Annahmen über Raum und Zeit in Frage stellte – Annahmen, die bis heute unser alltägliches, »normales« Weltbild beeinflussen. Die Bühne, auf der das Uhrwerk-Universum sein Stück spielte, wurde nun selbst zum Gegenstand von Veränderungen und Verwerfungen. Die Quantentheorie wandelte grundlegend unsere Vorstellungen von der Materie. Die alte Annahme, daß der Mikrokosmos der Atome einfach eine verkleinerte Version der sichtbaren Welt sei, mußte fallengelassen werden. An die Stelle von Newtons deterministischer Maschine trat eine nebulöse und widersprüchliche Verbindung von Wellen und Teilchen, die viel eher den Gesetzen des Zufalls als den strengen Regeln der Kausalität gehorchte. Eine Erweiterung der Quantentheorie, die Quantenfeldtheorie, geht sogar noch einen Schritt weiter: Sie zeichnet ein Bild, in dem die feste Materie sich einfach auflöst und von regellosen Impulsen und Schwingungen unsichtbarer Feldenergie ersetzt wird. Diese Theorie kennt kaum einen Unterschied zwischen fester Substanz und scheinbar leerem Raum und schreibt letzterem eine lebhafte Quantenaktivität zu. All diese Überlegungen gipfeln in der sogenannten Superstringtheorie, die Raum, Zeit und Materie zu vereinen sucht und sie aus den Schwingungen submikroskopischer

Schleifen unsichtbarer Strings aufbauen will, die ein zehndimensionales imaginäres Universum bevölkern.

Die Quantenphysik untergräbt den Materialismus, weil sie enthüllt, daß Materie weit weniger »Substanz« hat, als wir vielleicht glauben. Aber eine andere Entwicklung geht in der Zerstörung von Newtons Bild der Materie als reaktionsträger Masse noch weiter: die Chaostheorie, die in jüngster Zeit weltweit Beachtung findet. Eigentlich ist »Chaos« nur Teil einer gewaltigen Umwälzung in der wissenschaftlichen Betrachtungsweise dynamischer Systeme. Man stellte fest, daß sogenannte nichtlineare Effekte Materie veranlassen können, sich scheinbar absonderlich zu verhalten, sich zum Beispiel selbst zu organisieren und spontan Muster und Strukturen zu entwickeln. Das Chaos ist insofern ein Sonderfall; es tritt in nichtlinearen Systemen auf, die instabil werden und sich willkürlich und völlig unvorhersehbar verändern. Der starre Determinismus des newtonschen Uhrwerk-Universums löst sich hier in nichts auf und wird durch eine Welt ersetzt, in der die Zukunft offen ist, in der die Materie ihre starren Schranken sprengt und selbst kreatives Element wird.

In den folgenden Kapiteln werden wir den aufregenden Konsequenzen und der neuen Weltsicht, die sich daraus ergeben, unsere Aufmerksamkeit widmen. Wir werden sehen, daß die Materie ihre Mittelstellung eingebüßt hat und durch Konzepte der Organisation, Komplexität und Information abgelöst wurde. Die Auswirkungen auf unsere sozialen Wertvorstellungen sind bereits spürbar. Denken wir etwa an die Revolution der Informationstechnologie: George Gilder stellt fest, daß die Materialkosten für der Herstellung eines Silizium-Chips lächerlich gering sind und die Gewinne von morgen in die Länder und Unternehmen fließen, die am besten in der Lage sind, Informationen und Organisationsstrategien zu vermarkten. Der Unterschied zum materialbedingten Wohlstand der ersten industriellen Revolution kann nicht krasser sein:

> Heutzutage sind die aufstrebenden Nationen und Gesellschaften nicht Herren über Land und materielle Ressourcen, sondern über Ideen und Technologien. Das weltweite Telekommunikationsnetz kann wertmäßig mehr Waren befördern als alle Supertanker der Welt. Reichtum erlangen heute nicht die Herren über Sklaven-

> arbeit, sondern die Befreier menschlicher Kreativität, nicht die Eroberer von Land, sondern die Emanzipatoren des Geistes.

Bei diesem »Sturz der Materie«, schreibt Gilder, »sind die Kräfte des Geistes der rohen Gewalt der Dinge überlegen«, sie verwandeln »eine materielle Welt aus unbedeutenden und trägen Teilchen in ein strahlendes Reich, das von informativer Energie funkelt«.

Kein Land erlebt die Herausforderungen dieses Wandels gegenwärtig stärker als Australien. In der Geschichte der australischen Wirtschaft dominierte der Export von Waren wie Kohle, Uran und Wolle; aus historischen und geographischen Gründen entwickelte sich kaum eine Fertigungsindustrie. Australien entging im wesentlichen der industriellen Revolution, die die Gesellschaften Europas, Nordamerikas und Japans umkrempelte. Jetzt hat die australische Regierung eine außergewöhnlich weitsichtige politische Entscheidung getroffen: die industrielle Phase zu überspringen und eine neue Wirtschaftsordnung einzuführen, die sich auf die Vermarktung von Ideen, Informationen und Bildung stützt. Premierminister Bob Hawke hat erklärt, Australien könne sich nicht länger damit zufriedengeben, »das glückliche Land« zu sein, es müsse »das intelligente Land« werden.

Das bislang greifbarste Resultat dieser Entscheidung ist der Plan, einen neuen Stadttyp zu bauen, eine Multifunktions-Polis (MFP), die in der Nähe von Adelaide liegen soll. Sie soll Forschungsinstitute, wissenschaftlich durchdachte Umweltprojekte und soziale Organisationen sowie entwickelte Gesundheits-, Freizeit- und Erholungseinrichtungen beherbergen. Großen Wert legt man auf ein Vernetzungskonzept, so daß die MFP aus einer Ansammlung von »Dörfern« bestehen wird, die durch optische High-Tech-Kommunikation miteinander verbunden sind. Die MFP wird ihrerseits mit anderen Städten vernetzt und schließlich mit der übrigen Welt. Der Wirtschaftsplan legt großes Gewicht auf ein ultraschnelles Kommunikations- und Informationsnetz, so daß Informationen, Ideen und Strategien auf der ganzen Welt angeboten werden können, um damit auch die geographische Isolation Australiens zu überwinden.

Die vielleicht beste Idee an dieser MFP-Strategie ist die Erkenntnis, daß Bildung und wissenschaftliche Forschung wertvolle Ressourcen sind, die wie andere Güter vermarktet werden können. Über ein globales Kommunikationsnetz wäre es möglich, daß Vorlesungen, die in Australien gehalten werden, von Studenten der Dritten Welt gehört und gesehen werden, oder daß Operationen, die auf einer Seite des Globus durchgeführt werden, von Ärzten auf der anderen Seite am Bildschirm verfolgt werden. Um dieses Ziel zu erreichen, will die MFP eine »Weltuniversität« einrichten mit einer Verbindung zu in- und ausländischen Universitäten und Bildungseinrichtungen – die globale Fortsetzung der »Open University«, die vor zwei Jahrzehnten in Großbritannien ins Leben gerufen wurde und die damals vorhandenen einfachen Kommunikationssysteme nutzte.

Diese zukunftsweisenden australischen Pläne können wohl in dem Maße Weltstandard werden, wie materielle Güter an Bedeutung verlieren und Ideen und Informationen an ihre Stelle treten. Die neue Gesellschaft wird sich dabei nicht an der Uhrwerk-Vorstellung des newtonschen Materialismus orientieren, sondern an der Netzwerk-Vorstellung des postnewtonschen Weltbildes. Wir leben nicht in einem kosmischen Uhrwerk, sondern in einem kosmischen Netz, einem Netz aus Kräften und Feldern, aus umfassenden Quantenverbindungen und nichtlinearer, kreativer Materie.

## *Das Wesen der wissenschaftlichen Wahrheit*

Beim Umsturz des alten Weltbildes – einem Paradigmenwandel, der unser Wirklichkeitsverständnis drastisch verändert – ist der »gesunde Menschenverstand« das Opferkalb. Waren Sinne und Intuitionen im newtonschen Bild von der Wirklichkeit noch ein verläßlicher Führer, scheint es im abstrakten Wunderland der neuen Physik, als könne uns nur noch die höhere Mathematik helfen, die Natur zu verstehen. Wenn wir mit dem newtonschen Materialismus brechen, müssen wir uns damit abfinden, daß unsere theoretischen Modelle und die wirklichen Dinge auf viel subtilere Weise miteinander verknüpft sind, als wir bisher angenommen haben. Gerade die Begriffe von Wahrheit und Wirklichkeit müssen sich von Grund auf ändern.

Obwohl wir im sogenannten wissenschaftlichen Zeitalter leben, ist die Wissenschaft nicht das einzige Denksystem, das uns beherrscht. Die unterschiedlichsten Religionen und Philosophien geben vor, ein reicheres und umfassenderes Weltbild zu bieten. Das wissenschaftliche Weltbild beruft sich auf den Anspruch, die *Wahrheit* zu verhandeln. Wie elegant eine wissenschaftliche Theorie immer sein mag oder wie großartig auch ihr Schöpfer ist – wenn sie nicht mit Experimenten und Beobachtungen übereinstimmt, hat sie keine Chance.

Diese Vorstellung, daß Wissenschaft ein reines und objektives Destillat der realen Welterfahrung sei, ist natürlich eine Idealisierung. In Wirklichkeit ist die wissenschaftliche Wahrheit oft sehr viel subtiler und strittiger.

Kern aller wissenschaftlichen Verfahren ist die Konstruktion von *Theorien.* Wissenschaftliche Theorien sind im Grunde Modelle der wirklichen Welt (oder ihrer Teile), und das wissenschaftliche Vokabular bezieht sich überwiegend auf die Modelle, weniger auf die Wirklichkeit. So verwenden Wissenschaftler häufig den Begriff »Entdeckung«, wenn sie einen rein theoretischen Fortschritt meinen. Man hört oft, Stephen Hawking habe »entdeckt«, daß Schwarze Löcher nicht schwarz sind, aber daß sie Wärmestrahlung aussenden. Diese Aussage beruht allein auf einer mathematischen Untersuchung. Niemand hat je ein Schwarzes Loch gesehen, geschweige denn seine Wärmestrahlung wahrgenommen.

Die Beziehung zwischen einem wissenschaftlichen Modell und dem realen System, das es vorgibt darzustellen, wirft ernste Fragen auf. Zur Illustration des Problems beginnen wir mit etwas recht Einfachem. Im 16. und 17. Jahrhundert erschütterten die Arbeiten von Kopernikus, Kepler, Galilei und Newton jahrhundertealte kirchliche Dogmen über die Stellung der Erde im Universum. Galilei wurde von der Kirche verfolgt, weil er die Auffassung des Kopernikus teilte, daß die Erde sich um die Sonne drehe. Das widersprach der herrschenden Theologie. Merkwürdigerweise wandten die kirchlichen Autoritäten sich nicht gegen den Gedanken einer sich bewegenden Erde, solange er nur ein Modell zur Berechnung der Himmelsbewegungen blieb. Unannehmbar war für sie jedoch Galileis Behauptung, daß die Erde sich *wirklich* bewegt. Nun, damit ist eine interessante Frage aufgeworfen. Woher weiß man, wann ein wissenschaftliches Modell lediglich ein mathematisches Hilfsmittel ist und wann es die Wirklichkeit beschreibt?

Die Wissenschaft begann als eine Erweiterung des Alltagsverstandes, sie verfeinerte und systematisierte ihn in hohem Grade. Wenn Wissenschaftler also Theorien aufstellten, begannen sie im Allgemeinen damit, die Welt so zu nehmen, wie sie sich ihnen zeigte. Als die Astronomen des Altertums den Lauf der Gestirne verfolgten, entwarfen sie ein Modell des Universums, in dem die Erde im Mittelpunkt vieler sie umkreisender Himmelskörper stand, einschließlich der Sonne, des Mondes, der Sterne und Planeten. In dem Maße, wie die Beobachtungen präziser wurden, mußte dieses Modell immer wieder angepaßt werden und viele Himmelskörper sowie Himmelskörper im Umkreis von Himmelskörpern berücksichtigen. Dieses System von *Epizyklen* wurde zunehmend komplizierter. Als Kopernikus schließlich die Sonne ins Zentrum rückte, waren die Himmelsbewegungen sofort sehr viel einfacher im Modell darzustellen.

Kein Wissenschaftler bezweifelt heute mehr, daß die Sonne sich *wirklich* im Zentrum des Sonnensystems befindet und daß die Erde sich dreht, nicht das Firmament. Aber beruht diese Gewißheit womöglich nur auf Ockhams Messer – auf dem Umstand, daß das heliozentrische Modell simpler ist als das geozentrische, und ist das wirklich ausreichend?

Wissenschaftliche Theorien liefern *Beschreibungen* der Wirklichkeit, sie begründen diese Wirklichkeit nicht. Es scheint inzwischen, als sei das epizyklische Modell, so erfolgreich man mit ihm auch die Lage der Himmelskörper bestimmt hat, doch in gewissem Sinne *falsch*. Das Problem ist: Woher wissen wir, daß die gegenwärtige Beschreibung des Sonnensystems *richtig* ist? So sicher wir sein mögen, daß unsere Vorstellung das Universum beschreibt, wie es *wirklich* ist, können wir doch nicht ausschließen, daß irgendwann ein neuer und besserer Weg gefunden wird, die Dinge zu sehen, auch wenn uns das im Moment unvorstellbar erscheint.

Solange wissenschaftliche Modelle sich eng an die unmittelbare Erfahrung halten, in der der »gesunde Menschenverstand« ein verläßlicher Wegweiser ist, sind wir sicher, zwischen Modell und Wirklichkeit unterscheiden zu können. Aber in manchen Bereichen der Physik ist das nicht einfach. Der Energiebegriff zum Beispiel, heute weithin geläufig, wurde ursprünglich als rein theoretische Größe eingeführt, um die Beschreibung mechanischer und thermodynamischer Prozesse für den Physiker zu vereinfachen. Wir können Energie weder sehen noch anfassen, doch wir akzeptieren ihre reale Existenz, weil wir gewohnt sind, über sie zu sprechen.

Noch ärger ist die Lage in der neueren Physik, wo der Unterschied zwischen Modell und Wirklichkeit manchmal hoffnungslos verschwimmt. In der Quantenfeldtheorie beispielsweise reden die Theoretiker oft von abstrakten Gebilden, sogenannten virtuellen Teilchen. Diese flüchtigen Objekte entstehen aus dem Nichts und verschwinden beinahe sofort wieder. Ihr flüchtiges Dasein kann in gewöhnlicher Materie zwar eine schwache Spur hinterlassen, die virtuellen Teilchen selbst aber können niemals direkt beobachtet werden. Inwieweit können sie also als tatsächlich existierend angesehen werden? Sind die virtuellen Teilchen vielleicht eher eine zweckmäßige Hilfe für den Theoretiker – eine einfache Möglichkeit, Prozesse zu beschreiben, die aus dem vertrauten Begriffssystem herausfallen – als wirkliche Objekte? Oder sind sie vielleicht – wie die Epizyklen – Bestandteile eines Modells, das sich als falsch erweist und von einem Modell verdrängt wird, in dem sie keinen Platz haben?

### *Was ist Wirklichkeit?*

Je weiter die Wissenschaft sich vom gewohnten Denken entfernt, desto schwerer fällt meist die Entscheidung, was ein Modell ist und was als getreue *Beschreibung* der wirklichen Welt gelten kann. So ist es ein ausgesprochenes Rätsel der Teilchenphysik, warum die verschiedenen subatomaren Teilchen die Masse haben, die sie haben. Das Proton wiegt zum Beispiel 1836mal soviel wie ein Elektron. Warum 1836mal soviel? Niemand weiß es. Eine vollständige Aufstellung aller bekannten Teilchen ergäbe eine Liste von mehreren hundert solcher Zahlen. Verschiedene systematische Trends sind zwar erkennbar, aber die genauen Werte dieser Zahlen bleiben ein Geheimnis.

Es wäre denkbar, daß eines Tages ein Musikinstrument erfunden wird, das Noten spielt in Frequenzen mit denselben Proportionen wie diese seltsamen Zahlen. Das Instrument wäre dann ein ausgezeichnetes *Modell* für Teilchenmassen, aber kann jemand sagen, daß die Teilchen *wirklich* auch Noten in irgendeinem abstrakten Musiksystem sind? Der Gedanke scheint lächerlich. Aber Vorsicht! Wie schon erwähnt, begeistern sich die Physiker momentan sehr für die Superstringtheorie, die besagt, daß das, was wir bisher für subatomare Teilchen gehalten haben, in Wirklichkeit Reize – oder Schwingungen – kleiner Stringschleifen sind! So ist der Instrumentgedanke vielleicht gar nicht so abwegig. Andererseits können wir diese Strings nicht wirklich beobachten, sie sind viel zu klein. Haben wir sie uns nun als *wirklich* vorzustellen oder nur als ein theoretisches Gebilde?

Wenn Geschichte etwas Vergängliches ist, hat die Natur die unangenehme Gewohnheit, uns darüber, was real und was vom Menschen erfunden ist, zu täuschen. Die scheinbare Bewegung der Sterne, die die reale Bewegung der Erde widerspiegelt, ist nur ein Beispiel von vielen, wie Wissenschaftler sich in die Irre führen ließen, weil sie der Natur unbesehen glaubten.

Mit weiteren Beispielen kann die Biologie aufwarten. Biologische Organismen besitzen so außergewöhnliche Eigenschaften, daß man schnell annimmt, sie hätten irgendeine besondere Substanz oder Lebenskraft in sich. Die Theorie des Vitalismus war zu Beginn des 20. Jahrhunderts sehr populär. Hans Dreisch etwa war sehr beeindruckt von der Entwicklung des Embryos aus einem einfachen Ei zur komplex organisierten Gestalt des reifen Fötus. Was ihm besonders geheimnisvoll erschien, war die Fähigkeit einiger Embryos, sich von absichtlichen Verstümmelungen zu erholen. Dreisch glaubte, diese Entfaltung einer Ordnung erfolge unter der Supervision einer unsichtbaren Kraft, die er »Entelechie« nannte.

Heute hat der Vitalismus keine Chance mehr. Die Fortschritte der Molekularbiologie – etwa die Entschlüsselung der DNA und des genetischen Codes – haben gezeigt, daß das Leben auf chemischen Reaktionen beruht, die sich nicht grundlegend von denen unterscheiden, die in unbelebten Systemen ablaufen. Dreisch und andere waren, wie es heute scheint, Opfer ihrer (verständlichen) Unfähigkeit, zu erkennen, daß Moleküle in derart großer Zahl kooperativ zusammenwirken können, ohne durch eine übergeordnete Kraft koordiniert zu werden.

Die Geschichte der Evolutionstheorie ist reich an derartigen Reinfällen. Betrachten wir beispielsweise, wie einleuchtend

Lamarcks Theorie von der Vererbung erworbener Eigenschaften scheint. Organismen streben ständig irgendwelche Ziele an: Löwen versuchen, schneller zu laufen, um ihre Beute leichter zu fangen; Giraffen recken den Hals bis zum äußersten, um an die höher hängenden Blätter zu kommen – und so weiter. Dieses Verhalten, so Lamarck, wirke sich auf die Nachkommen aus: Die nächste Generation Löwen könne etwas schneller laufen, die nächste Generation Giraffen werde mit einem etwas längeren Hals geboren. Der Sohn eines Schmieds wird nach Lamarck bereits mit der Disposition geboren, kräftigere Muskeln zu entwickeln, weil sein Vater die entsprechenden Muskeln in seinem arbeitsreichen Leben besonders beansprucht hat. Auf diese Weise passen sich die Arten immer erfolgreicher ihrer Umwelt an.

Lamarcks Theorie spricht den »gesunden Menschenverstand« an. Man braucht sich die Lebewesen nur anzusehen und ist überzeugt, daß sie tatsächlich ständig nach etwas streben, und aus Fossilienfunden wissen wir, daß die Arten sich im Lauf der Generationen immer besser ihren ökologischen Nischen angepaßt haben. Dennoch ist die Theorie falsch. Experimente und Beobachtungen beweisen, daß ein Organismus die von ihm selbst erworbenen Eigenschaften nicht an die Nachkommen weitergibt. Vielmehr, wie Darwin richtig vermutet hat, erfolgen Veränderungen von Generation zu Generation willkürlich, und es ist die natürliche Auslese, die die überlegenen Mutationen bewahrt und so die Fortschritte des evolutionären Wandels hervorbringt.

Der Philosoph Thomas Kuhn meint, daß Wissenschaftler ganz bestimmte Paradigmen übernehmen, die sich hartnäckig halten und erst angesichts offenkundiger Absurditäten aufgegeben werden. Diese Paradigmen beeinflussen die Bildung wissenschaftlicher Theorien und wirken sich nachdrücklich auf die Methodenlehre der Wissenschaft und die aus Experimenten gezogenen Schlüsse aus. Die experimentelle Wissenschaft ist stolz auf ihre Objektivität, doch dann und wann manipuliert sie unbewußt Daten, damit sie der vorgefaßten Meinung entsprechen. Manchmal messen mehrere Forscher unabhängig voneinander die gleichen Werte und kommen folglich zum gleichen *falschen* Ergebnis, weil es das Ergebnis ist, mit dem sie gerechnet haben.

Ein typisches Beispiel dafür sind die Marskanäle. Nachdem

Giovanni Schiaparelli 1877 berichtete, auf der Oberfläche des Mars ein Netz aus Linien beobachtet zu haben, bestätigten andere Astronomen deren Existenz und gingen zum Teil so weit, detaillierte Karten zu entwerfen. Als die Raumsonde Mariner 4 während ihres Vorbeifluges 1965 jedoch die ersten Detailfotos vom Mars übermittelte, war von den »Kanälen« nichts zu sehen.

Oder nehmen wir die Phlogiston-Theorie der Verbrennung. Im 17. Jahrhundert erklärte Georg Ernst Stahl, daß ein Stoff, wenn er brennt oder rostet, eine Substanz absondere – Phlogiston. Der Gedanke schien einleuchtend; ein brennender oder rostender Gegenstand sieht tatsächlich aus, als würde er etwas an die Atmosphäre abgeben. Aber auch hier erwies sich der äußere Anschein als irreführend. In späteren Untersuchungen zeigte sich, daß beim Verbrennen und Rosten ein Stoff aus der Luft – nämlich Sauerstoff – *entzogen* wird. – Ein schönes Beispiel dafür, daß Wissenschaftler Dinge sehen, die gar nicht da sind. In anderen Fällen wiederum übersehen sie Dinge, die da sind.

Die Existenz von Meteoriten wurde lange Zeit angezweifelt. Es galt als wissenschaftlicher Nonsens, anzunehmen, daß Steine vom Himmel fallen könnten. Ein besonders spektakulärer Fall in Frankreich zwang die Académie Française schließlich, sich zu revidieren, und die wissenschaftliche Gemeinde folgte bald nach.

## *Jenseits des gesunden Menschenverstands*

Ein Paradigmenwechsel in der Wissenschaft ist oft von erheblichen Kontroversen begleitet. Ein klassisches Beispiel ist der »Weltäther«. Als James Clerk Maxwell nachwies, daß Licht eine elektromagnetische Welle ist, schien es unabdingbar, daß diese Welle irgendein Medium haben mußte, in dem sie sich fortbewegen konnte. Schließlich bewegen sich alle anderen bekannten Wellen *durch* etwas hindurch: Schallwellen bewegen sich durch die Luft, Wasserwellen auf der Oberfläche von Seen und Meeren. Weil das Licht von der Sonne und den Sternen durch den anscheinend leeren Weltraum zu uns gelangt, wurde gemutmaßt, daß das All mit einem immateriellen Stoff gefüllt ist, dem Äther, durch den diese Wellen sich fortpflanzen.

Viele Physiker waren von der Existenz des Äthers so überzeugt, daß ehrgeizige Experimente zur Messung der Geschwindigkeit, mit der die Erde den Äther durcheilt, durchgeführt wurden. Doch ergaben die Experimente zweifelsfrei, daß kein Äther existiert. Das führte zu heftigen Debatten, bis die mißliche Lage 1905 durch einen Paradigmenwechsel bereinigt wurde. Durch die Annahme, daß Raum und Zeit elastisch sind und sich in einem anderen Bezugssystem anders verhalten, konnte Einstein nachweisen, daß seine Relativitätstheorie einen Äther überflüssig machte. Licht wurde nun als eine wellenartige Störung in einem unabhängig bestehenden elektromagnetischen Feld behandelt. Das Feld wechselt so von einem Bezugssystem zum andern, daß die Erdbewegung unmaßgeblich ist.

Für die Physiker des 19. Jahrhunderts war der Äther jedoch noch sehr real. Es gibt Leute (allerdings keine Physiker!), die dem Gedanken bis heute anhängen. Noch immer ist, wenn es ums Radio geht, von den »Ätherwellen« die Rede, wenn auch meist nur als sprachliche Wendung. Die Frage ist: Weshalb können wir sicher sein, daß es keinen Äther gibt? Das elektromagnetische Feld ist schließlich auch nur ein abstraktes Gebilde, das wir nicht direkt beobachten können. Man könnte wieder auf die Tatsache verweisen, daß die relativistische Feldtheorie einfacher als die Alternative ist. Aber während soweit klar zu sein scheint, daß die Erde sich um die Sonne dreht, ist die Frage, ob der Äther oder das elektromagnetische Feld oder keins von beiden wirklich existiert, insgesamt offenbar komplizierter.

Einige sind in ihrem Blick auf die Wirklichkeit dem »gesunden Menschenverstand« derart verhaftet, daß sie selbst die Erkenntnisse der modernen Physik anzweifeln. Einsteins Relativitätstheorie mit ihren schwer verständlichen Begriffen von Raum und Zeit erfreut sich hier besonderer Aufmerksamkeit. Nachdem diese Theorie schon fast ein Jahrhundert auf dem Prüfstand steht, werden die Redakteure wissenschaftlicher Zeitschriften noch immer mit Artikeln konfrontiert (zumeist von Verfassern mit geringen wissenschaftlichen Kenntnissen), die Mängel in Einsteins Werk »aufdecken« und uns in die sichere alte Welt der Absolutheit von Raum und Zeit zurückführen möchten. Das übliche Motiv dieser fehlgeleiteten Attacken ist, daß die Welt nicht »wirklich« so sein kann, wie Einstein behauptet; daß jede Theorie, die sich mit »der

Wahrheit« beschäftigt, allgemeinverständlich sein muß und keine abstrakten Modelle erfordert.

Die Schwierigkeiten im Verhältnis von abstrakten Modellen und Wirklichkeit erschüttern jedoch nicht den Anspruch der Wissenschaft, sich mit der Wahrheit zu befassen. Selbstverständlich enthalten wissenschaftliche Theorien – selbst in der abstraktesten Form – Wirklichkeitselemente. Aber man kann sicher fragen, ob die Wissenschaft *die ganze Wahrheit* liefern kann. Viele Wissenschaftler bestreiten im übrigen, daß die Wissenschaft jemals eine so verstiegene Behauptung aufgestellt hat. Die Wissenschaft mag hilfreich sein bei der Erklärung von Elektronen beispielsweise, aber ihr Nutzen ist begrenzt, wenn es um Dinge wie Liebe, Moral oder den Sinn des Lebens geht. Diese Erfahrungen sind Teil unserer Wirklichkeit, aber sie entziehen sich dem Zugriff der Wissenschaft.

Vielleicht hat das Unvermögen der Wissenschaft, sich zu diesen grundlegenden Existenzfragen zu äußern, zu der verbreiteten Ernüchterung über die wissenschaftliche Weltsicht geführt, die die augenblickliche Wissenschaftsfeindlichkeit im Westen nährt. Die Gefahr ist, daß die Wissenschaft zugunsten anderer Denksysteme abgelehnt wird, die sich mehr auf Dogmen denn auf Empirie stützen. Noch schlimmer sind zunehmende Tendenzen, Wissenschaft nur als Verfahren der Entstellung oder Manipulation zu benutzen, das dazu dient, vorgefaßte Meinungen in die entsprechenden Doktrinen einzupassen. Man denke beispielsweise an den Aufstieg der sogenannten »Schöpfungswissenschaft« oder in jüngster Zeit der »Islamischen Wissenschaft« und der »Feministischen Wissenschaft«. Es gibt selbstverständlich nur die *eine* Wissenschaft, die sich mit der Wahrheit befaßt und nicht mit Dogmen. Man muß sich aber bewußt machen, daß diese Wahrheit begrenzt sein kann und nicht den verbreiteten Wunsch befriedigt, die ganze Wirklichkeit zu begreifen.

Vielleicht fragt sich mancher, ob die Wissenschaft in dieser Hinsicht immer Grenzen haben wird. Ist es denkbar, daß künftige Entwicklungen die Wissenschaft in die Lage versetzen, die grundlegenden Fragen zu beantworten und die ganze Wirklichkeit zu erfassen? Die Antwort muß wohl lauten: Nein, denn immerhin schließt Wissenschaft eine Beschreibung ihrer eigenen Grenzen ein.

In den dreißiger Jahren unseres Jahrhunderts standen die Physiker unter dem starken Einfluß des Positivismus, der Realität auf das tatsächlich Beobachtbare beschränkt. Die Begründer der Quantenmechanik – vor allem Niels Bohr und Werner Heisenberg – erklärten, daß, wenn man von Atomen, Elektronen und so weiter spreche, man nicht den Fehler begehen dürfe, sie sich als kleine »Dinge« vorzustellen, die selbständig existieren. Die Quantenmechanik ermöglicht uns, verschiedene *Beobachtungen*, etwa über ein Atom, miteinander zu verbinden. Die Theorie ist als ein Verfahren zur Zusammenfassung dieser Beobachtungen in einem einheitlichen logischen System zu betrachten – ein mathematischer Algorithmus. Die Benutzung des Wortes »Atom« ist lediglich eine informelle Möglichkeit, über diesen Algorithmus zu sprechen. Es ist ein Hilfsmittel, den abstrakten Begriff in der Sprache der Physik zu fassen, aber das bedeutet nicht, daß das Atom wirklich als ein klar definiertes Gebilde mit einem vollständigen Satz physikalischer Eigenschaften existiert, wie etwa einem bestimmten Ort im Raum und einer bestimmten Geschwindigkeit durch den Raum.

Heisenbergs Worte sind in diesem Zusammenhang sehr aufschlußreich: »Bei den Experimenten mit atomaren Vorgängen haben wir es mit Dingen und Tatsachen zu tun, mit Erscheinungen, die ebenso wirklich sind wie andere Erscheinungen im täglichen Leben. Aber die Atome oder Elementarteilchen sind nicht so real; sie bilden eine Welt von Möglichkeiten, weniger von Dingen oder Tatsachen.« Bohr drückte es so aus: »In der Physik geht es nicht darum, wie die Welt *ist*, sondern darum, was wir über die Welt *sagen* können.« Für diese Physiker überstieg die Wirklichkeit nicht die Tatsachen der Erfahrung und die Ergebnisse von Messungen. Der Begriff »Atom« wurde zum Code für ein mathematisches Modell; er sollte keinen eigenständigen Teil der Wirklichkeit darstellen.

Nicht alle Physiker waren bereit, diese Position zu teilen. Einstein beispielsweise widersetzte sich ihr hartnäckig. Er beharrte darauf, daß die Mikrowelt der Quanten Objekte, wie eben Atome, aufweist, die ebenso real wie Tische und Stühle sind. Sie unterscheiden sich, erklärte er, nur größenmäßig von den Gegenständen der Alltagserfahrung. Diese »dissidentische« Tradition wurde von David Bohm am Leben erhalten, der weiterhin behauptet, daß es in der Mikrowelt eine Wirklichkeit gibt, auch wenn unsere Beobachtungen sie gegenwärtig nur unvollkommen wiedergeben.

Diese tiefen Gräben zwischen den Wissenschaftlern, wenn es um das Wesen der Wirklichkeit geht, machen die Anfälligkeit jeder Behauptung deutlich, daß die Wissenschaft die ganze Wahrheit erfassen könne. Die Quantenmechanik verhängt offenbar eine inhärente Grenze über das, was die Wissenschaft über die Welt aussagen kann, und sie reduziert Gebilde, die wir stets als real angesehen haben, zu bloßen Modellvorstellungen.

Auch angesichts der breiten Zustimmung, die die Erklärungsmodelle von Bohr und Heisenberg gefunden haben, ist das Bedürfnis ungeheuer groß, zu fragen, was *wirklich* auf der Welt vor sich geht. Existieren Atome wirklich? Existiert der Äther wirklich? Die Antworten müssen wohl lauten: »vielleicht« beziehungsweise »wahrscheinlich nicht« – die Wissenschaft wird es uns kaum sagen können.

In Anbetracht dieser Begrenztheiten mag es mancher vorziehen, die Wissenschaft abzulehnen; er wird sich lieber auf die Religion verlassen oder es mit einer der wildwachsenden neueren Lehren versuchen, etwa der Scientology, dem Kreationismus oder den Gedanken Erich von Dänikens. Dies wäre allerdings ein großer Fehler. Es ist sicherlich besser, sich auf ein Denksystem einzulassen, das für Skepsis und Objektivität kompromißlose Maßstäbe setzt, selbst wenn es nur eine partielle Beschreibung von Wirklichkeit liefern kann, als sich auf die unkritische Akzeptanz fertiger Weltbilder zurückzuziehen. Das soll selbstverständlich nicht heißen, daß für Religion kein Platz ist – solange die Religion sich auf solche Fragen beschränkt, die außerhalb des Kompetenzbereichs der Wissenschaften liegen. Und in der Tat sind das für viele die eigentlichen Fragen.

Doch damit genug zu den Grenzen der Wissenschaft. Nachdem wir aufrichtig zu zeigen versucht haben, was die Wissenschaft uns über das Universum *nicht* sagen kann, wollen wir im folgenden beschreiben, welche Auskünfte uns die Wissenschaft über die Welt, in der wir leben, zu geben in der Lage ist. Was kann sie uns sagen über die neue Wirklichkeit, die sich aus dem heutigen Verständnis des Verhaltens nicht einzelner »Atome« und »Teilchen« ergibt (wie real oder nicht real sie immer sein mögen), sondern der Summe vieler Teilchen, die in komplexen Systemen agieren oder kooperieren. Der Paradigmenwechsel, den wir gegenwärtig erleben, ist ein Trendwechsel vom Reduktionismus zum Holismus; er ist ebenso grundlegend wie alle anderen Paradigmenwechsel der Wissenschaftsgeschichte.

II

# Chaos – Befreiung der Materie

Alle Wissenschaft basiert auf der Annahme, daß die physikalische Welt eine Ordnung hat. Ihren deutlichsten Ausdruck findet diese Ordnung in den Gesetzen der Physik. Niemand weiß, woher diese Gesetze kommen und warum sie offenbar allgemein und uneingeschränkt wirken. Wir können dies überall um uns herum verfolgen: am Rhythmus von Tag und Nacht, an der Bewegung der Planeten und am regelmäßigen Ticken einer Uhr.

Die geordnete Verläßlichkeit der Natur ist jedoch nicht allgegenwärtig. Die Kapriolen des Wetters, die Zerstörungen durch ein Erdbeben und der Einschlag eines Meteoriten scheinen willkürlich und zufällig. Es ist kaum verwunderlich, daß unsere Vorfahren diese Ereignisse den Launen der Götter zuschrieben. Aber ist diese scheinbar willkürliche »höhere Gewalt« mit der vermuteten tieferen Gesetzmäßigkeit des Universums zu vereinbaren?

Die griechischen Philosophen betrachteten die Welt als einen Kampfplatz von Mächten der Ordnung, die den Kosmos hervorbringen, und denen der Unordnung, die das Chaos bewirken. Zufällige und ungeordnete Prozesse galten als negative, böse Einflüsse. Uns erscheint der Zufall in der Natur heute nicht mehr bösartig, sondern lediglich blind. Er kann konstruktiv wirken wie in der biologischen Evolution, aber auch destruktiv, wenn etwa die Tragfläche eines Flugzeugs wegen Materialermüdung bricht.

Obwohl einzelne zufällige Ereignisse vielleicht den Eindruck der Gesetzlosigkeit vermitteln, können ungeordnete Prozesse doch tieferliegende statistische Gesetzmäßigkeiten aufweisen. Die Betreiber von Spielbanken vertrauen auf die Gesetze des Zufalls ebenso, wie Ingenieure auf die physikalischen Gesetze vertrauen. Doch hier kommt etwas Paradoxes ins Spiel. Wie kann ein und derselbe physikalische Prozeß – etwa die Drehung einer Roulettescheibe – sowohl den Gesetzen der Physik als auch denen des Zufalls gehorchen?

## *Das Universum ist keine Maschine*

Wie wir sahen, gewöhnten sich die Wissenschaftler infolge von Isaac Newtons Gesetzen der Mechanik daran, sich das Universum als riesigen Mechanismus zu denken. Die extremste Form dieser Lehre hat im 19. Jahrhundert Pierre Laplace eindrucksvoll dargelegt. Für ihn war jedes Materieteilchen unverrückbar in strenge mathematische Bewegungsgesetze eingebunden. Diese Gesetze determinierten das Verhalten selbst des winzigsten Atoms. Wenn das so wäre, schlußfolgerte Laplace, wäre die gesamte Zukunft des Kosmos in jedem Augenblick durch die Gesetze Newtons unendlich genau festgelegt.

Die Vorstellung vom Universum als streng deterministische Maschine, die ehernen Gesetzen folgt, hat, wie in Kapitel 1 schon angedeutet, das wissenschaftliche Weltbild nachhaltig beeinflußt. Sie stand in krassem Gegensatz zum alten aristotelischen Bild vom Kosmos als lebender Organismus. Eine Maschine kann keinen »freien Willen« haben; ihre Zukunft ist von vornherein streng determiniert. Tatsächlich hat die Zeit in diesem Bild kaum noch eine physikalische Bedeutung, denn die Zukunft ist bereits in der Gegenwart enthalten (und übrigens auch die Vergangenheit). Wie Ilya Prigogine so anschaulich schrieb, wird Gott zum bloßen Archivar degradiert, der in einem kosmischen Geschichtsbuch blättert, das bereits geschrieben ist.

In diesem etwas trostlosen mechanistischen Bild steckt die Überzeugung, daß es in der Natur keine wirklich zufälligen Prozesse gibt. Ereignisse mögen uns willkürlich erscheinen, aber, so wurde erklärt, das könne jederzeit auf die menschliche Unwissenheit über die Einzelheiten der betreffenden Prozesse zurückgeführt werden.

Nehmen wir etwa die Brownsche Bewegung. Ein winziges, in einer Flüssigkeit schwebendes Teilchen (sogar ein Staubpartikel in der Luft) bewegt sich unter dem Mikroskop in einem wahllosen Zickzack – eine Folge der etwas ungleichen Stöße durch die Flüssigkeitsmoleküle, die es von allen Seiten bombardieren. Die Brownsche Bewegung ist ein typisches Beispiel für einen zufälligen, unvorhersehbaren Prozeß. Aber wenn wir, so der Gedankengang von Laplace, bis ins Detail alle Bewegungen sämtlicher betroffener Moleküle verfolgen könnten, wäre auch die Brownsche Bewegung so berechenbar und vorherbestimmt wie ein Uhrwerk. Die scheinbar willkürliche Bewegung des Brownschen Teilchens ist allein dem Mangel an Informationen über die Myriaden beteiligter Teilchen zuzuschreiben, ein Mangel, der darauf zurückgeht, daß unsere Sinne (und die Meßinstrumente) nicht fein genug sind, um ein genaues Beobachten auf molekularer Ebene zuzulassen.

Eine Zeitlang wurde allgemein angenommen, daß offenbar zufällige Ereignisse auf die unabsehbar vielen, auf dieser verborgenen Ebene ablaufenden Prozesse zurückzuführen seien, die sich unserer Kenntnis entziehen oder groben Schätzungen unterliegen. Der Wurf einer Münze oder eines Würfels, das Drehen einer Roulettescheibe – all das würde nicht mehr als zufällig erscheinen, so glaubte man, wenn wir die Welt der Moleküle beobachten könnten. Die sklavische Einförmigkeit der kosmischen Maschine würde dafür sorgen, daß selbst in den planlosesten Abläufen eine Gesetzmäßigkeit aufscheint, wenngleich in einem ungeheuer verschlungenen Wirrwarr.

Zwei wichtige Entwicklungen des 20. Jahrhunderts haben der Vorstellung vom Uhrwerk-Universum jedoch ein Ende bereitet. Da ist zum einen die Quantenmechanik, deren Kernstück, die Heisenbergsche Unschärferelation, besagt, daß alles, was man messen kann, wirklich zufälligen Fluktuationen unterliegt. Mehr darüber im Kapitel 7. Der entscheidende Punkt ist, daß Quantenfluktuationen nicht die Folge menschlicher Unzulänglichkeit oder verborgener Ebenen eines mechanistischen Uhrwerks sind; sie sind dem Wirken der Natur auf atomarer Ebene *inhärent*. So ist etwa der genaue Moment, in dem ein bestimmter radioaktiver Kern zerfällt, an sich ungewiß. Ein Element der Unberechenbarkeit ist somit wesentlicher Bestandteil der Natur.

Dennoch bleibt die Quantenmechanik in einer Hinsicht eine deterministische Theorie. Auch wenn das Ergebnis eines bestimmten Quantenprozesses unbestimmt sein mag, entwickeln sich die *relativen Wahrscheinlichkeiten* verschiedener Ergebnisse auf deterministische Weise. Das heißt: Obwohl man nicht in jedem Einzelfall weiß, was beim »Wurf des Quantenwürfels« herauskommt, kann man doch sehr genau wissen, wie die Gewinnchancen von Minute zu Minute variieren. Als *statistische* Theorie bleibt die Quantenmechanik deterministisch. Daher kann auch ein Gerät wie ein Computer oder ein CD-Player, dessen Funktionieren vom Verhalten unzähliger Quantenteilchen – wie Elektronen – abhängt, nach den Regeln der Statistik trotzdem verläßlich funktionieren, auch wenn das Verhalten jedes einzelnen Elektrons in dem Gerät nicht vorherbestimmt werden kann. Die Quantenphysik baut den Zufall direkt in die Wirklichkeitsstruktur ein, aber ein Rest von Newtons und Laplaces Weltsicht bleibt.

Dann kam die Chaostheorie. Die grundlegenden Gedanken zum Chaos fanden sich schon Ende des 19. Jahrhunderts bei dem französischen Mathematiker Henri Poincaré. Doch erst in jüngster Zeit, insbesondere seit schnelle Computer zur Verfügung stehen, mit denen man die entsprechenden Berechnungen vornehmen kann, wird die ganze Bedeutung der Chaostheorie erkannt.

Der entscheidende Punkt eines chaotischen Prozesses ist, daß sich im Laufe der Zeit *Fehlvoraussagen* ergeben. Um das zu erklären, beginnen wir mit dem Beispiel eines nichtchaotischen Systems: der Bewegung eines einfachen Pendels. Stellen wir uns vor, zwei identische Pendel schwingen genau im gleichen Takt. Nehmen wir nun an, ein Pendel wird einer leichten Störung ausgesetzt, so daß es gegenüber dem anderen etwas aus dem Takt gerät. Der Unterschied, genannt Phasenverschiebung, bleibt gering, wenn die Pendel normal weiterschwingen.

Sollte man die Bewegung eines einfachen Pendels vorhersagen, könnte man seine Position und Geschwindigkeit in einem bestimmten Augenblick messen und mit Hilfe der Newtonschen Gesetze das anschließende Verhalten berechnen. Jeder Meßfehler zieht sich dann durch die gesamte Berechnung und erscheint als Fehler in der Voraussage. Beim einfachen Pendel bedingt ein geringer Eingangsfehler einen geringen Ausgangsfehler in der Vorausberechnung. Die Phasenverschiebung zwischen den schwingenden Pendeln vermittelt das Bild eines solchen Fehlers. In einem nichtchaotischen System wächst der Fehler etwa proportional zur Zeit, die seit der Voraussage vergangen ist, so daß er vergleichsweise leicht zu beherrschen ist.

Vergleichen wir nun dieses Verhalten mit dem eines chaotischen Systems. In einem solchen System vergrößert sich jede geringe Ausgangsdifferenz zwischen zwei identischen Systemen

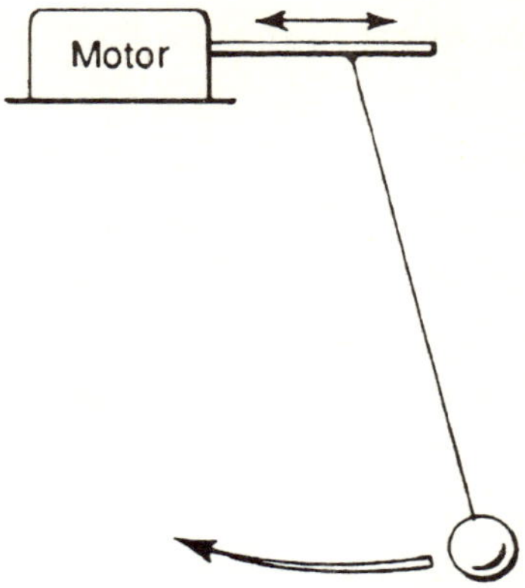


*Abb. 1 Schon ein einfaches Kugelpendel kann Chaos zeigen. Bewegt sich das obere Ende der Schnur hin und her, fängt der Ball an zu schwingen. Bei einigen Frequenzen beschreibt der Ball bald eine regelmäßige Umlaufbahn. Bei anderen Schwingungsfrequenzen wird die Bewegung des Balles so unregelmäßig, daß sie durchweg willkürlich und unberechenbar wird.*

rasch. Kennzeichnend für das Chaos ist denn auch, daß beide Bewegungen exponentiell schnell auseinanderdriften. Im Bild unseres Voraussageproblems heißt das, daß jeder Eingangsfehler sich mit wachsender Geschwindigkeit vergrößert. Anstatt um etwa den gleichen Betrag pro Sekunde zu steigen, kann der Fehler sich pro Sekunde beispielsweise verdoppeln. Über kurz oder lang überholt der Fehler die Berechnung, und jede Voraussage wird unmöglich.

Der Unterschied zwischen beiden Verhaltensweisen läßt sich anschaulich am Verhalten eines Kugelpendels verdeutlichen, das in alle Richtungen schwingen kann. Das kann zum Beispiel ein Ball sein, der mittels Schnur an einem Stab hängt (Abbildung 1). Wird das System vom Stab her leicht und gleichmäßig horizontal in Bewegung gesetzt, beginnt der Ball hin und her zu schwingen. Nach einiger Zeit pendelt er möglicherweise mit einer exakt voraussagbaren Bewegung, wobei er in etwa eine elliptische Bahn mit gleicher Periode wie die Antriebskraft beschreibt. Wird die Antriebsfrequenz jedoch leicht verändert, kann diese regelmäßige Bewegung (wenn die Frequenz sich einem kritischen Wert nähert) dem Chaos weichen, so daß der Ball zunächst hierhin pendelt, dann dorthin, ein paar Umdrehungen im Uhrzeigersinn macht, dann einige gegenläufige Umdrehungen und wahllos so fort.

Die Zufälligkeit dieses Systems entsteht nicht – wie bei der Brownschen Bewegung – durch eine Anzahl von Wechselwirkungen, die auf einer verborgenen Ebene erfolgen, sondern die Physiker sprechen in diesem Fall von einem »verborgenen Freiheitsgrad«. Tatsächlich können wir das System mit Hilfe eines mathematischen Modells beschreiben, wobei es nur drei Freiheitsgrade gibt und das Modell selbst streng deterministisch ist. Das Verhalten des Pendels, wie es im Modell beschrieben wird, ist trotzdem willkürlich. Es wurde eine Zeitlang angenommen, daß Determinismus und Voraussagbarkeit zusammengehören – das chaotische Pendel beweist, daß dies nicht zwangsläufig der Fall ist.

Ein deterministisches System ist ein System, in dem künftige Zustände nach dynamischen Gesetzen durch vorhergehende Zustände determiniert sind. Lassen Sie eine Kugel fallen – sie fällt auf den Boden. Position und Geschwindigkeit der Kugel in jedem Moment des Falls sind durch ihre Position und Bewegung im Augenblick des Loslassens vollständig festgelegt. Zwischen frühem und spätem Zustand besteht also eine Eins-zu-eins-Beziehung. Rein rechnerisch läßt das auf eine Eins-zu-eins-Beziehung zwischen Input und Output einer Vorausberechnung schließen. Doch nun müssen wir uns erinnern, daß jede Vorausberechnung zwangsläufig einige Eingangsfehler aufweist, weil wir physikalische Größen nicht mit absoluter Genauigkeit messen können. Jeder Computer kann ohnehin nur endliche Datenmengen verarbeiten.

Der Unterschied zwischen nichtchaotischen und chaotischen Systemen läßt sich anhand zweier verschiedener geometrischer Schemata veranschaulichen. In Abbildung 2 stellen die Punkte auf der oberen Waagerechten die Ausgangsbedingungen eines nichtchaotischen Systems dar (etwa die Position der Kugel unmittelbar vor dem Fall). Die Punkte auf der unteren Waagerechten stellen den Zustand des Systems zu einem späteren Zeitpunkt dar (etwa die Position der Kugel eine Sekunde nach Fallbeginn). Determinismus bedeutet hier, daß zwischen Punkten der oberen und denen der unteren Waagerechten eine Eins-zu-eins-Entsprechung besteht (hier durch die Senkrechten gekennzeichnet). Jeder End-

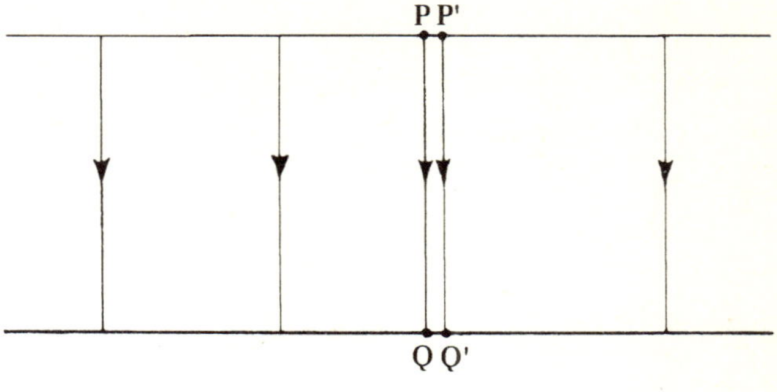


*Abb. 2 Determinismus läßt sich sinnbildlich mit Hilfe dieser einfachen geometrischen Konstruktion darstellen. Jeder Punkt auf der oberen Waagerechten hängt über eine Senkrechte mit einem eindeutigen Punkt auf der unteren Waagerechten zusammen. Punkt P gehört zu Punkt Q. Ein Punkt P' dicht neben P gehört zu einem Punkt Q' dicht neben Q und so fort. Kleine Fehler in unserem Wissen über die Position von P schlagen sich in nur kleinen Fehlern in unserem Wissen über die Position von Q nieder. Stellen Punkte auf der oberen und unteren Waagerechten Anfangs- beziehungsweise Endzustände eines physikalischen Systems dar, dann verkörpert diese Graphik Voraussagbarkeit.*

zustand (jeder Punkt auf der unteren Waagerechten) wird von nur einem einzigen Anfangszustand erreicht (einem Punkt auf der oberen Waagerechten). Ein geringfügiger Fehler in der Kenntnis des Anfangszustands führt folgerichtig zu einem geringfügigen Fehler in der Kenntnis des Endzustands. In der graphischen Darstellung entspricht dem, daß dicht nebeneinander liegende Punkte auf der oberen Waagerechten zu dicht nebeneinander liegenden Punkten auf der unteren gehören. Ein kleiner Fehler im Anfangszustand bedingt also nur einen kleinen Fehler im vorausgesagten Endzustand.

Im Fall eines chaotischen Systems ist die Situation etwa die, wie sie Abbildung 3 veranschaulicht. Hier sind die Anfangszustände durch Punkte auf dem Kreisbogen dargestellt, die Endzustände dagegen durch Punkte auf der Waagerechten. Auch hier besteht eine Eins-zu-eins-Entsprechung zwischen jeweils zwei Punktpaaren: Ist ein Punkt auf dem Kreisbogen gegeben, dann ist auch ein Punkt auf der Waagerechten eindeutig festgelegt. Aber in diesem Fall breiten sich die Linien, die die zwei Punktpaare verbinden,

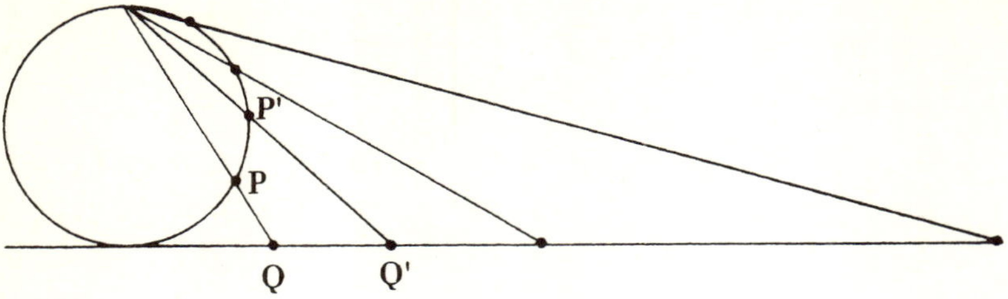


*Abb. 3 Im Gegensatz zur in Abbildung 2 dargestellten Situation gehören in dieser Darstellung die auf dem Kreisbogen dicht beieinander liegenden Punkte P und P' zu weit auseinander liegenden Punkten Q und Q' auf der Waagerechten. Q wird wie folgt bestimmt: Der Punkt liegt auf der Waagerechten dort, wo eine vom Scheitelpunkt des Kreisbogens durch P gezogene Gerade die Waagerechte schneidet. Die Anfälligkeit wird umso deutlicher, je mehr P sich dem Scheitelpunkt des Kreisbogens nähert. Die Punkte auf der Waagerechten sind zwar durch die auf dem Kreisbogen eindeutig bestimmt, aber kleine Fehler bei der Lagebestimmung von P führen zu großen Fehlern bei der Lagebestimmung von Q. Die Beziehung ist deterministisch, aber schwer vorauszusagen.*

fächerförmig aus, so daß, wenn man sich dem Scheitelpunkt des Kreisbogens nähert, die entsprechenden Punkte auf der Waagerechten um so weiter auseinander liegen. Schon sehr geringfügige Veränderungen am Ausgangspunkt führen zu hochgradig differierenden Endpunkten, so daß eine geringe Unkenntnis beim Anfangszustand jetzt große Unsicherheit hinsichtlich des Endzustandes nach sich zieht. Diese Situation symbolisiert das Chaos, in dem das System unglaublich sensibel auf die Ausgangsbedingungen reagiert und schon geringfügig differierende Ausgangszustände zu extrem differierenden Endzuständen führen.

Diese Anfälligkeit ist nicht ausschließlich zurückzuführen auf menschliches Unvermögen, präzise genug zu berechnen oder Linien zu ziehen. Der mathematische Begriff der Linie ist eine Art Fiktion, eine Annäherung an die Realität. Es ist die Unsicherheit, die real ist, und die idealisierte mathematische Linie ist die Fiktion. Wir können dies deutlich sehen, wenn wir uns eine mathematische Beschreibung von Linien ansehen, wie sie die alten Griechen entwickelt haben. Sie stellten fest, daß man Punkte auf einer Strecke

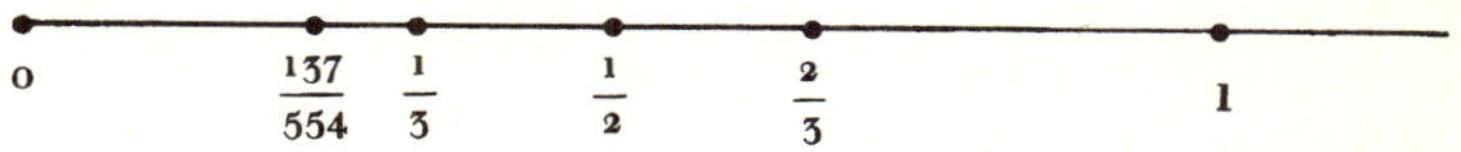


*Abb. 4 Mit Punkten auf einer Linie lassen sich Zahlen zwischen 0 und 1 darstellen. Es gibt unendlich viele Brüche auf diesem Intervall, aber trotzdem nicht genug, um jeden Punkt auf der Linie zu bezeichnen.*

mit Ziffern bezeichnen kann, die die Entfernung jedes Punktes vom Endpunkt angeben. Abbildung 4 zeigt einen Abschnitt von 0 bis 1. Zur Bezeichnung der Punkte können wir Brüche verwenden, etwa $2/3$ oder $137/554$. Die Griechen nannten diese Zahlen »rational«, abgeleitet von »ratio«. Mit ausreichend Ziffern als Zähler und Nenner können wir eine Bruchzahl festlegen, die einen Ort in beliebiger Nähe zu jedem auf der Strecke bezeichneten Punkt markiert. Dennoch kann ein Mathematiker leicht beweisen, daß man nicht alle Punkte einer Strecke durch rationale Zahlen bezeichnen kann. Man kann beliebig nahe an diese »zusätzlichen« oder »irrationalen« Punkte herankommen, indem man einen entsprechenden Bruch wählt, aber man wird niemals den Bruch finden, mit dem man präzise einen irrationalen Punkt erreicht. Um jeden Punkt auf der Strecke zu bezeichnen, benötigte man nicht nur alle denkbaren rationalen Zahlen, sondern auch alle irrationalen Zahlen. Eine irrationale Zahl läßt sich nicht als Bruch zweier ganzer Zahlen ausdrücken, wohl aber als Dezimalzahl mit unendlich vielen Stellen hinter dem Komma.

Die Menge aller rationalen und irrationalen Zahlen bildet, was die Mathematiker die »realen Zahlen« nennen; diese liegen fast jeder neueren physikalischen Theorie zugrunde. Selbst die Vorstellung von kontinuierlichen mechanischen Prozessen – verkörpert in Newtons mathematischer Methode, die er eigens zur Beschreibung derartiger Prozesse entwickelte –, wie der Fall eines Apfels vom Baum oder die Bahn des Mondes um die Erde, fußt auf dem Begriff der realen Zahlen. Einige reale Zahlen lassen sich bündig darstellen, etwa $1/2 = 0{,}5$ und $1/3 = 0{,}3333\ldots$ Aber eine typische reale Zahl kann nur dezimal ausgedrückt werden, als eine unendliche Reihe aus Ziffern in regelloser, zufälliger Abfolge. Mit anderen Worten brauchte man, um auch nur eine solche Zahl festzulegen, eine *unendliche* Menge von Informationen. Weil das eine prinzipielle Unmöglichkeit ist, wird die Beschreibung einer Strecke durch reale Zahlen als eine mathematische Fiktion bezeichnet.

Man stelle sich die Konsequenzen für ein chaotisches System vor. Der Determinismus läßt präzise Voraussagbarkeit nur unter den fiktiven Bedingungen unendlicher Genauigkeit zu. Das Verhalten des Pendels zum Beispiel wird eindeutig durch die Ausgangsbedingungen determiniert. Zu den Ausgangsdaten gehört die Position der Kugel; exakte Voraussagbarkeit verlangt daher, daß wir die reale Zahl angeben müssen, die korrekt die Entfernung des Kugelmittelpunkts von einem festen Bezugspunkt bezeichnet. Diese unendliche Genauigkeit ist aber, wie wir gesehen haben, unmöglich zu erreichen.

In einem nichtchaotischen System ist diese Einschränkung nicht von solcher Bedeutung, weil die Fehler nur langsam größer werden. In einem chaotischen System vergrößern sich jedoch Fehler in beschleunigtem Maße. Nehmen wir an, es gibt bei der betreffenden Dezimalzahl eine Ungenauigkeit in der fünften Stelle, und dies wirkt sich auf die Voraussage, wie das System sich nach Ablauf der Zeit t verhält, aus. Eine genauere Messung verringert die Ungenauigkeit vielleicht auf die zehnte Stelle. Weil aber der Fehler exponentiell wächst, erreicht die Ungenauigkeit bereits nach der Zeit 2t wieder ihren alten Wert. Eine Erhöhung der Anfangsgenauigkeit um den Faktor 100000 verdoppelt den Voraussagbarkeitszeitraum nur. Das trifft auf mathematische Berechnungen genauso zu wie auf geringfügige Störungen eines physikalischen Systems von außen, Störungen etwa, die eine Phasenverschiebung beim Schwingen zweier identischer Pendel bewirken oder ein Kugelpendel in chaotische Bewegung versetzen.

Es ist diese »Anfälligkeit gegenüber den Ausgangsbedingungen«, die zu der bekannten Behauptung führt, daß der Flügelschlag eines Schmetterlings heute in Adelaide das Wetter der nächsten Woche in Sussex beeinflussen kann. Weil die Erdatmosphäre ein chaotisches System ist und weil *prinzipiell* kein System mit absoluter Genauigkeit beschrieben werden kann, ist eine präzise langfristige Wettervorhersage niemals möglich – und auch nicht die Vorhersage jedes anderen chaotischen Systems. Wir betonen noch einmal, daß dies nicht nur menschliche Schranken sind. Das Universum selbst »kennt« sein eigenes Wirken nicht mit absoluter Genauigkeit und kann deshalb auch nicht im einzelnen »vorhersagen«, was als nächstes geschieht. Manche Dinge geschehen wirklich zufällig.

Das Chaos liefert uns offenbar eine Brücke zwischen den Gesetzen der Physik und denen des Zufalls. In gewisser Hinsicht können Zufallsereignisse immer auf die Unkenntnis von Details zurückgeführt werden. Aber während die Brownsche Bewegung zufällig scheint wegen der ungeheuren Zahl von Freiheitsgraden, über die wir bewußt hinwegsehen, scheint das deterministische Chaos zufällig, weil wir die letzten Einzelheiten einiger Freiheitsgrade nicht kennen *können*, genausowenig, wie es das Universum selbst kann. Während die Brownsche Bewegung kompliziert ist, weil das Bombardement des Staubpartikels mit Molekülen selbst ein komplizierter Prozeß ist, ist die Bewegung etwa eines Kugelpendels kompliziert, obwohl das System selbst sehr simpel ist. Kompliziertem Verhalten müssen also nicht notwendigerweise komplizierte Kräfte oder Gesetze zugrunde liegen. Die Chaosforschung hat gezeigt, wie man die Komplexität einer materiellen Welt, die sich willkürlich und launisch verhält, mit der Ordnung und Einfachheit der ihr zugrunde liegenden Naturgesetze in Einklang bringen kann.

Auch wenn die Existenz des deterministischen Chaos überraschend ist, darf nicht vergessen werden, daß die Natur eigentlich gar nicht deterministisch ist. Der mit der Quantenwirkung zusammenhängende Indeterminismus durchdringt auf atomarer Ebene die Dynamik aller chaotischen und sonstigen Systeme. Man könnte meinen, die Quantenunbestimmtheit schließe sich mit dem Chaos zusammen, um die Unberechenbarkeit des Universums zu vergrößern. Merkwürdigerweise wirken die Quanteneffekte jedoch dämpfend auf das Chaos. Einige Modellsysteme, die auf der »klassischen« Ebene der Newtonschen Mechanik chaotisch sind, erweisen sich gequantelt als nichtchaotisch. In diesem Punkt streiten sich die Experten, inwieweit ein Quantenchaos möglich ist oder was seine Merkmale sind, falls es existiert. So zweifellos wichtig das für die Atom- und Molekularphysik ist, so belanglos ist es für das Verhalten der makroskopischen Gegenstände oder gar des Universums insgesamt.

Was können wir abschließend über Newtons und Laplaces Bild vom Uhrwerk-Universum sagen? Die physikalische Welt enthält eine Vielfalt chaotischer wie nichtchaotischer Systeme. Das Wetter ist, wie schon gesagt, nicht bis ins letzte voraussagbar, doch die Jahreszeiten folgen scheinbar mit der Regelmäßigkeit des Uhrwerks aufeinander. Die Systeme, die chaotisch sind, haben die Voraussagbarkeit stark eingeschränkt, und es würde die Fähigkeit des gesamten Universums übersteigen, das Verhalten auch nur eines einzigen solchen Systems zu berechnen. Es sieht also ganz so aus, als sei das Universum nicht in der Lage, das künftige Verhalten auch nur eines kleinen Teils von sich zu berechnen, geschweige denn alles. Prägnanter ausgedrückt: Das Universum ist selbst sein schnellster Simulator.

Dies ist zweifellos ein tiefgründiger Schluß. Er besagt, daß die künftigen Zustände des Universums, selbst wenn man eine streng deterministische Darstellung der Natur annimmt, in gewissem Sinne »offen« sind. Einige haben dieses Offensein als Argument für den freien Willen des Menschen aufgegriffen. Andere erklären, es verleihe der Natur ein kreatives Element, eine Fähigkeit, wirklich Neues hervorzubringen, etwas, das in früheren Zuständen des Universums noch nicht enthalten war. Wie immer man solche Aussagen bewerten mag, kann man doch aus der Chaosforschung mit Sicherheit schließen, daß die Zukunft des Universums nicht unwiderruflich festgelegt ist. Um Prigogine sinngemäß zu zitieren: Das letzte Kapitel des großen kosmischen Buches muß erst noch geschrieben werden.

## *Komplexität verstehen*

Der erstaunliche Erfolg, mit dem einfache physikalische Grundsätze und mathematische Regeln weite Teile der Natur erklären, ist nicht ohne weiteres aus unserer Alltagserfahrung ersichtlich. Und auch für unsere Vorfahren war nicht selbstverständlich, daß der Lauf der Welt so einfachen Gesetzen folgt. Bei flüchtigem Hinsehen erscheint die Natur erschreckend komplex und weitgehend unverständlich. Kaum eine Naturerscheinung läßt auf Anhieb irgendeine besondere Regelmäßigkeit erkennen, die auf die ihr zugrunde liegende Ordnung weisen könnte. Wo sich Trends und Rhythmen zeigen, sind diese normalerweise unscharf und relativ. Jahrhunderte sorgfältiger Forschung – der alten Griechen wie der mittelalterlichen Denker – vermochten es nicht, mehr als die trivialsten Belege (wie etwa den Tag- und Nachtzyklus) einer tieferen, mathematischen Ordnung in der Natur aufzudecken.

Die Situation läßt sich ein wenig verdeutlichen, wenn wir das Beispiel fallender Gegenstände betrachten. Galilei fand heraus, daß alle Körper sich mit gleicher Beschleunigung im Gravitationsfeld der Erde bewegen. Niemand hatte dies bis dahin erkannt, weil es nach der Alltagserfahrung einfach nicht so ist. Jeder weiß, daß ein Hammer schneller fällt als eine Feder. Die geniale Leistung Galileis war es, herauszufinden, daß die in der Alltagswelt zu beobachtenden Unterschiede eine im Grunde zu vernachlässigende Komplikation sind (in diesem Fall durch den Luftwiderstand verursacht) und für die grundlegenden Eigenschaften (also für die Gravitation) bedeutungslos sind. Das versetzte ihn in die Lage, von der Komplexität der Alltagssituationen zu abstrahieren und die einfache Form eines idealisierten Gravitationsgesetzes zu finden.

Die Arbeiten Galileis und Newtons werden oft als der Beginn der modernen Wissenschaft bezeichnet. Der Erfolg der Wissenschaft beruht noch immer in vieler Hinsicht auf der analytischen Methode, wie Galilei sie anwandte: ein physikalisches System aus dem es umgebenden Universum herauszulösen und sich ganz auf das Phänomen selbst zu konzentrieren. Bei fallenden Objekten kann das zum Beispiel Versuche im Vakuum einschließen. Niemand, der es verfolgte, konnte sich seinerzeit dem Eindruck entziehen, den der Versuch der Apollo-Astronauten hinterließ, Galileis hypothetisches Experiment nachzuvollziehen und auf dem luftlosen Mond eine Feder und einen Hammer gleichzeitig fallen zu lassen – sie fielen gleich schnell.

Doch die Tatsache, daß diese analytische Methode funktioniert, ist selbst ein geheimnisvolles Ding. Die Welt ist schließlich ein zusammenhängendes Ganzes. Wie ist es möglich, etwas zu wissen – etwa über die Fallgesetze –, ohne alles zu wissen?

Wenn das Universum eine »Alles-oder-nichts«-Angelegenheit wäre, gäbe es keine Wissenschaft und keine Erkenntnis. Wir könnten niemals alle Naturgesetze in einem einzigen Anlauf verstehen. Aber trotz der heute unter Physikern verbreiteten Überzeugung, daß alle diese Gesetze sich zu einem Ganzen fügen werden, müssen wir Schritt für Schritt vorgehen, kleine Flächen des Puzzles ausfüllen, ohne im voraus das fertige Bild zu kennen. Das ist in den mehr als drei Jahrhunderten wissenschaftlichen Suchens geschehen. In mehr persönlicher Hinsicht widerfährt es jedem angehenden Wissenschaftler, der sich den obligatorischen etwa fünfzehn Jahren Ausbildung unterzieht. Ein Wissenschaftler muß sich beileibe nicht die gesamte moderne Physik auf einmal eintrichtern!

Teilweise ist der Erfolg des schrittweisen Vorgehens darin begründet, daß viele physikalische Systeme annähernd linear sind. In der Physik ist ein lineares System – vereinfacht – ein System, in dem das Ganze gleich der Summe seiner Teile ist (nicht mehr, nicht weniger) und in dem die Summe vieler Ursachen eine entsprechende Summe an Wirkungen hervorbringt.

Der Unterschied zwischen linearen und nichtlinearen Beziehungen läßt sich am Beispiel eines Schwamms, der Wasser aufsaugt, veranschaulichen. Läßt man Wasser auf einen trockenen Schwamm tropfen, nimmt das Gewicht des Schwamms zu. Die Gewichtszunahme erfolgt zunächst proportional zur Zahl der Tropfen; eine Verdoppelung der Tropfenzahl bewirkt eine doppelte Gewichtszunahme. Das ist ein lineares Verhältnis. Wenn der Schwamm jedoch sehr naß wird, reduziert sich seine Saugfähigkeit, und das Wasser, das auf den Schwamm tropft, wird zum Teil ablaufen. Damit wird die Gewichtszunahme nichtlinear – in diesem Fall mit jedem weiteren Tropfen schrittweise geringer. Schließlich wird das Gewicht stabil und unabhängig von der Anzahl weiterer Tropfen, weil jeder neue Tropfen durch die Menge des auslaufenden Wassers ausgeglichen wird. Dieses Verhalten veranschaulicht Abbildung 5.

Ein kompliziertes lineares System – etwa eine Radiowelle, die durch den Klang einer Stimme moduliert wird – kann in Komponenten (zum Beispiel in andere Wellenformen) zerlegt und wieder zusammengefügt werden, ohne daß eine Verzerrung auftritt. Die komplexe Wellenform besteht praktisch aus einer Reihe verschiedener, sich überlagernder einfacher Wellenformen. Gerade die wissenschaftliche Analyse ist auf diese Eigenschaft der Linearität angewiesen: daß das Verständnis von Teilen eines komplexen Systems Schlüsse zuläßt für das Verständnis des Ganzen. Und diese

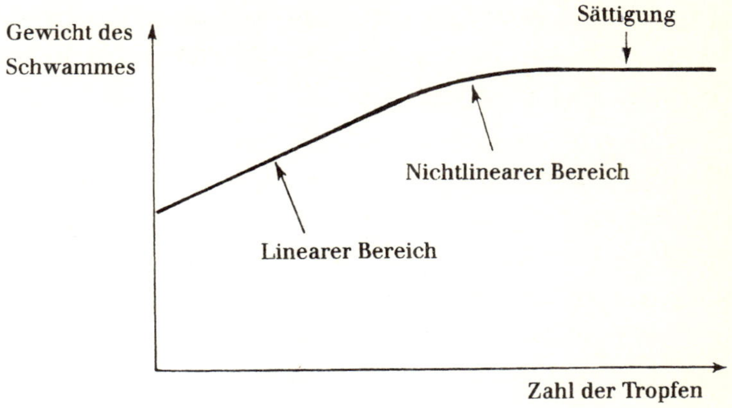


*Abb. 5 Bei einem trockenen Schwamm, auf den ständig Wasser tropft, wird das Verhältnis zwischen dem Gewicht des Schwamms und der Zahl der Tropfen als linear bezeichnet, weil die Kurve, die beide Größen in Verbindung bringt, eine Gerade ist. Wenn der Schwamm sich allmählich sättigt, wird das Verhältnis nichtlinear.*

Fähigkeit, ein lineares System zu *zerlegen, ohne es zu zerstören*, kommt in den mathematischen Methoden zum Ausdruck, die das System beschreiben. Die lineare Mathematik ist besonders handlich, weil ihre Komplexität ebenso in einfache Ausdrücke zerlegt werden kann.

Der Erfolg der linearen Methoden über drei Jahrhunderte hat jedoch häufig verdeckt, daß reale Systeme sich auf irgendeiner Ebene fast immer als *nichtlinear* erweisen. Wenn die Nichtlinearität an Bedeutung gewinnt, kann man nicht mehr analytisch vorgehen, weil das Ganze jetzt größer als die Summe seiner Teile ist. Nichtlineare Systeme können ein reichhaltiges und komplexes Verhaltensrepertoire aufweisen – sie können zum Beispiel chaotisch werden. Ohne Nichtlinearität gäbe es kein Chaos, weil es keine solche Vielzahl möglicher Verhaltensmuster gäbe, in denen die immanente Unbestimmtheit der Natur wirken könnte.

Generell muß ein nichtlineares System in seiner Totalität betrachtet werden, was praktisch bedeutet, eine Vielzahl von Einschränkungen, Randbedingungen und Ausgangsbedingungen zu berücksichtigen. Diese zusätzlichen Aspekte des Problems muß auch eine Untersuchung linearer Systeme beinhalten, doch fließen sie dort in eher trivialer und zufälliger Weise ein. In nichtlinearen

Systemen dagegen sind sie absolut grundlegend für das, was vor sich geht.

Im vorigen Kapitel haben wir bereits ein Beispiel kennengelernt: Entscheidend dafür, ob ein Pendel sich chaotisch verhält oder nicht, ist die Frequenz der von außen wirkenden Kräfte im Verhältnis zur Länge des Pendels. Das gesamte System muß in Augenschein genommen werden, bevor wir etwas über den Beginn des Chaos sagen können. Es gibt viele andere Beispiele für das, was man die holistische Natur nichtlinearer Systeme nennen könnte. Dazu gehören selbstorganisierende Phänomene wie chemische Gemische, die miteinander Formen oder pulsierende Farbmuster ausbilden. Ausführlich hat sich Paul Davies in ›Prinzip Chaos: Die neue Ordnung‹ (1988) damit befaßt. Hier geht es uns vor allem darum, festzustellen, daß ein Verständnis der *lokalen* Physik (etwa der zwischen Molekülen wirkenden Kräfte) *notwendig* sein kann, um zu verstehen, was vor sich geht, aber es ist sicher nicht *ausreichend*, um das Phänomen vollständig zu erklären.

Die Nichtlinearität physikalischer Systeme verleiht diesen eine unheimliche Fähigkeit, Unerwartetes zu tun, zuweilen mit fast lebensechter Qualität. Sie können sich kooperativ verhalten, sich spontan ihrer Umgebung anpassen oder sich einfach zu kohärenten Gebilden mit klar erkennbarer Identität organisieren. Wir sind Welten von Newtons träger Materie entfernt, wie wir mit einem genaueren Blick auf nur ein Beispiel dieser »Befreiung« der Materie aus ihrer plumpen Form zeigen können. Nun zu einem der wichtigsten Beispiele für das Wirken der Nichtlinearität: den nichtlinearen Wellen.

### *Eigenwillige Wellen*

Im Jahre 1834 war ein Ingenieur namens John Scott Russell vor den Toren Edinburghs mit seinem Pferd unterwegs, als er ein Boot bemerkte, das von zwei Pferden durch einen schmalen Kanal gezogen wurde. Während Russell zusah, kam das Boot abrupt zum Stillstand und wirbelte dabei das Wasser heftig auf. Zu seiner Verwunderung baute sich vor dem Bug des Bootes eine große Wasserwulst auf, die, wie er später schrieb, »sich mit großer Geschwindigkeit ausbreitete, die Form einer einzigen, kräftigen Erhebung annahm, eines abgerundeten, glatten und klar umrissenen Wasserhaufens, der sich den Kanal entlang bewegte, ohne anscheinend die Form zu ändern oder die Geschwindigkeit zu verringern«. Russell ritt etwa drei Kilometer wie der Teufel hinter dem rätselhaften Phänomen her, bis er es in den Windungen des Kanals aus den Augen verlor.

Wir alle kennen gewöhnliche Wasserwellen, doch das, was Russel da beobachtet hatte, fiel aus dem Rahmen des Gewohnten. Wird ein Stein ins Wasser geworfen, breiten sich die entstehenden kleinen Wellen vom Ausgangspunkt aus und laufen allmählich aus. Im Gegensatz zu diesen normalen Wellen, die eine Abfolge von Gipfeln und Tälern bilden, war Russells »Wasserhaufen« eine einzige Erhebung auf der Oberfläche, die ihre Gestalt nicht veränderte, während sie sich fortbewegte. Solche »Einzelwellen« sind keineswegs ausgefallene Vorkommnisse; Russell kehrte denn auch viele Male an den Kanal zurück, um dieses Phänomen zu verfolgen, und schrieb für die ›Transactions of the Royal Society of Edinburgh‹ einen Bericht über seine Nachforschungen.

Doch erst 1895 konnten zwei niederländische Physiker, D. J. Korteweg und Hendrik de Vries, eine befriedigende Erklärung für solche Einzelwellen geben, wie Russell sie beobachtet hatte. Ihre Theorie oder Varianten davon finden heute in vielen anderen Bereichen der Wissenschaft Anwendung, von der Teilchenphysik bis zur Biologie.

Um diese Theorie zu verstehen, muß man zunächst einiges über Wellen wissen. Typische Wasserwellen, wie sie entstehen, wenn man einen Stein in einen Teich wirft, bestehen aus einer Kette von Schwingungen. Eine derartige Wellengruppe besteht im Grunde aus vielen Wellen mit unterschiedlicher Amplitude (Höhe) und Länge (Entfernung von einem Wellengipfel zum nächsten), die sich überlagern. Nahe dem Zentrum der Gruppe sind alle beteiligten Wellen mehr oder weniger phasengleich und verstärken sich demzufolge, so daß eine kräftige Bewegung entsteht. Am Rande der Wellengruppe kommen die beteiligten Wellen aufgrund der unterschiedlichen Wellenlängen aus dem Gleichschritt und tendieren dahin, sich gegenseitig auszulöschen und so die Bewegung des Wassers zu verringern. Die Folge ist, daß die Schwingungen in einem bestimmten Bereich gebündelt bleiben.

Die jeweilige Form der Wellengruppe hängt davon ab, wie sich die vorhandenen Wellen im einzelnen vermischen. Während die Wellengruppe sich fortbewegt, ändert sich jedoch ihr Zustand. Das liegt daran, daß lange Wellen auf dem Wasser schneller sind als kurze. Diese Erscheinung wird Dispersion genannt, weil sie bewirkt, daß die Wellengruppe sich ausbreitet und schließlich verläuft.[1]

Damit ein einzelner Wasserhügel sich in einem solchen Dispersionsmedium fortpflanzt, ohne sich auszubreiten und abzuklingen, muß ein anderer Umstand eintreten, der die Wirkungen der Dispersion aufhebt. Die Wellen, die wir normalerweise sehen, sind lineare Wellen. Zwei lineare Wellenformen ergeben, wenn sie sich überlagern, eine kombinierte Welle, bei der man die Amplitude an jedem Punkt einfach dadurch erhält, daß man die Amplituden der beiden Ausgangswellen addiert (Abbildung 6). Voraussetzung, daß man so verfahren kann, ist, daß die Geschwindigkeit jeder Welle trotz der Abhängigkeit von ihrer Länge nicht von ihrer Höhe abhängt. Sollte dies der Fall sein, ändert sich durch das Addieren zweier Wellen die Geschwindigkeit, mit der die kombinierte Welle sich fortpflanzt, und wir bekommen ein komplizierteres Bild. Korteweg und de Vries erkannten, daß die Annahme der Linearität für Wasserwellen nur dann gilt, wenn ihre Amplitude im Verhältnis zur Wassertiefe klein ist. Ist das Wasser seicht und die Wellenamplitude vergleichsweise groß, hängt die Wellengeschwindigkeit sowohl von der Länge als auch von der Amplitude ab.

Besonders dramatisch wirkt sich die Nichtlinearität am Meeresufer aus. Wenn eine Woge sich dem Strand nähert, wird das Wasser plötzlich seicht, und nichtlineare Effekte bewirken ein Abbremsen. Das hat zur Folge, daß der schnellere Wellenberg die Basis überholt, die Welle sich überschlägt und am Strand »bricht«.

Bei flachen, nichtlinearen Wellen ergibt sich eine interessante Möglichkeit: Wenn sich mehrere Wellen mit unterschiedlichen Amplituden und Längen richtig überlagern, kann die Wirkung der Wellengeschwindigkeit infolge der Dispersion durch die Wirkung

1 Der gleiche Effekt erzeugt bei Lichtwellen, die durch eine Linse dringen, farbige Ränder bei Bildern, die man durch ein Teleskop betrachtet – eine Plage bei frühen astronomischen Beobachtungen.

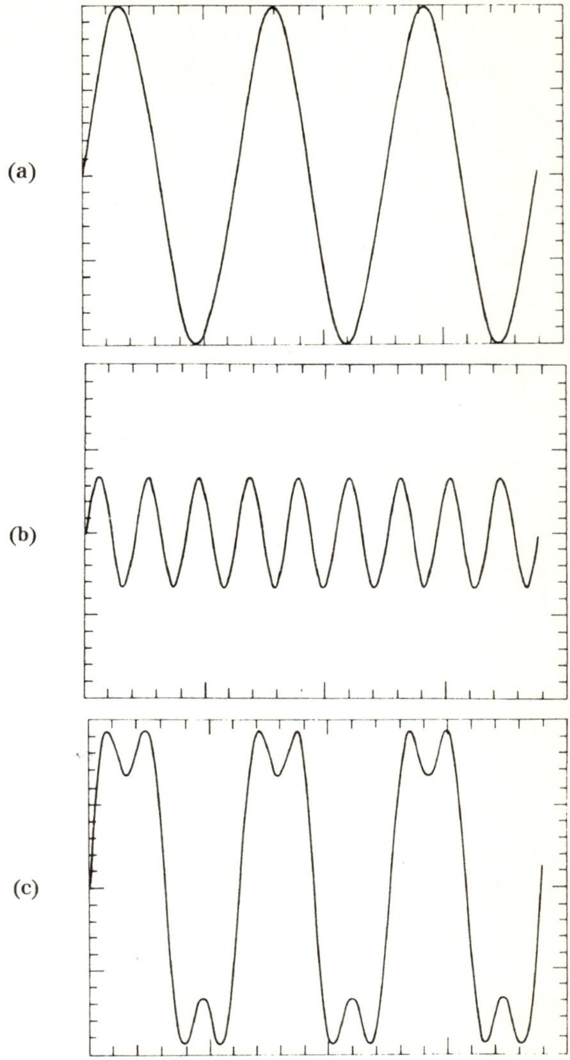


*Abb. 6 Lineare Wellen können überlagert werden, indem man einfach ihre Amplituden an einem beliebigen Punkt aneinanderfügt. So ergeben Welle a und Welle b zusammen Welle c. Nichtlineare Wellen verbinden sich auf kompliziertere Art.*

auf die Geschwindigkeit der verschiedenen Amplituden tatsächlich genau aufgehoben werden. Das war es im wesentlichen, was Russell beobachtet hatte. Und es bedarf gar keiner besonderen Tricks, die »richtige« Kombination von Amplituden und Wellenlängen zu erhalten, auch wenn es sich nicht um ein von Pferden gezogenes

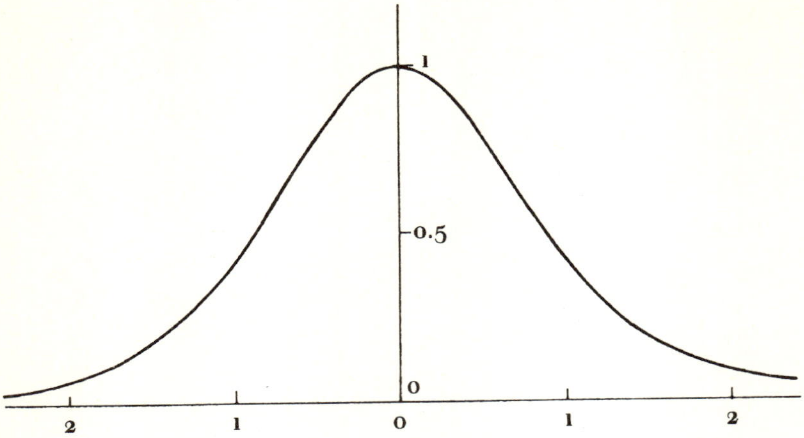


*Abb. 7 Die »Soliton«-Lösung der Gleichung nach der Ableitung von Korteweg und de Vries: Dies entspricht den von John Scott Russell beobachteten Wasserhügeln.*

Boot handelt, weil alle Wellen, die nicht in das Muster passen, sich ausbreiten und auslaufen, so daß die »richtigen« Wellen übrigbleiben. Diese dispergieren nicht, sondern pflanzen sich mit exakt der gleichen Geschwindigkeit fort. Die ursprüngliche Wellenform bleibt somit erhalten, wenn die Welle sich fortbewegt, auch wenn diese Form nur aus einem einzigen Hügel besteht.

Korteweg und de Vries führten ihre Erklärung von Einzelwellen mit Hilfe einer Gleichung vor, um die Ausbreitung nichtlinearer Störungen zu beschreiben. Sie fanden sehr schnell eine genaue Lösung ihrer Gleichung, die der Form des Wasserhügels, wie Russell sie gesehen hatte, entsprach (Abbildung 7). Die Geschwindigkeit eines solchen Wasserhügels hängt von seiner Höhe ab; große Hügel bewegen sich schneller fort als kleine.

Die Arbeit von Korteweg und de Vries bot offenbar eine befriedigende Erklärung für das von Russell beobachtete Phänomen, fand aber darüber hinaus keine Anwendung, und so wurde dazu in den folgenden siebzig Jahren kaum weiter geforscht. Einzelwellen galten lediglich als wissenschaftliches Kuriosum mit wenig praktischer oder theoretischer Bedeutung. Behindert wurde die weitere Forschung im übrigen auch durch die Schwierigkeit beim Umgang mit Gleichungen, die nichtlineare Phänomene beschreiben. Fast alle Methoden, mit denen die Mathematiker in den letzten drei

Jahrhunderten physikalische Probleme behandelten, galten linearen Systemen; nichtlineare Systeme sind mathematisch äußerst schwer zugänglich.

Mitte der sechziger Jahre änderte sich das durch den Vormarsch der Computer. Man begann die nichtlineare Gleichung von Korteweg und de Vries mit Hilfe von Computern zu untersuchen, um das Verhalten von Einzelwellen zu simulieren. 1965 versuchte Martin Kruskal – der bereits wichtige Forschungsarbeit über Schwarze Löcher geleistet hatte – in einem »numerischen Experiment« das Aufeinanderprallen zweier Einzelwellen mit unterschiedlicher Höhe zu berechnen und zu beschreiben. Das Ergebnis war überraschend. Erwartungsgemäß hätten die Hügel, deren Stabilität von einem ausgeklügelten Gleichgewicht zwischen nichtlinearen und Dispersionswirkungen abhängt, beim Aufprall zusammenbrechen müssen. Statt dessen überstanden sie die Störung völlig unbeschadet und pflanzten sich mit der ursprünglichen Geschwindigkeit fort. So, als hätte jede Einzelwelle eine gewisse eigene Identität, der die Begegnung mit einer anderen Einzelwelle nichts anhaben kann. Diese Computerergebnisse waren so verblüffend, daß Kruskal und seine Kollegen für derartige Hügel den Namen »Soliton« wählten. Die Namensgebung war mit begründet durch die Analogie zu subnuklearen Teilchen wie Protonen und Neutronen, die ebenfalls Welleneigenschaften besitzen, aber eine eigene Identität behalten.

Mit dem neu erwachenden Interesse an nichtlinearen Wellen gab es einen Forschungsschub. Man stellte bald fest, daß Solitonen beileibe keine abnormen Gebilde waren, sondern daß sie in den verschiedensten physikalischen Systemen entstehen konnten. Das Schlüsselmerkmal ist in der Tat die Nichtlinearität. Solange ein Medium nichtlinear ist, neigt es dazu, Energieimpulse in Form von Solitonen oder ähnlichem weiterzuleiten. In welchem Medium sich die Solitonen letztlich fortpflanzen, ist bedeutungslos; es kann eine Flüssigkeit, ein Festkörper oder ein Gas sein, ein elektrischer Strom oder ein elektromagnetisches Feld. Man hat Solitonen in so unterschiedlichen Systemen wie Planetenatmosphären, Kristallen, Plasmen, Lichtleitfasern, Nervenfasern und elektronischen Apparaten untersucht.

Einer der überraschenden Anwendungsbereiche ist die Molekularbiologie. Seit langem wird kontrovers diskutiert, wie gebündelte Energie durch biologische, langkettige Moleküle wie Proteine oder die DNA weitergeleitet wird und Reaktionen an Stellen bewirkt, die – nach molekularen Maßstäben – weit vom Ort der Energiebildung entfernt sind. Einige Biologen meinen inzwischen, daß dies nicht mittels gewöhnlicher chemischer Prozesse geschieht, sondern daß die Energie durch Solitonwellen innerhalb der Molekularstruktur befördert wird.

Ein anderes Forschungsgebiet, in dem die Solitonen-Theorie erhebliche Wirkung zeigt, ist die Supraleitfähigkeit, insbesondere die sogenannte Hochtemperatur-Supraleitfähigkeit. Einige Stoffe werden bei Temperaturen nahe dem absoluten Nullpunkt (–273°C) supraleitfähig, weil die Elektronen sich paarweise anordnen und geordnet bewegen können, wenn das materielle thermische Rauschen fehlt. Forschungen der späten achtziger Jahre haben gezeigt, daß bestimmte keramische Materialien bei sehr viel höheren Temperaturen supraleitfähig sind, und es gibt Vermutungen, daß demnächst sogar Supraleiter bei Zimmertemperatur denkbar sind. In diesem Falle könnten sich die technologischen Anwendungen als revolutionär erweisen. Aber wie können Stoffe bei so hohen Temperaturen supraleitfähig sein, wo doch erwartungsgemäß jedes Elektronenpaar, das sich bilden will, durch thermische Erregung daran gehindert wird?

Obwohl noch unklar ist, was in den neuen Hochtemperatur-Supraleitern vor sich geht, vermuten die Theoretiker, daß Solitonen hier eine Schlüsselrolle spielen. Man hat Solitonen bereits in anderen supraleitfähigen Vorrichtungen gefunden, so in den sogenannten Josephson-Verbindungen, in denen eine dünne Isolatorschicht zwei Supraleiter trennt. Wenn in einer solchen Vorrichtung Strom fließt, tunneln einzelne magnetische Energiepakete – eine Form der Solitonen, die Fluxonen genannt werden – die Isolatorschicht auf quantenmechanische Art. Die Forscher hoffen, daß diese Magnetfeldsolitonen eines Tages genutzt werden können, um digitale Informationen in Hochgeschwindigkeitsrechnern zu speichern, und sie vermuten, daß verwandte Solitoneffekte die Supraleitfähigkeit einiger keramischer Stoffe bei relativ hohen Temperaturen erklären können.

Neben den Fluxonen gibt es noch ein anderes Festkörpersoliton, das sogenannte Polaron. Es ist im Grunde eine elektrisch geladene Einzelwelle. Wenn ein Elektron einen festen Stoff mit kristalliner Struktur durchdringt, zieht das elektrische Feld des Elektrons die Atome im Kristallgitter an und verformt dabei den Zustand des Gitters ein wenig. Bei geringen Verformungen verhalten sich die Atome vollkommen elastisch – ihre Bewegung ist direkt proportional zur Kraft, die auf sie einwirkt. Das heißt, das System ist linear, so daß sich keine Solitonen bilden können. Bei einigen Stoffen kann die Verformung jedoch relativ groß ausfallen, und dann ist die Bewegung nicht mehr einfach proportional zur Kraft. Diese so wichtige Nichtlinearität ebnet den Weg zur Bildung von Solitonen. In diesem Fall besteht das Soliton aus einem Elektron und den umliegenden Atomen des Kristallgitters, die sich verbinden und einen Klumpen elektrischer Energie bilden, der durch das Gitter dringen kann. Man glaubt, daß zwei solche Polaronen wechselwirken und ein gebundenes System bilden können – ein Bipolaron –, das in keramischen Stoffen auf die gleiche Weise Supraleitfähigkeit erzeugt, wie gebundene Elektronenpaare in anderen Stoffen Supraleitfähigkeit bei sehr niedrigen Temperaturen erzeugen.

### *Knicke und Drehungen*

Welche allgemeinen Prinzipien liegen dieser verwirrenden Vielfalt von Solitonen zugrunde? Charakteristisches Merkmal der Solitonen ist eine gewisse Beständigkeit. Aber es besteht ein bedeutender Unterschied zwischen wirklich beständigen Solitonen und solchen, die einfach langlebig sind. Solitonen auf der Wasseroberfläche zum Beispiel können notfalls zerstört werden, indem man etwa das Wasser aufwühlt. Manche Solitonen kann man dagegen nie beseitigen.

Stellen wir uns, um den Unterschied zu verstehen, ein unendlich langes, gedehntes Gummiband vor, das auf der einen Seite blau und auf der anderen rot ist. Zupft man an dem Band, pflanzen sich Wellen in ihm fort. Wäre das Band nichtlinear, könnte man ein Soliton erzeugen, indem man einen Hügel bildet und dann losläßt. Das Soliton wäre ein Klumpen konzentrierter Energie. Die Energie wäre in diesem Fall elastische Energie, die mit der Verformung des Bandes zusammenhängt, nämlich einer zusätzlichen Dehnung am

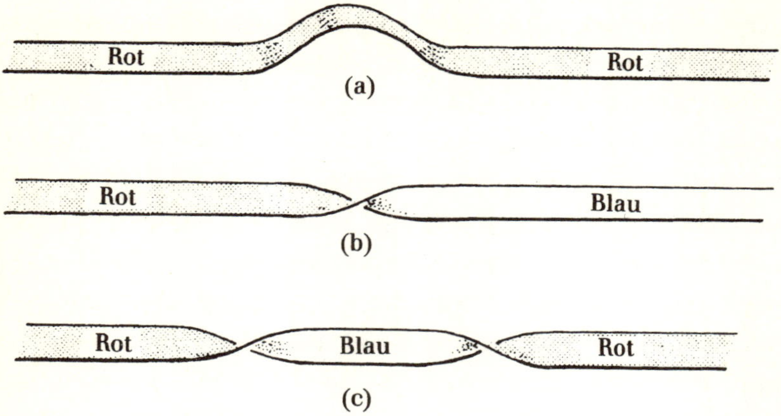


*Abb. 8 Bereiche konzentrierter elastischer Energie (Solitonen) können auf einem Gummiband auf zwei Arten erzeugt werden: entweder als Hügel oder Verdrehungen. Beide können das Gummiband entlangwandern, aber ein Hügel (a) kann durch eine Störung zerstört und ausgelöscht werden. Eine Verdrehung ist dagegen auf dem Band »topologisch gefangen« (b) und kann nur durch eine »Gegendrehung« aufgehoben werden (c).*

Hügel. Weil der Hügel grundsätzlich wieder abgeplattet werden kann, ist das Soliton nicht beständig.

Aber noch ein Soliton anderer Art ist auf dem Gummiband möglich. Es kann durch eine *Verdrehung* des Bandes entstehen, so daß die Oberseite links von der Drehung rot ist, rechts davon blau (Abbildung 8). Wieder ist die Energie in einem Klumpen konzentriert, doch diesmal kann das Soliton nicht zerstört werden. Die Verdrehung kann zwar entlang des Bandes hin- und hergeschoben werden, aber es ist nicht möglich, das Band zu »entdrehen«, wenn es unendlich lang ist (tatsächlich gibt es keine Möglichkeit, ein derartiges Soliton zu schaffen, es sei denn, das unendlich lange Gummiband selbst würde geschaffen; es ist ein unerläßliches Merkmal des verdrehten Bandes). Denkbar erscheint allerdings, daß dieses Soliton auf ein »Antisoliton« trifft, das aus einer Verdrehung in entgegengesetzter Richtung besteht und das Band entlangwandert. In diesem Fall würden die beiden Verdrehungen einander aufheben, und ihre Energie würde in gewöhnliche Wellen im Band umgewandelt. Die Analogie zu zwei Teilchen, die einander vernichten und Energie freisetzen, ist sehr naheliegend, und wir können uns sogar das Entstehen von Soliton-Antisoliton-Paaren vorstellen (wenn auch keine Einzelsolitonen dieser Art), indem wir Energie einsetzen und einen kurzen Abschnitt des Gummibands so drehen, daß an dem einen Ende des verdrehten Bandes ein Soliton entsteht und am anderen ein Antisoliton.

Die Untersuchung von Verdrehungen fällt in das Gebiet der Topologie. Die Topologen erforschen, wie Linien, Oberflächen und Räume verdreht, verknotet und miteinander verbunden werden können – wenn nicht in der Wirklichkeit, dann zumindest in der mathematischen Simulation. Ein System mit einer bestimmten Topologie kann diese nicht durch bloßes Dehnen oder Krümmen verändern; die nach einer solchen Verformung entstandenen Gebilde sind, topologisch gesehen, den Ausgangsgebilden äquivalent. Verändert werden kann die Topologie nur dadurch, daß die Form zerschnitten und neu zusammengefügt wird. So sehr man auch dreht, ein verdrehtes unendliches Band kann man nicht entdrehen, genausowenig, wie man eine Endlosschleife mit Knoten entknoten kann. Solitonen, die topologisch gefangen sind, bleiben also so lange bestehen, wie das betroffene System besteht.

Topologische Solitonen dieser Art tauchen in vielen Formen auf. In einem Kristall zum Beispiel treten Verschiebungen auf, wenn die regelmäßige Anordnung der Atome in einem Gitter durch eine Fehlanpassung gestört wird. Diese Verschiebungen können sich zwar innerhalb des Kristalls verlagern, sie können aber nie beseitigt werden. Ein anderes Beispiel für Solitonen finden wir wiederum bei den Supraleitern, wo ein konzentriertes Magnetfeld in einem dünnen Rohr festgehalten werden kann. Etwas ganz Ähnliches liegt der Erklärung der Strings zugrunde, einem Phänomen, auf das wir in Kapitel 6 näher eingehen.

Der vielleicht vielversprechendste Bereich für topologische Solitonen ist jedoch die subatomare Teilchenphysik. Hier regen Solitonen eher Felder an als irgendwelche stoffliche Medien. Wenn ein Feld sich im niedrigsten Energiezustand befindet, ist es im gesamten Raum homogen. Anregungen treten auf, sobald das Feld an irgendeiner Stelle von dieser Homogenität abweicht. In einem nichtlinearen Feld kann es – als Folge der Selbstwechselwirkung eines Feldes – vorkommen, daß der niedrigste Energiezustand

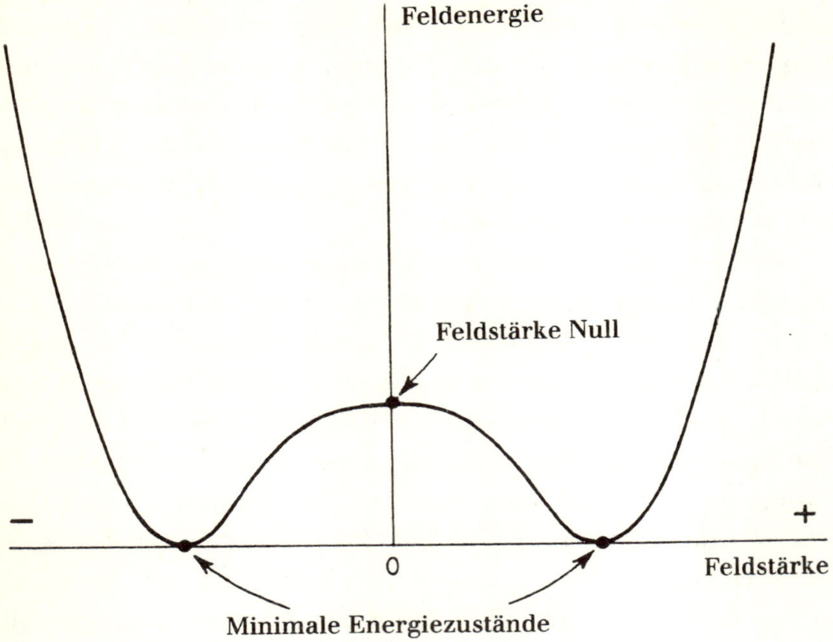


*Abb. 9* *Darstellung der Feldenergie* gegenüber der Feld*stärke* für ein typisches nichtlineares Feld, wie es in der subnuklearen Teilchenphysik vorkommt. Der Zustand der Feldstärke Null hat eine von Null verschiedene Energie (Scheitelpunkt des Hügels). Es gibt zwei mögliche Zustände einer Feldenergie von Null (die beiden Talsohlen), einen mit positiver Feldstärke, den anderen mit negativer Feldstärke. Sie entsprechen den beiden Seiten des Gummibands in Abbildung 8.

nicht mehr einer Feldstärke von Null entspricht. Das heißt, die Gesamtenergie ist geringer, wenn das Feld eine endliche Stärke hat, als wenn es gar keine hat, denn die Wirkung eines sich selbst beeinflussenden Feldes besteht darin, seine Energie zu verringern. In diesen Fällen ist das Feld im gesamten Raum noch immer homogen, aber mit einem von Null verschiedenen Wert.

Aber nun taucht eine neue Möglichkeit auf. Es kann mehr als einen konstanten Wert für das Feld geben, wie es auch bei dem verdrehten Gummiband der Fall war. Dann entsprechen die beiden Seiten des Bandes einem positiven beziehungsweise negativen Wert des Feldes. Abbildung 9 zeigt die Darstellung der Energie für ein typisches nichtlineares Feld. Der Zustand einer Nullfeldstärke entspricht dem Scheitelpunkt eines symmetrischen Hügels zwischen zwei Tälern. Die beiden Talsohlen entsprechen den minimalen Energiezuständen des von Null verschiedenen homogenen Feldes mit positivem beziehungsweise negativem Feldwert. Wenn die Energie eines Feldes diese einfache Gestalt mit zwei Minimalzuständen hat, kann es passieren, daß sich das Feld in einem Bereich des Raumes in einem Zustand befindet, der dem linken Tal entspricht, während es sich woanders in einem Zustand befindet, der dem Tal auf der rechten Seite entspricht. Wenn das der Fall ist, besteht die einzige Möglichkeit, das Feld fortwährend zusammenzuhalten, darin, daß es irgendwo zwischen diesen beiden Bereichen den Wert Null überschreitet – das heißt, es *ersteigt den Hügel.* Wo das passiert, liegt ein festgelegter Bereich von Feldenergie – das ist das Soliton. Wie die Verdrehung im Gummiband ist es zwischen zwei physikalisch eindeutigen Bereichen mit identischen Energieminima topologisch gefangen. Das Soliton kann sich zwar bewegen, kann aber nie vernichtet werden – es sei denn, es trifft auf ein Antisoliton.

Die Analogie zum Gummiband hat ihre Grenzen, weil das Soliton auf dem Band sich nur in einer Dimension bewegen kann (entlang des Bandes). Echte Felder sind jedoch dreidimensional. Die Vorstellung eines topologischen Solitons in drei Dimensionen verlangt eine entwickeltere und abstraktere Anwendung der Topologie. Der Grundgedanke bleibt allerdings derselbe: Die Felddarstellung enthält einen topologisch gefangenen, lokalisierten Energiebereich, der sich zwar im Raum bewegen, aber nicht »befreien« kann.

Viele Theoretiker glauben, solche Solitonen würden sich uns als neue Sorten subnuklearer Teilchen mit vielfältigen und interessanten Eigenschaften zeigen. Tatsächlich können gewöhnliche Protonen, Neutronen und alle anderen aus dem Teilchen-Zoo in gewissem Sinne als Solitonen im entsprechenden Kraftfeld betrachtet werden. Eine Möglichkeit, wie sich »neuartige« Solitonenteilchen zu erkennen geben könnten, ist das Aufzeigen von Merkmalen, die die bereits bekannten Teilchen nicht haben. Ein klassisches Beispiel fanden (mathematisch) Anfang der siebziger Jahre Gerardt' Hooft von der Universität Utrecht und Alexander Poljakow vom Landau-Institut für Theoretische Physik in Moskau.

Sie untersuchten einen neuen Typ des subnuklearen Feldes, das als verantwortlich für die starke Kernkraft galt, als sie feststellten, daß dieses Feld eine Vielzahl minimaler Energiezustände hat, zwischen denen das Feld »verdreht« oder »verknotet« sein kann. Bei einigen dieser Zustandsformen verhielt sich das entstehende Soliton wie eine isolierte magnetische »Ladung«. Alle bekannten Magnete haben einen Nord- und einen Südpol; das Vorhandensein nur eines Pols wäre also höchst bemerkenswert. Trotz umfangreicher Forschungen hat jedoch noch kein Experiment einen unzweifelhaften, überzeugenden Nachweis erbracht, daß es solche magnetischen Mono-Pole gibt.

In jüngster Zeit erweiterte sich die Vorstellung vom Soliton von drei auf vier Dimensionen, indem man sowohl die Zeit als auch den Raum in die Berechnungen einbezog. Ein vierdimensionales Soliton ist ein Gebilde, das sowohl im Raum als auch in der Zeit lokalisierbar ist, so daß es nur ein flüchtiges Dasein hat. Dennoch können solche Instantonen, wie sie mittlerweile genannt werden, eine wichtige Rolle in der subatomaren Welt spielen, weil sie auf eine Weise Übergänge zwischen Feldzuständen zulassen, die bisher als nicht zulässig galten. Grob gesagt, kann ein Feld durch Verdrehung von einem Zustand in einen anderen wechseln.

Die Untersuchung von Solitonen, Instantonen, Knicken und anderen topologischen Merkmalen findet in so unterschiedlichen Wissenschaftszweigen wie der Biophysik oder der Kosmologie Anwendung. Inzwischen wird weithin vermutet, daß die physikalischen Prozesse in den frühesten Stadien des Universums – beim Urknall – von nichtlinearen Feldern beherrscht worden sind. Diese könnten topologische Strukturen geschaffen haben, die sich im Universum möglicherweise bis in die Gegenwart gehalten haben. Ein Beispiel sind die Strings, auf die wir in Kapitel 6 zu sprechen kommen.

Die nichtlineare Wissenschaft erlebte in den letzten Jahren einen enormen Aufschwung, was vor allem den schnellen Computern zu verdanken ist. Die intensive Beschäftigung mit nichtlinearen Systemen bewirkt eine bemerkenswerte Akzentverschiebung weg von inerten *Gegenständen* – tote Materie, die auf beseelte Kräfte reagiert – hin zu *Systemen*, die Elemente von Spontaneität und Überraschung aufweisen. Das Vokabular des Maschinenzeitalters weicht einer Sprache, die mehr an die Biologie als an die Physik denken läßt, mit Begriffen wie Anpassung, Kohärenz oder Organisation. Vielfach zeigen sich die gleichen grundlegenden nichtlinearen Phänomene in Systemen, die im Ganzen nicht eigentlich materiell sind, einschließlich Computernetze und Wirtschaftsmodelle. Wie die Maschinenanalogie inzwischen überholt scheint, schwindet auch die Verbindung zum newtonschen Materialismus. Die große Bandbreite der »nichtlinearen Revolution« führt zum raschen Niedergang des newtonschen Paradigmas als Grundlage unseres Wirklichkeitsverständnisses.

Bei allem postnewtonschen Flair dieser Entwicklungen enthalten die meisten Untersuchungen nichtlinearer Systeme nach wie vor die newtonsche Raum-Zeit-Vorstellung. Obwohl sich das Interesse eher auf Systeme als auf Mechanismen konzentriert, kann man sich diese Systeme immer noch in einem absoluten Raum und einer absoluten Zeit angesiedelt denken. Aber wir wissen inzwischen seit fast einem Jahrhundert, daß auch diese Elemente des newtonschen Materialismus wie das Uhrwerk-Universum in den historischen Schmelztiegel gehören, was kaum weniger weitreichende Folgen haben wird als die, über die wir schon gesprochen haben.

III

# Mysteriöse Gegenwart

Albert Einstein hat uns gelehrt, daß Raum und Zeit nicht das sind, was sie für die menschlichen Sinne scheinen. Sie sollten zunächst als zwei miteinander verbundene Facetten eines größeren Ganzen betrachtet werden, genannt Raumzeit. Aus der ganzheitlicheren Sicht der Relativitätstheorie erscheinen Begriffe wie Länge, Masse und Dauer sehr viel nebulöser als in der scheinbar so klaren Alltagswirklichkeit. Selbst der Gedanke der Gleichzeitigkeit und der Begriff des »Jetzt« nehmen etwas schwer Greifbares an, das sich dem gesunden Menschenverstand widersetzt. Was die Relativitätstheorie jedoch mit der einen Hand nimmt, gibt sie mit der anderen zurück, in Form neuer und wirklich fundamentaler Konstanten und Vorstellungen.

## *Der Raum als Arena*

Der Raum ist ein so grundlegender Bestandteil der Erfahrung, daß wir ihn ohne Fragen zu akzeptieren geneigt sind. Warum sollte der Raum auch anders sein, als wir ihn wahrnehmen? Zweifel schleichen sich erst ein, wenn wir vor Fragen gestellt werden wie diese: Dehnt sich der Raum unendlich aus? Oder: Existierte der Raum schon vor dem Universum? Und schon taucht eine weitere Frage auf: Worauf basieren unsere überkommenen Vorstellungen vom Raum?

Die Historiker sehen ihren Ursprung in der griechischen Antike, wo sie eng mit der Entwicklung der Geometrie verbunden waren. Die Geometrie gewann ihre systematische Ausrichtung schon einige Jahrhunderte vor Christus und gipfelte in den Arbeiten Euklids.

Die Vertreter der klassischen Geometrie führten, als sie ihre Lehrsätze aufstellten, idealisierte Begriffe ein, etwa die Parallelen, die definiert wurden als unendliche Geraden, die sich niemals schneiden. Solche Geraden wurden zum Beweis von Lehrsätzen benötigt; sie implizierten allerdings auch die Existenz eines unendlichen »Außerhalb«, in das die Geraden theoretisch projiziert werden konnten. All das war allerdings belanglos, solange der Raum etwas Abstraktes blieb; Probleme tauchten erst auf, als man begann, den Raum der Geometrie mit dem physischen Raum der wirklichen Welt gleichzusetzen. Frühe Versuche in dieser Richtung finden wir bei den Atomisten (siehe Kapitel 1), die lange vor Euklid behaupteten, die Welt bestehe nur aus zwei Dingen: aus unzerstörbaren Teilchen (Atomen) und einer grenzenlose Leere. Das Leere stellte man sich als eine Arena vor, in der sich die Atome bewegen und das großartige Schauspiel der Natur aufführen. Dieses Bild entspricht auch heute noch der gängigen Vorstellung vom Raum.

Die Annahme eines unendlichen leeren Raums, den man offenbar für die Projektion paralleler Geraden brauchte, geriet in direkten Widerspruch zur griechischen Kosmologie, die davon ausging, daß das Universum endlich und kugelförmig sei und daß die Erde im Mittelpunkt eines Systems von konzentrischen umlaufenden Himmelskörpern liege. Die Frage, was sich jenseits der äußersten Sphäre befindet, war zutiefst beunruhigend. Aristoteles versuchte – im 4. Jahrhundert v. Chr. – der Frage auszuweichen, indem er eine eigenartige Definition für »Ort« fand. Er behauptete, die äußerste Sphäre sei nicht *in* etwas enthalten; sie umschließe, sei selbst aber nicht umschlossen. Mit anderen Worten, es gebe kein Außerhalb.

Die Anhänger der Idee vom leeren Raum reagierten darauf immer wieder mit Variationen des folgenden Bildes: Angenommen, jemand reise bis zur äußersten Grenze des Universums und strecke die Hand aus (oder werfe einen Speer, um das Lieblingsbeispiel des römischen Dichters Lukrez zu nehmen). Worauf würde man stoßen? Auf weiteren Raum? Oder auf eine Mauer? Würde die Hand (der Speer) sich auflösen oder plötzlich aufhören zu existieren?

Der Streit zog sich durch die Jahrhunderte, bis in die Renaissance und den Beginn der modernen Wissenschaften. Unter dem Eindruck von Kopernikus, Galilei und Newton wurde die Vorstellung einer endlichen kugelförmigen Welt schließlich aufgegeben, und der atomistische Gedanke vom unendlichen Raum, bestückt mit Sternen und Planeten, setzte sich allgemein durch. Doch schon tauchte eine neue Schwierigkeit auf. Newton dachte sich den Raum in mehr als rein geometrischen Dimensionen, weil ihn in erster Linie die Entwicklung mathematischer Bewegungsgesetze interessierte. Diese setzten voraus, daß der Raum auch *mechanische* Eigenschaften besaß.

### *»Mein Gott, der Himmel bewegt sich!«*

Eines der ältesten wissenschaftlichen und philosophischen Probleme ist die Unterscheidung von absoluter und relativer Bewegung. Eine geläufige Erfahrung von relativer Bewegung ist der Eindruck, daß der Zug, in dem man sitzt, anfährt, während in Wirklichkeit der Zug auf dem Nebengleis in die andere Richtung losfährt. Einer der Autoren hatte einmal das folgende, noch bemerkenswertere Erlebnis: Er reiste mit einer Autofähre, die so unmerklich den Hafen verließ, daß eine neben ihm sitzende Dame, die von ihrem Buch aufblickte, ausrief: »Mein Gott, der Himmel bewegt sich ja!« Bei einer Fahrt mit der Achterbahn kommt dagegen kein Zweifel auf, daß man selbst fährt, denn die Beschleunigung wirkt sich unmißverständlich auf den Körper aus. Beschleunigung ist deutlich etwas anderes als eine gleichförmige Bewegung.

Newtons berühmte Bewegungsgesetze verkörpern, was heute als Relativitätsprinzip bekannt ist, das schon vorher von Galilei entdeckt (oder formuliert) wurde. Das Prinzip läßt sich gut mit einem Beispiel beschreiben. Stellen Sie sich vor, Sie sind an Bord eines Flugzeugs, das mit gleichbleibender Geschwindigkeit geradeaus und horizontal fliegt. Im Flugzeug empfindet man keinerlei Bewegung. Sich einen Drink einzugießen, herumzulaufen oder andere Tätigkeiten scheinen einem völlig normal. Nach Galilei und Newton liegt das daran, daß eine gleichförmige Bewegung auf einer Geraden *relativ* ist; das heißt, sie hat nur dann Bedeutung, wenn sie zu irgendeinem anderen Gegenstand oder System in Beziehung gesetzt wird. Die Aussage, daß ein Gegenstand eine bestimmte Geschwindigkeit hat, ist somit bedeutungslos. Die Geschwindigkeit muß in Relation zu etwas anderem angegeben werden. Wenn wir sagen, ein Auto fährt fünfzig Kilometer in der Stunde, meinen wir in Wirklichkeit fünfzig Stundenkilometer *in Relation zur Straße*. Die Unterscheidung wird bedeutsam, wenn das Auto mit einem anderen Auto zusammenstößt, das ihm mit fünfzig Stundenkilometern entgegenkommt; die relative Geschwindigkeit beider Autos beträgt nicht fünfzig, sondern hundert Stundenkilometer, die dann auch die Schwere des Unfalls ausmachen. Vor allem muß man jedoch die Vorstellung aufgeben, ein Objekt bewege sich mit einer bestimmten Geschwindigkeit *durch den Weltraum*. Der leere Raum bietet keine Kilometersteine, an denen man etwa die Geschwindigkeit der Erde messen könnte. Die Bestimmung der Erdgeschwindigkeit hängt davon ab, in welcher Relation man mißt – zum Mond, zur Sonne, zum Planeten Jupiter oder zum Zentrum der Milchstraße. Ebenso kann man von keinem einzelnen Objekt sagen, es befinde sich im Zustand absoluter Ruhe im Weltraum. Die ›Krieg-der-Sterne‹-Stories, in denen das Raumschiff USS Enterprise etwa wegen eines Triebwerkschadens abrupt im Raum stehenbleibt, gemahnen an die Physik der Vor-Renaissance.

Gleichförmige Geschwindigkeit auf einer Geraden kennt also keine Unterscheidung von wirklicher und scheinbarer Bewegung. Ganz anders sieht die Sache jedoch aus, wenn es zu einer ungleichförmigen Bewegung kommt. Wenn das Flugzeug, in dem Sie sitzen, eine scharfe Kurve fliegt oder die Geschwindigkeit drastisch ändert, können Sie die Wirkung deutlich als Kräfte spüren, die an Ihrem Körper ziehen oder schieben, und Tätigkeiten wie das Eingießen eines Drinks oder das Herumlaufen werden erheblich komplizierter.

Newton machte die »Trägheit« für derartige Wirkungen verantwortlich. Objekte haben zwar keinen Widerstand gegen eine gleichförmige Bewegung im freien Raum, doch jedes Objekt besitzt einen natürlichen Widerstand gegen *Veränderungen* der Bewegung. Das können geradlinige Beschleunigungen sein oder Richtungsänderungen oder beides; das Objekt versucht stets, seine Bewegung fortzusetzen. Die geläufigsten Beispiele für Trägheit, auch die, an denen Newton besonderes Interesse zeigte, sind rotierende Körper, die der sogenannten Zentrifugalkraft ausgesetzt sind. Jeder, der schon einmal in einem Karussell gesessen hat oder in einem Auto mit hoher Geschwindigkeit in eine Kurve gefahren ist, kennt die Wirkung von Zentrifugalkräften.

Gleichförmige und ungleichförmige Bewegung sind grundlegend voneinander unterschieden. Während die gleichförmige

Bewegung relativ ist, scheint die ungleichförmige Bewegung absolut zu sein. Man kann ohne weiteres sagen, ein Objekt beschleunigt, ohne einen äußeren Bezugspunkt zu nennen. Wer Karussell fährt, weiß, daß er sich dreht, ohne einen Blick auf die vorbeihuschende Umgebung werfen zu müssen; er weiß es auch mit geschlossenen Augen, und er ist sicher, daß sich das Karussell bewegt und nicht die Umgebung (oder der Himmel!). Newton kam zu dem Schluß, daß diese Art von Bewegung, die offenbar keinen Bezug zu anderen Objekten braucht, auf den Raum selbst bezogen werden muß. Er fand den Begriff vom »absoluten Raum« und betrachtete ihn in mancher Hinsicht wie einen Stoff, der alle Objekte umhüllt und in dem Objekte beschleunigt werden können. Aus dieser Sicht ist es die Reaktion des absoluten Raums auf ein beschleunigtes Objekt – eine Art Widerstand, wie wenn man mit der Hand durch Wasser fährt –, die Trägheit oder Zentrifugalkraft produziert.

Bei der Entwicklung dieser Vorstellung dachte Newton etwa an folgendes Gedankenexperiment: Man stelle sich einen Eimer mit Wasser vor, der frei an einem langen Seil hängt. Das Seil soll nun gedreht und dann losgelassen werden, so daß es sich wieder zurückdreht und mit ihm der Eimer (Abbildung 10). Zunächst ändert sich beim Wasser nichts. Dann, nachdem die Drehungen des Eimers sich durch den Reibungswiderstand auf das Wasser ausgewirkt haben, drehen sich schließlich Wasser und Eimer mit der gleichen Geschwindigkeit. Wenn das Wasser sich dreht, nimmt es aufgrund der Zentrifugalkraft eine konkave Form an und steigt am Eimerrand höher; wenn man den Eimer jetzt packt und die Drehung abrupt stoppt, wird das Wasser noch eine Weile weiterkreisen und seine konkave Form beibehalten.

Man kann durch bloßes Beobachten der Wasseroberfläche erkennen, daß das Wasser rotiert. Es ist kein Bezug zu irgend etwas im Universum notwendig. Das Wasser rotiert nicht, wenn die Oberfläche eben ist, und es rotiert, wenn die Oberfläche konkav ist. Daß die Oberfläche konkav ist, hängt nicht von der relativen Bewegung des Eimers ab, in dem sich das Wasser befindet. Zu Beginn des Experiments dreht sich der Eimer relativ zum Wasser, aber die Wasseroberfläche ist eben. Am Ende des Experiments dreht sich das Wasser relativ zum Eimer, und die Oberfläche ist konkav. In

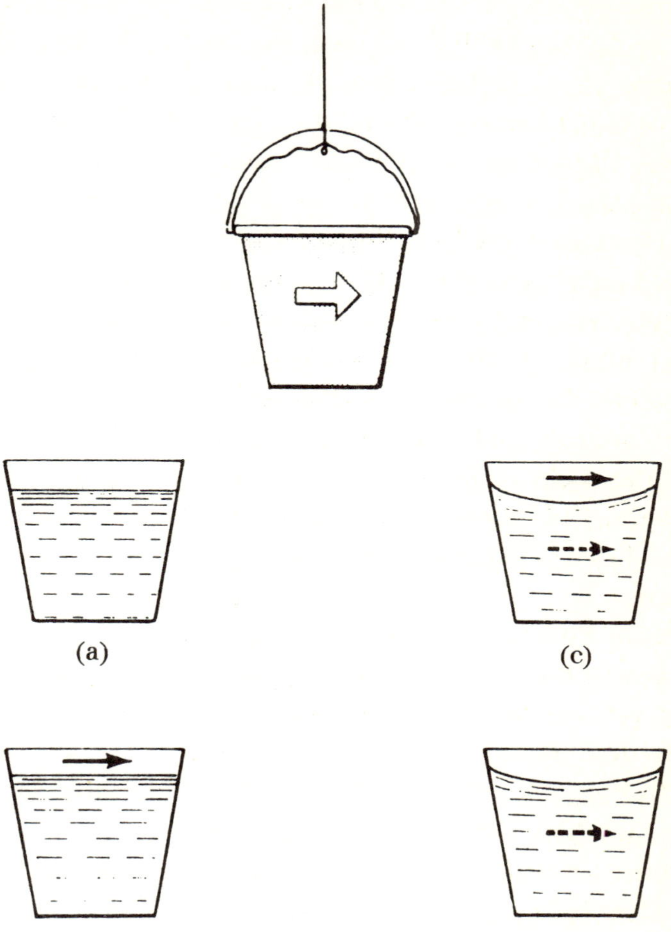


*Abb. 10 Newtons Eimerexperiment. Das Seil mit dem Eimer wird gedreht und dann losgelassen. Zu Beginn des Experiments ist das Wasser in bezug auf den Eimer im Ruhezustand, die Oberfläche eben und die Situation wie in der Darstellung (a). Wenn der Eimer anfängt, sich zu drehen (ausgezogener Pfeil), bleibt die Wasseroberfläche zunächst eben, wie in (b). Schließlich rotiert das Wasser zusammen mit dem Eimer (gestrichelter Pfeil), und die Oberfläche wird konkav wie in (c). Wird der Eimer abrupt angehalten, das Wasser aber kreist weiter wie in (d), bleibt die Oberfläche konkav. Der Zustand der Wasseroberfläche hängt offenkundig nicht mit ihrer Bewegung in bezug auf den Eimer zusammen.*

der Mitte des Experiments gibt es keine relative Bewegung zwischen Wasser und Eimer, aber die Oberfläche ist trotzdem konkav. Hingegen gab es vor Beginn des Experiments keine relative Bewegung zwischen Wasser und Eimer, die Oberfläche war aber eben. Die Wölbung der Oberfläche hängt offenbar von der *absoluten* Drehung des Wassers ab, der Drehung in Relation zum – wie Newton es nannte – absoluten Raum.

Man kann das Gedankenexperiment etwas weiter treiben und sich vorstellen, es werde am Nordpol durchgeführt. Jetzt zeigen genaue Messungen, daß die Wasseroberfläche auch noch leicht konkav ist, nachdem der Eimer angehalten wurde und das Wasser nicht mehr kreist. Das ist der Fall, weil die Rotation der Erde das Wasser im Kreis mitführt, es ist die gleiche Erdrotation, die – aus demselben Grund (Zentrifugalkraft) – bewirkt, daß die Erde sich am Äquator nach außen wölbt. Rotation ist weder etwas, das man auf die Erde beziehen sollte, noch auf die Sonne, den Planeten Jupiter oder das Zentrum der Milchstraße. Die Wasseroberfläche wird nur dann wirklich eben sein, wenn sie stationär (nicht rotierend) in bezug auf die entferntesten Materieansammlungen im Universum ist, auf ferne Galaxien und Quasare.

Nach Newton ist die Wasseroberfläche also eben, wenn sie sich relativ zum absoluten Raum nicht dreht. Das Bezugssystem, das den absoluten Raum definiert, ist also offenbar das gleiche wie das Bezugssystem, in dem ferne Galaxien angesiedelt sind. Das ist so, als würde man sagen, die ganze Ansammlung der Galaxien rotiert nicht, das Universum als Ganzes rotiert nicht, obgleich jedes in ihm bekannte System – also Planeten, Sterne und Einzelgalaxien – sehr wohl rotiert. Die Logik dieses Gedankens ist eine Herausforderung für unser gewohntes Verständnis, vielleicht weil dieses Verständnis auf drei Jahrhunderten newtonscher Physik beruht. Aber es gibt auch eine alternative Sichtweise.

Ein zeitgenössischer Gegenspieler Newtons, Gottfried Wilhelm Leibniz, erklärte: »Es gibt keinen Raum, wo keine Materie ist.« Einige Jahre später verwarf der Theologe und Philosoph Bischof George Berkeley, die Idee des absoluten Raums ebenfalls als sinnlos: »Es genügt, den absoluten Raum durch einen relativen Raum zu ersetzen, der durch den Fixsternhimmel determiniert ist.«[1] Was die gleichförmige Bewegung betrifft, schrieb Berkeley: »Ich glaube, man wird feststellen, daß die absolute Bewegung, die man gedanklich formulieren kann, im Grunde nichts anderes als eine relative Bewegung ist.« Er meinte, alle Bewegung, auch die Beschleunigung und die Rotation, sollte als relativ zu den »Fixsternen«, nicht zum Raum selbst betrachtet werden.

Um seine Argumentation zu verdeutlichen, forderte Berkeley seine Leser auf, sich einen kugelförmigen Gegenstand in einem ansonsten vollkommen leeren Universum vorzustellen. In dieser eigenschaftslosen Leere, so Berkeley, sei eine Bewegung der Kugel nicht erkennbar. Nicht nur die gleichförmige Bewegung durch den Raum, auch Beschleunigung und Rotation seien bedeutungslos. Nun stelle man sich ein Universum vor, das zwei Kugeln enthält, die durch ein Seil verbunden sind. Jetzt sei es möglich, sich eine relative Bewegung entlang der Linie zwischen beiden Kugeln vorzustellen, doch »eine Kreisbewegung der beiden Kugeln um einen gemeinsamen Mittelpunkt ist für die Vorstellung nicht wahrnehmbar«. Gehe man andererseits davon aus, daß das Firmament mit den Fixsternen existiert, kann die Rotation vor diesem Hintergrund wahrgenommen werden.

Das widerspricht schlicht Newtons Sicht auf das, was in Berkeleys fiktivem Universum vor sich gehen würde. Selbst von einer einzelnen Kugel würde man annehmen, daß sie sich dreht, wenn sich ihr Äquator nach außen wölbt; und die Rotation zweier durch ein Seil verbundener Kugeln um einen gemeinsamen Mittelpunkt könnte bestimmt werden, indem man die Spannung des Seils mißt, die durch die Zentrifugalkraft hervorgerufen wird. Newton führte explizit aus: »Die Wirkungen, die absolute und relative Bewegung unterscheiden, sind Zentrifugalkräfte. … Denn bei einer rein relativen Kreisbewegung treten derartige Kräfte nicht auf.«

Trotz des überwältigenden Erfolgs der newtonschen Mechanik und des Weltbildes, das sie hervorbrachte, hörte der Streit um absoluten Raum und absolute Rotation nicht auf. In der zweiten Hälfte des 19. Jahrhunderts wurden diese Fragen von dem österreichi-

1 Er bezog sich auf »Sterne«, nicht auf »Galaxien«, weil Galaxien jenseits der Milchstraße zu jener Zeit noch nicht bestimmt waren.

schen Physiker und Philosophen Ernst Mach wieder aufgenommen, bestens bekannt durch seine Arbeiten über Schallwellen, vor allem aber durch die Mach-Zahl, ein Geschwindigkeitsmaß im Verhältnis zur Schallgeschwindigkeit. Mach lehnte den Gedanken eines nicht beobachtbaren absoluten Raums ab und erklärte wie Berkeley, daß sowohl die gleichförmige als auch die ungleichförmige Bewegung relativ seien. Die Rotation etwa ist relativ zu den Fixsternen. Aber da blieb noch das Problem der Zentrifugalkraft. Wenn sie nicht durch die Zugwirkung des absoluten Raums verursacht wurde, woher kam sie dann? Mach schlug eine elegante Lösung vor. Aus der Sicht eines sich drehenden Beobachters wird die Zentrifugalkraft wahrgenommen, wenn er die Sterne vorbeihuschen sieht. Natürlich, so Mach, *verursachen* die Sterne die Kraft. Die Zentrifugalkraft – allgemeiner: die Trägheit eines Objekts – hat ihren Ursprung nicht in einem geheimnisvollen absoluten Raum, der das Objekt umgibt, sondern in den materiellen Objekten in den fernen Regionen des Kosmos. Dieses sogenannte Machsche Prinzip besagt vereinfacht, daß das Magengrummeln bei einer Fahrt mit der Achterbahn durch die fernen Sterne (Galaxien) verursacht wird, die an den Organen des Körpers ziehen.

Auch wenn es Mach nicht gelang, eindeutig zu formulieren, wie das im einzelnen funktioniert, hatte der Gedanke, daß Trägheit und Trägheitskräfte durch die Wechselwirkung zwischen einem Objekt und der fernen Materie im Universum hervorgerufen werden, großen Einfluß auf spätere Theoretiker. So bekannte zum Beispiel Einstein, daß Machs Werk ›Die Mechanik‹ ihn bei der Entwicklung seiner allgemeinen Relativitätstheorie stark beeinflußt habe.[2] Inzwischen hatte Einstein allerdings schon die bestehenden Vorstellungen über das Wesen von Raum und Zeit mit seiner speziellen Relativitätstheorie (1905) umgestürzt.

2 Ironischerweise lehnte Mach die 1915 veröffentlichte allgemeine Relativitätstheorie ab und trug sich im Jahr darauf, kurz vor seinem Tode, mit dem Gedanken, Einsteins Vorstellungen in einem Buch zu widerlegen.

## *Einsteins Durchblick*

Newtons Gesetze, auf die gleichförmige Bewegung angewandt, bei der Geschwindigkeit und Richtung verschiedener Objekte konstant bleiben, gelten für alle sich gleichförmig bewegenden Beobachter; sie verwehren jedem Beobachter oder Gegenstand, einen Zustand absoluter Ruhe zu definieren. In diesem Zusammenhang ist die Frage nach der Erdgeschwindigkeit im Raum genauso widersinnig wie das »Anhalten« des Raumschiffs USS Enterprise im Raum. Mitte des 19. Jahrhunderts bekam die Frage der Erdgeschwindigkeit im Raum jedoch eine neue Wendung. Insbesondere die Arbeiten von Michael Faraday und James Clerk Maxwell enthüllten die Existenz des elektromagnetischen Felds als die Wirkung, die für die Übermittlung elektrischer und magnetischer Kräfte durch den scheinbar leeren Raum verantwortlich war. Maxwell leitete die – heute nach ihm benannten – Gleichungen ab, die beschreiben, wie sich elektromagnetische Wellen im Raum ausbreiten. Er konnte mit Hilfe seiner Gleichungen die Geschwindigkeit dieser Wellen berechnen und fand heraus, daß sie exakt der Lichtgeschwindigkeit entspricht – 300000 Kilometer pro Sekunde. Da die Lichtgeschwindigkeit bereits bekannt war, das Wesen des Lichts jedoch noch unklar, war dies ein entscheidender Schritt für den Nachweis, daß das Licht eine elektromagnetische Welle ist (wir wissen heute, daß Radiowellen, Röntgenstrahlen und viele andere Formen der Strahlung ebenfalls elektromagnetische Wellen sind und daß sie sich mit der gleichen Geschwindigkeit ausbreiten). Eigenartig an dieser Zahl, die sich aus den Maxwellschen Gleichungen ergab – die Lichtgeschwindigkeit –, war jedoch, daß sie eine feste Zahl ist, die einzig durch Gleichungen bestimmt wird. Wo, fragten sich die Physiker, ist das Bezugssystem, zu dem man die Geschwindigkeitsmessung in Relation setzen kann? So kam die Vorstellung vom Äther auf – eines geheimnisvollen, gallertartigen Mediums, das den gesamten Raum ausfüllt. Die Geschwindigkeit der elektromagnetischen Wellen, die man sich jetzt als Schwingungen vorstellte, die sich durch den Äther ausbreiteten, mußte also in Relation zum Äther gemessen werden. Und das legte augenblicklich nahe, daß es einen absoluten Sinn geben müsse, in dem die Erdbewegung gemessen werden konnte, nicht in Relation zum leeren Raum, sondern zum Äther.

Das Vorhandensein eines Äthers würde ein Bezugssystem für den Zustand absoluter Ruhe definieren, gegenüber dem die Bewegung aller materiellen Objekte beurteilt werden könnte. So galt in den letzten zwei Jahrzehnten des 19. Jahrhunderts das Hauptinteresse der Physiker unter anderem dem Versuch, die Bewegung der Erde im Äther zu messen. Wenn das Licht mit einer festen Geschwindigkeit durch den Äther eilte, mußte es auch möglich sein, Unterschiede in der Lichtgeschwindigkeit zu messen, indem man in Richtung der Erdbewegung blickt (wenn die Erde sich direkt auf einen Lichtstrahl zubewegt) sowie im rechten Winkel zur Erdbewegung. Es schlug wie ein Blitz ein, als die entsprechenden Experimente – vor allem von Albert Michelson und Edward Morley in den Vereinigten Staaten – ergaben, daß die Lichtgeschwindigkeit in alle Richtungen gleich ist. Sie fanden keinen Beweis für einen Einfluß, der von der Bewegung der Erde durch den Raum ausgegangen wäre.

Obwohl es Albert Einstein war, der den Stier bei den Hörnern packte und einige Jahre später eine Theorie veröffentlichte – die spezielle Relativitätstheorie –, die das Fehlen der »Ätherdrift« erklärte, beschäftigten sich Ende des 19. Jahrhunderts verschiedene Wissenschaftler mit diesem Rätsel. Es besteht kaum ein Zweifel, daß die spezielle Relativitätstheorie in der Luft lag und daß sie auch ohne das Genie Einsteins schon bald entwickelt worden wäre. Diese Theorie ist trotz allem revolutionär. Sie erklärt, daß es einen Äther nicht gibt und daß der Grund dafür, daß die Maxwellschen Gleichungen nur einen einzigen Wert für die Lichtgeschwindigkeit ergeben, der ist, daß es sich um eine echte Universalkonstante handelt – daß die Lichtgeschwindigkeit immer den gleichen Wert hat, *unabhängig vom Bewegungszustand dessen, der sie mißt.* Darüber hinaus definiert diese Konstante – die Lichtgeschwindigkeit – eine absolute Obergrenze der Geschwindigkeit für jede relative Bewegung zwischen materiellen Objekten. Niemand wird, in welchem Bezugssystem auch immer, jemals die Bewegung eines anderen materiellen Objekts messen und dabei feststellen, daß es schneller als das Licht ist.

Alle Merkwürdigkeiten der speziellen Relativität, wie etwa die bekannte Kontraktion sich bewegender Objekte und die Zeitdehnung, gehen auf diese Tatsache zurück: die Konstanz der Lichtge-

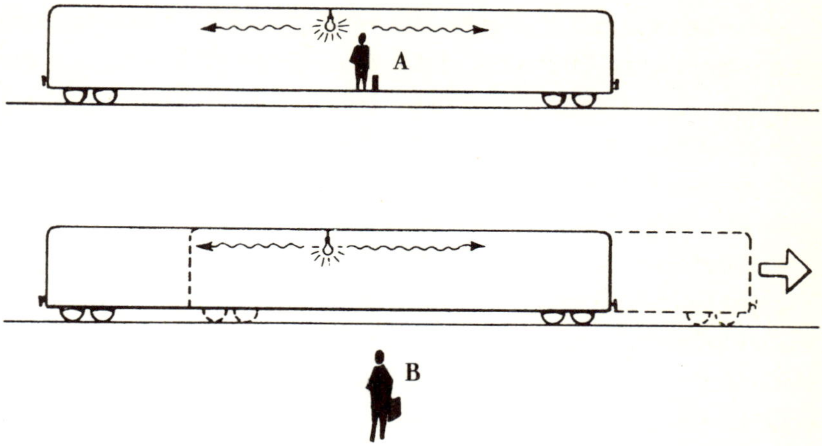


*Abb. 11 Das launische »Jetzt«. Eine Lampe in der Mitte eines Eisenbahnwaggons sendet Lichtimpulse zum vorderen und hinteren Wagenende. Alle sind sich einig, daß die Impulse gleichzeitig ausgesandt werden. Aber treffen sie auch gleichzeitig an den Wagenenden ein?*
*(i) Vom Bezugspunkt des Beobachters A, der im Zug sitzt, legen die Impulse mit gleicher Geschwindigkeit die gleiche Strecke zurück, so daß ihre Ankunft an den Wagenenden als gleichzeitig empfunden wird.*
*(ii) Vom Bezugspunkt auf dem Bahnsteig sieht der Beobachter B die Impulse sich ebenfalls mit gleicher Geschwindigkeit ausbreiten, aber die Strecken sind unterschiedlich – während sie die Strecke zurücklegen, fährt der Wagen weiter, verkürzt dadurch die zurückzulegende Strecke für den einen Impuls und verlängert sie für den anderen. B sieht den linken Impuls eher am Ziel. Das Problem entsteht dadurch, daß A und B das Licht sich stets mit derselben* Geschwindigkeit ausbreiten sehen.

schwindigkeit. Wir können mit einem weiteren einfachen Gedankenexperiment darauf hinweisen, worum es geht. Denken wir uns einen fahrenden Zug, bei dem ein Wagen eine Lichtquelle enthält, und zwar genau in der Mitte des Wagens. Zu einem bestimmten Zeitpunkt werden zwei Lichtimpulse in entgegengesetzte Richtung ausgesendet, zum vorderen und zum hinteren Ende des Wagens (Abbildung 11). Ein Beobachter, der im Zug sitzt, wird den Zug in Relation zu sich selbst als in Ruhe befindlich betrachten und deshalb folgern, daß beide Impulse gleichzeitig am jeweiligen Wagenende ankommen, da beide mit der gleichen Geschwindigkeit unterwegs sind und beide die gleiche Strecke zurückzulegen haben.

Stellen wir uns dieses Ereignis jetzt aus der Sicht eines anderen Beobachters vor, der auf dem Bahnsteig steht, wenn der Zug vorbeifährt. Nach Einsteins Postulat ist die Lichtgeschwindigkeit auch für diesen Beobachter konstant – sie ist genauso groß für beide Impulse und genauso groß wie die Lichtgeschwindigkeit, die der Beobachter im Zug mißt. Vom Standpunkt des Beobachters auf dem Bahnsteig bewegt sich der Zug jedoch eindeutig; der Beobachter sieht also das hintere Wagenende dem Lichtimpuls entgegenfahren, während sich das vordere Wagenende vom anderen Impuls entfernt. In der Zeit, die vergeht, bis die Impulse das jeweilige Wagenende erreichen, ist der Zug ein Stück weitergefahren. Der nach hinten ausgesandte Impuls hat also eine kleinere Strecke zurückzulegen als der nach vorn ausgesandte. Und da beide mit der gleichen Geschwindigkeit unterwegs sind, hat der Beobachter auf dem Bahnsteig den Eindruck, daß der nach hinten ausgesandte Impuls das Wagenende früher erreicht.

Was können wir aus diesem Gedankenexperiment schließen? Beim Vergleich desselben Vorgangs, der von zwei Beobachtern wahrgenommen wird, werden zwei Teilereignisse (die Ankunft der Lichtimpulse an den Wagenenden), die von dem einen Beobachter als gleichzeitig angesehen werden, von dem anderen als ungleichzeitig, beobachtet. Mit anderen Worten, die Gleichzeitigkeit von Ereignissen, die räumlich getrennt sind, ist *relativ*. Verschiedene Beobachter in unterschiedlichen Bewegungszuständen messen zwischen denselben zwei Ereignissen eine unterschiedliche Zeitdauer.

Ähnlich zeigt sich, daß verschiedene Beobachter in unterschiedlichen Bewegungszuständen beim selben Ereignispaar unterschiedliche *Entfernungen* feststellen. Wir wollen nicht ins mathematische Detail gehen.[3] Aber wie man nicht länger von *dem* Zeitabstand zwischen zwei räumlich getrennten Ereignissen sprechen kann, wie etwa der Ankunft zweier Lichtimpulse an den ent-

3 Eine hervorragende Darstellung findet sich in: Clifford Will, Und Einstein hatte doch recht. Berlin 1989

gegengesetzten Enden eines Eisenbahnwagens, kann man auch nicht länger von *der* Entfernung zwischen zwei räumlich getrennten Gegenständen sprechen. Bei der Fahrt in einem Raumschiff mit annähernder Lichtgeschwindigkeit könnte man zum Beispiel sehen, wie die Entfernung zwischen der Erde und der Sonne von den 150 Millionen Kilometern, die wir messen, auf vielleicht 15 Kilometer schrumpfen.

## *Die Vermählung von Raum und Zeit*

In Einsteins Theorie verlieren Raum und Zeit ihren unabhängigen Status. Die fundamentale Bedeutung der *Raumzeit* ist nicht begreifbar, wenn wir die beiden Komponenten getrennt betrachten. Wenn ein Beobachter seinen Bewegungszustand ändert, ändert sich das Verhältnis zwischen Raum und Zeit, so daß Entfernungen und jeweilige Zeitdauer unterschiedlich wahrgenommen werden. Aber weil Raum und Zeit zwei Seiten eines größeren Ganzen sind, behält die Raumzeit einige konstante Merkmale selbst für Beobachter, die sich unterschiedlich bewegen. Obwohl die Zeit physikalisch vom Raum unterschieden ist, gehören Zeit und dreidimensionaler Raum von ihren Eigenschaften her so eng zusammen, daß es sinnvoll erscheint, sie gemeinsam zu beschreiben: als ein vierdimensionales »Kontinuum«, und zwar mit Hilfe der Sprache der Mathematik, die den physikalischen Unterschied berücksichtigt.

Zu verstehen ist das Ganze analog zum gewöhnlichen dreidimensionalen Raum. Stellen wir uns vor, wir betrachten einen Besenstiel von verschiedenen Seiten. Die Länge des Stiels wird je nach Blickwinkel variieren (Abbildung 12). Betrachtet man ihn genau von der Seite, zeigt er seine wirkliche Länge, betrachtet man ihn jedoch aus einem schrägen Winkel, erscheint die Länge verkürzt. In dem Extremfall, daß man direkt auf das Ende schaut, scheint er überhaupt keine Länge zu haben. Aber das menschliche Gehirn kann sich in diese Situation hineindenken. Wir finden uns damit ab, daß der Besenstiel eine ganz bestimmte Länge hat und daß die scheinbaren Längenunterschiede darauf zurückzuführen sind, daß er im dreidimensionalen Raum unterschiedlich ausgerichtet liegen kann.

Tatsächlich gibt es eine einfache mathematische Formel, die

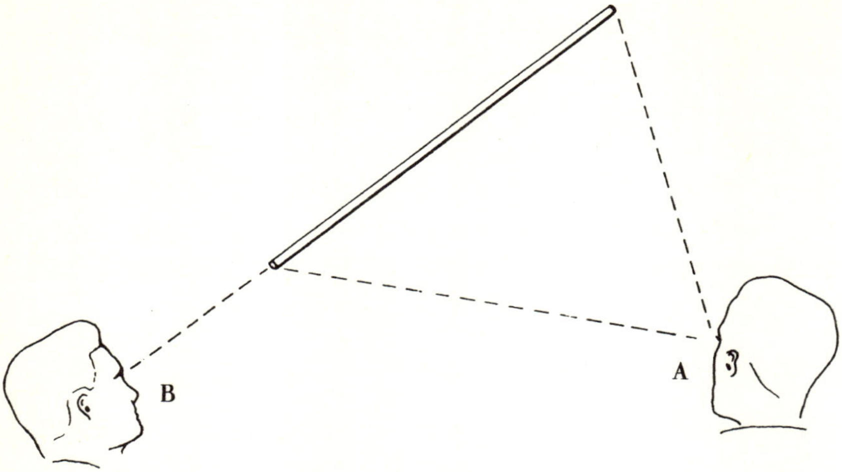


*Abb. 12 Die scheinbare Länge eines Stabes hängt vom Blickwinkel ab. Genau von der Seite sieht der Beobachter A die maximale Länge; beim Blick direkt auf das Ende ist die Länge für Beobachter B auf Null gesunken.*

die wirkliche Länge des Besenstiels zur scheinbaren Länge ins Verhältnis setzt, die sich dem Beobachter in den drei orthogonalen Dimensionen des Raums bietet. Die Formel lautet: »Um die wirkliche Länge zu erhalten, quadriere man die drei orthogonalen scheinbaren Längen, addiere diese drei Werte und ziehe die Quadratwurzel aus der Summe« (Abbildung 13). Der Leser merkt vielleicht, daß dies eine Verallgemeinerung des berühmten pythagoreischen Lehrsatzes ist, der für das rechtwinklige Dreieck gilt. Das menschliche Gehirn bewältigt diese rechnerische Leistung offenbar, ohne ausdrücklich irgendeine mathematische Berechnung durchzuführen, und wir betrachten das Ergebnis intuitiv als eindeutig.

Im Fall der vierdimensionalen Raumzeit müssen wir uns vorstellen, daß ein Gegenstand wie etwa der Besenstiel eine vierdimensionale Länge hat. Was bedeutet das? Es bedeutet, daß wir auch den Augenblick berücksichtigen müssen, in dem wir die einzelnen Enden des Besenstiels betrachten. Erfolgen diese Beobachtungen zu unterschiedlichen Zeitpunkten, hat der Besenstiel eine zeitliche wie auch eine räumliche Ausdehnung. In dieser vierdimensionalen Situation gibt es eine entsprechende Änderung der scheinbaren vierdimensionalen Länge je nach Blickwinkel. Da wir es jetzt mit

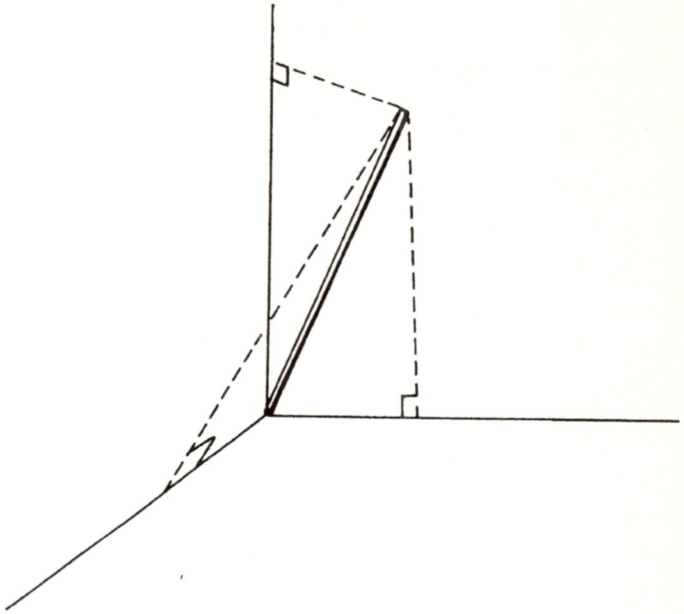

*Abb. 13 Die wirkliche Länge des Stabes läßt sich durch eine Verallgemeinerung des pythagoreischen Lehrsatzes aus den drei projizierten Längen der drei orthogonalen Achsen errechnen.*

vier statt drei Dimensionen zu tun haben, steht ein größerer Ausrichtungsbereich zur Verfügung. Wir wissen, wie wir unsere Ausrichtung im Raum ändern können, aber wie ändert man die Ausrichtung etwa zwischen der vertikalen Richtung des Raums und der Richtung der Zeit? Die Antwort lautet: durch *Bewegung* in der vertikalen Richtung. Um eine greifbare Wirkung zu erzielen, muß diese Bewegung in Teildimensionen der Lichtgeschwindigkeit erfolgen. Die Wirkung besteht wieder darin, daß die scheinbare Länge des Besenstiels sich ändert und in der Bewegungsrichtung kürzer erscheint. Das ist die Längenkontraktion, die wir schon angesprochen haben. Umgekehrt werden die Zeitintervalle durch die Bewegung gedehnt. Ein Raumintervall wird gewissermaßen gegen ein Zeitintervall ausgetauscht. Welche Zeiteinheit entspricht also welchem Raum? Da der Umrechnungsfaktor die Lichtgeschwindigkeit ist, entspricht eine Sekunde der Entfernung, die das Licht in einer Sekunde zurücklegt – also rund 300000 Kilometer oder eine Lichtsekunde.

Daß wir die Welt nicht vierdimensional erleben, liegt daran, daß ein nennenswerter Austausch zwischen Raum und Zeit nur bei Teildimensionen der Lichtgeschwindigkeit stattfindet. Und da wir nie sehen, daß Objekte sich mit solchen Geschwindigkeiten bewegen, bestand für das menschliche Gehirn keine Notwendigkeit, Fähigkeiten zu entwickeln, die diesen Austausch intuitiv erfaßbar gemacht hätten, wie etwa die perspektivische Verkürzung eines Besenstiels.

Um ein besonderes Beispiel zu nehmen: Bei neunzig Prozent der Lichtgeschwindigkeit schrumpft die Länge um mehr als die Hälfte, und die Zeit vergeht weniger als halb so schnell. Diese Effekte sind für die betroffenen Beobachter jedoch völlig relativ. Eine »Superhexe«, die – in Relation zur Erde – mit dieser Geschwindigkeit auf ihrem Besen reitet, wird weder hinsichtlich der Besenlänge noch der Geschwindigkeit, mit der die Zeit vergeht, etwas Ungewöhnliches bemerken. Für die Hexe würden die fest auf der Erde stehenden Objekte schrumpfen, und die Uhren auf der Erde würden scheinbar langsamer gehen im Vergleich zur Armbanduhr der Hexe. Beobachter in relativer Bewegung sehen also jeweils, wie die Länge des *anderen* schrumpft und die Uhr des *anderen* langsamer geht.

Trotz der engen Verflechtung von Raum und Zeit mit der vierdimensionalen Raumzeit bleibt Raum Raum, und Zeit bleibt Zeit. Mathematisch wird der Unterschied durch eine Modifikation am Satz des Pythagoras ausgedrückt: Das Quadrat des Zeitintervalls wird *subtrahiert*, nicht addiert (und das Zeitintervall wird mit der Lichtgeschwindigkeit multipliziert). Dieser Unterschied hat einige merkwürdige Konsequenzen. Weil in die Berechnung der Quadrate der vierdimensionalen Intervalle positive wie negative Größen eingehen, kann das Ergebnis positiv, negativ oder Null sein. In der dreidimensionalen Version, die perspektivische Verkürzung des Besenstiels zu berechnen, wird dagegen immer addiert, nie subtrahiert; die Zahlen sind, weil es Quadrate sind, immer positiv – es gibt also als Ergebnis nur positive Zahlen. In der vierdimensionalen Version ist die Situation komplizierter.

Nehmen wir beispielsweise an, die beiden Ereignisse, die die Enden unseres vierdimensionalen Intervalls markieren, seien zwei Sternexplosionen, die zwei Lichtjahre voneinander entfernt sind, gemessen im Bezugssystem der Erde. Wenn der Beobachter auf der Erde meint, die Explosionen ereigneten sich, sagen wir, im Abstand von einem Jahr, dann hebt der räumliche Abstand (zwei Lichtjahre) den zeitlichen Abstand (ein Lichtjahr) auf. Quadriert man diese Zahlen und subtrahiert den Zeitanteil vom Raumanteil, erhält man 4 minus 1 Lichtjahre zum Quadrat. Diese Zahl ist positiv, und wir folgern, daß das vierdimensionale Raumzeitintervall zwischen den beiden Ereignissen überwiegend räumlicher Natur ist (das heißt raumähnlich). Würde von der Erde aus jedoch beobachtet, daß die Explosionen sich im Abstand von nicht einem, sondern von drei Jahren ereignen, müßten wir das Quadrat von 3 – also 9 – von 4 subtrahieren, was minus 5 Lichtjahre zum Quadrat ergibt. Das würde darauf hindeuten, daß das Zeitintervall den Raumanteil überwiegt, so daß das Raumzeitintervall zeitähnlich ist. Leser, die mit komplexen Zahlen vertraut sind, werden einwenden, daß das Quadrat einer Zahl nur negativ sein kann, wenn die Zahl imaginär ist. Wir kommen noch auf diesen Punkt zurück.

Es kann auch vorkommen, daß Raum- und Zeitanteil eines Raumzeitintervalls gleich sind: Das wäre der Fall, wenn die Sterne zwei Lichtjahre voneinander entfernt sind und die Explosionen sich im Abstand von zwei Jahren ereignen. In diesem Fall ist das Raumzeitintervall zwischen den beiden Explosionen 4 minus 4, also 0. Die Ereignisse haben vierdimensional überhaupt keinen Abstand voneinander! Ein solcher vierdimensionaler Abstand (oder das Fehlen des Abstands) wird als lichtgleich bezeichnet, weil die Situation hier die ist, daß ein Lichtimpuls der ersten Explosion den zweiten Stern genau dann erreicht, wenn er explodiert. Man kann also von den Punkten auf dem Raumzeitpfad eines Lichtimpulses annehmen, daß der vierdimensionale Abstand zwischen ihnen Null ist. Obwohl der Weg eines Lichtimpulses sich sowohl räumlich wie zeitlich ausdehnt, ist also, soweit es um die Raumzeit geht, überhaupt keine Entfernung im Spiel. Das wird gelegentlich etwas salopp ausgedrückt, indem man sagt, ein Photon (ein Lichtteilchen) besucht alle Punkte auf seinem Weg im selben Moment, oder auch, daß es für ein Photon überhaupt keine Entfernung ist, das Universum zu durchqueren.

Die Beschreibung dieser einheitlichen, vierdimensionalen Raumzeit hat sich bei der Erklärung vieler physikalischer Phänomene außerordentlich bewährt, und sie setzte sich in der Welt der Physik durch. Aber so konsequent sie ist, hat sie dem Bild doch jede Spur eines subjektiven »Jetzt« genommen oder auch die Einteilung der Zeit in Vergangenheit, Gegenwart und Zukunft. Einstein drückte das in einem Brief an einen Freund aus: »Für uns als engagierte Physiker sind Vergangenheit, Gegenwart und Zukunft nur Illusionen, wenngleich hartnäckige.« Der Grund dafür ist, daß nach der Relativitätstheorie Zeit nicht Stück für Stück oder Augenblick für Augenblick »geschieht«: Sie dehnt sich als Ganzes aus, wie der Raum. Zeit ist einfach »da«.

Um zu verstehen, warum das so ist, müssen Sie zunächst anerkennen, daß Ihr Jetzt und mein Jetzt nicht unbedingt gleich sind. Und zwar deshalb, weil, wie wir gesehen haben, die Gleichzeitigkeit zweier räumlich getrennter Ereignisse vollkommen relativ ist. Was der eine Beobachter als »im selben Augenblick«, aber an einem anderen Ort sich ereignen sieht, sieht ein zweiter Beobachter an einem anderen Ort sich vielleicht vor oder nach diesem Augenblick ereignen. Wir können das im Alltag nicht bemerken, weil die Lichtgeschwindigkeit so groß ist, daß die entsprechenden Zeitunterschiede bei den Entfernungen auf der Erde winzig sind. Nach astronomischem Maßstab sind die Auswirkungen jedoch gewaltig. Ein Ereignis in einer fernen Galaxie, das wir als gleichzeitig mit dem heutigen Mittag in einem Labor auf der Erde einschätzen, kann sich von Ihrem Standort um Jahrhunderte verschieben, wenn Sie zufällig Ihr Bezugssystem dadurch ändern, daß Sie in einen Zug steigen.

Diese Gedanken haben weitreichende Konsequenzen. Wenn der »gegenwärtige Augenblick« irgendwo im Universum davon abhängt, wie Sie sich bewegen, muß ein ganzes Gewimmel von »Gegenwarten« existieren, von denen einige in Ihrer Vergangenheit liegen, einige in Ihrer Zukunft, je nachdem, wer der Beobachter ist (Abbildung 14). Mit anderen Worten, Augenblicke können nicht überall gleichzeitig »geschehen«, so daß nur die einmalige Gegenwart »wirklich« ist. Welches einzelne ferne Ereignis ein Beobachter in dem geheimnisvollen Augenblick des »Jetzt« sich ereignen sieht, ist vollkommen relativ.

Existiert die Zukunft also schon in irgendeiner Form »da draußen«? Könnten wir Ereignisse unserer Zukunft dadurch vorausse-

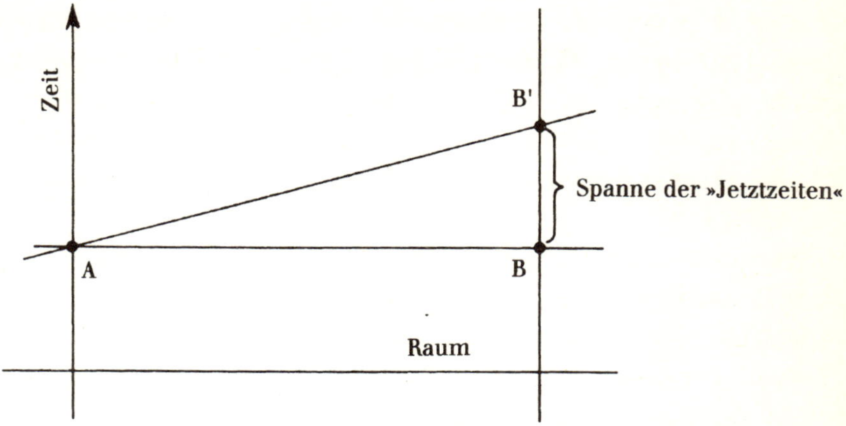


*Abb. 14 In einem einzigen Bezugssystem sind die Ereignisse B und A gleichzeitig: Ereignis B findet »im selben Augenblick« statt wie Ereignis A. In einem anderen Bezugssystem ist das Ereignis B' mit A gleichzeitig. Wenn A das »Jetzt« eines anderen ist, welches Ereignis – B oder B' – kann dann allein als »jetzt« geschehend beschrieben werden? Die Antwort lautet: keins. Es gibt eine ganze Skala »gegenwärtiger Augenblicke« einschließlich B und B', und jede Definition des »Jetzt« ist vollkommen relativ. Durch Veränderung des eigenen Bewegungszustands kann die Auswahl gleichzeitiger Ereignisse geändert werden, vielleicht um Hunderte von Jahren! Jeder Versuch, zu behaupten, daß nur »gegenwärtige Augenblicke« real sind, ist daher offenbar zum Scheitern verurteilt: Die Zeit muß gestreckt werden wie der Raum, damit Vergangenheit, Gegenwart und Zukunft den gleichen Status haben.*

hen, daß wir unseren Bewegungszustand ändern? Denken wir noch einmal an das Beispiel des Zuges: Würden die von uns geschilderten Ereignisse von einem Passagier in einem Expreßzug beobachtet, der den ersten Zug überholt, wären die beiden Lichtimpulse in umgekehrter Reihenfolge an den Wagenenden angekommen, wie es der Beobachter auf dem Bahnsteig gesehen hat. Das sieht in mancher Hinsicht so aus, als würde die Zeit rückwärts laufen. Aber wie sich herausstellt, kann man nicht so schnell reisen, daß man in die eigene Zukunft schauen könnte. Dazu müßte die Information über Ihre Zukunft so schnell übermittelt werden, daß nach Abzug der Zeitkomponente von der Raumkomponente ein negatives Ergebnis übrigbliebe. Wie erwähnt, läßt die Bewegung mit Lichtgeschwindigkeit das vierdimensionale Intervall auf Null schrumpfen. Es noch kleiner werden zu lassen, erfordert eine Bewegung mit mehr als Lichtgeschwindigkeit, so daß die vierdimensionalen Intervalle zwischen Ereignissen negativ werden. Doch das ist aufgrund der speziellen Relativitätstheorie ausgeschlossen.

Die Theorie verbietet insbesondere, daß ein physikalischer Impuls, eine Kraft oder ein Signal, schneller als das Licht ist. Das bedeutet, daß nur bei Ereignissen, die keinen kausalen Einfluß aufeinander haben, die zeitliche Reihenfolge umgekehrt werden kann. Im Falle das Zuges heißt das: Egal, wie das Bezugssystem des Beobachters ist, die Lichtimpulse kommen an den Wagenenden erst an, *nachdem* sie ausgesandt wurden, niemals vorher, denn die Ereignisse sind kausal verbunden. Die Augenblicke des Eintreffens können in Relation zueinander allerdings variieren, weil die Lichtimpulse nach dem Aussenden keinen kausalen Einfluß mehr aufeinander haben. Was Ursache und Wirkung betrifft, können wir durch Annäherung an die Lichtgeschwindigkeit bestenfalls dahin kommen, daß wir zwei kausal verbundene Ereignisse als fast gleichzeitig erleben; wir können niemals die Reihenfolge ändern. Das gilt im übrigen für alle kausalen Abfolgen. Wir können eine Illusion der Zeit umgekehrt sehen, aber nur in Ereignissen, die sich nicht gegenseitig beeinflussen; wir können nicht bewirken, daß Dinge »zeitlich rückwärts« geschehen.

Es muß erwähnt werden, daß sämtliche Auswirkungen der speziellen Relativität wie Längenkontraktion, Zeitdehnung und die Notwendigkeit, Intervalle im entsprechenden vierdimensionalen Sinn zu messen, durch Experimente direkt bestätigt sind. Es gibt immer noch Menschen, die meinen, dies sei »alles nur Theorie«, und es abtun, weil es sich dem gewohnten Verständnis widersetzt; doch sie irren sich. Experimente mit subatomaren Teilchen, die in Beschleunigern wie denen des Europäischen Kernforschungszentrums CERN fast auf Lichtgeschwindigkeit beschleunigt wurden, bestätigen eindeutig die Voraussagen Einsteins. In vielen Fällen sind die Experimente sensationell. So läßt sich beispielsweise beobachten, wie die Lebensspanne eines instabilen subatomaren Teilchens um das Zwanzig- und Mehrfache verlängert werden kann. In einem Beschleunigertyp, dem Synchrotron, wird dieses

Verlangsamen der Zeit praktisch genutzt. Die Elektronen, die im Synchrotron umlaufen, erzeugen starke elektromagnetische Strahlenbündel, mit deren Hilfe man unter anderem Defekte in Metallen feststellen kann. Aufgrund der Zeitdehnung ist die Strahlenfrequenz deutlich geringer (die Wellenlänge ist größer), als sie einem Beobachter erscheinen würde, der sich mit einem umlaufenden Elektron bewegen würde. Das macht die Strahlung praktisch um ein Vielfaches nützlicher. Erwähnenswert ist auch, daß bei schweren Atomen einige der Elektronen den Kern ebenfalls fast mit Lichtgeschwindigkeit umkreisen und deshalb starken relativistischen Wirkungen ausgesetzt sind. Das beeinflußt manchmal die Gesamteigenschaften des Materials insgesamt. So erklärt sich zum Beispiel die Farbe des Goldes auf diese Weise – die meisten Metalle sind silberfarben.

Nach mehreren Jahrzehnten eingehender Forschungen besteht kein Zweifel mehr an der Genauigkeit der speziellen Relativitätstheorie, wenn es um die Beschreibung von Raum und Zeit vom Standpunkt von Beobachtern geht, die sich mit konstanter Geschwindigkeit relativ zueinander bewegen. Ein Defizit der Theorie ist, daß sie nicht entsprechend auf ungleichförmige Bewegungen und Gravitationsfelder anwendbar ist; doch diesen Mangel behob Einstein mit seiner allgemeinen Relativitätstheorie, die nicht zuletzt ihren Namen erhielt, weil sie diesen allgemeineren Situationen tatsächlich gerecht werden kann.

## *Im Kampf mit der Schwerkraft*

Anders als die spezielle Relativitätstheorie hätte die allgemeine Relativitätstheorie ohne das Genie Albert Einsteins möglicherweise noch Jahrzehnte auf sich warten lassen. Obwohl einige wenige Wissenschaftler wie Mach über das Problem der Trägheit nachdachten, gab es in der ersten Hälfte des 20. Jahrhunderts keine Experimente, die Mängel dieser Theorie nachwiesen (kein Gegenstück etwa zum Michelson-Morley-Experiment, das die offenkundigen Defizite der newtonschen Theorie aufdeckte). Einstein entwickelte seine großartige Arbeit ausschließlich als mathematische Beschreibung des Universums – ein Beispiel für abstraktes Theoretisieren in höchster Vollendung. Bis auf ein paar unbedeutendere, beobachtungsbedingte Folgen, die kurz nach der Veröffentlichung der Theorie geprüft wurden, dauerte es sechzig Jahre – bis zur Entdeckung der Quasare, Pulsare und Schwarzen Löcher –, bis Einsteins allgemeine Theorie als Zweig der angewandten Wissenschaft zur Geltung kam und viele wichtige Erscheinungen des Universums erklärte. Der Grund für ihre verbreitete Anwendung in der Astrophysik liegt darin, daß all jene exotischen astronomischen Objekte starke Gravitationsfelder aufweisen, denn die allgemeine Relativitätstheorie ist in erster Linie eine Theorie der Gravitation.

Einstein gewann seine Einsichten in das Wesen der Gravitation aus der Beschäftigung mit dem Ursprung jener Kräfte, die mit der ungleichförmigen Bewegung zusammenhängen: der Trägheitskräfte. Er erzählte einmal, daß ihm die Einsicht, die ihm den Weg zur allgemeinen Relativität wies, kam, als ihm klar wurde, daß ein Mensch, der von einem Dach fällt – oder jemand, der in einem fallenden Fahrstuhl gefangen ist –, nichts von der Schwerkraft spürt. Wenn die Beschleunigung des Fahrstuhls, der mit immer größerer Geschwindigkeit zur Erde stürzt, die Schwerkraft exakt aufheben und dadurch Schwerelosigkeit erzeugen kann, dann sind die Gravitationskraft und die durch die Beschleunigung hervorgerufene Trägheitskraft gleich.

Die Gleichwertigkeit der Gravitations- und Beschleunigungswirkungen ist der Kern der einsteinschen Theorie; sie erhielt den Status eines Grundprinzips. Sie führt geradewegs zu einer der bedeutsamsten Voraussagen der Theorie. Stellen Sie sich vor, Sie befinden sich in jenem fallenden Aufzug und sehen, wie ein Lichtimpuls den Aufzug durchquert. Im Bezugssystem des fallenden Beobachters bewegt sich das Licht in einer geraden Linie fort; das heißt jedoch, daß vom Standpunkt eines Beobachters auf dem Boden der Weg des Lichts eine abwärts geneigte Kurve sein muß (Abbildung 15). Der zweite Beobachter wird die Krümmung des Lichtstrahls den Auswirkungen der Schwerkraft zuschreiben, und so machte Einstein die Voraussage, die Schwerkraft beuge das Licht. Dies wurde während der Sonnenfinsternis 1919 von dem Astronomen Arthur Eddington überprüft. Eddington maß eine kleine Verschiebung der Sternpositionen auf Sichtlinien, die dicht an der verdunkelten Sonnenscheibe vorbeiführten; das geht auf die Beugung der von den Sternen kommenden Lichtstrahlen durch die

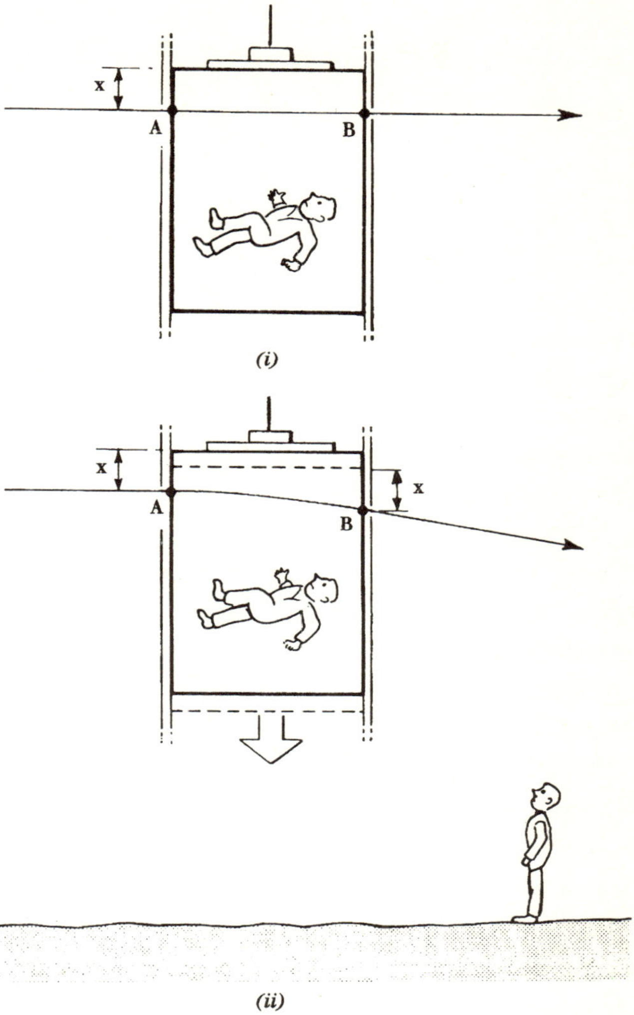


*Abb. 15* *Ein Photon (Lichtimpuls) durchquert einen fallenden Aufzug und dringt dabei durch zwei Löcher in den Seitenwänden. (i) Im Bezugssystem des unglücklichen Fahrstuhlbenutzers (für den das Bezugssystem des Fahrstuhls sich im Ruhezustand befindet) tritt das Photon bei A ein und bei B aus, bei einem immer gleichen Abstand x von der Kabinendecke. Sein Weg erscheint wie eine gerade Linie. (ii) Vom Boden aus betrachtet, beschleunigt der Aufzug abwärts in der Zeit, die der Lichtimpuls braucht, um von A nach B zu gelangen. Um im gleichen Abstand von der Kabinendecke, in dem es eingetreten ist, wieder aus dem Fahrstuhl austreten zu können, muß das Photon ebenfalls um dieselbe Strecke gefallen sein. Die Schwerkraft muß demnach den Lichtstrahl beugen.*

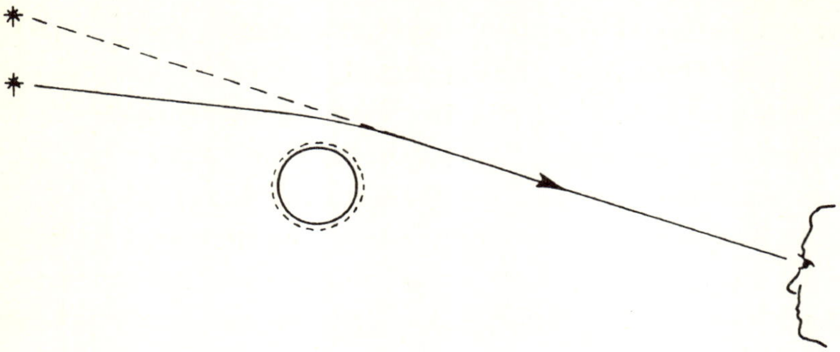

*Abb. 16 Die Schwerkraft der Sonne beugt den von einem Stern ausgehenden Lichtstrahl, so daß die Position eines Sterns am Himmel, wenn man nahe an der Sonne vorbeisieht (was bei einer Sonnenfinsternis möglich ist), sich gegenüber ihrer »wirklichen« Position verschiebt.*

Schwerkraft der Sonne zurück (Abbildung 16). Ähnliche, aber genauere Tests sind heute möglich, indem man Radarstrahlen von den inneren Planeten des Sonnensystems abprallen läßt, wobei man feststellen kann, daß die Echos aufgrund der Krümmung der Strahlenwege an der Sonne vorbei leicht verzögert werden.

Die Tatsache, daß ein Beobachter im freien Fall schwerelos ist, erweckt den Anschein, die Schwerkraft könne durch eine Veränderung des Bezugssystems einfach umgewandelt werden. Doch dem ist nicht so. Selbst in einem fallenden Fahrstuhl kann ein Beobachter merken, daß die Erde Gravitationskraft ausübt. Gegenstände in der Nähe des Kabinenbodens sind der Erde etwas näher als die im Deckenbereich. Weil die Schwerkraft der Erde mit der Entfernung abnimmt, werden die erdnäheren Gegenstände stärker beschleunigt als die erdferneren. Frei fallende Gegenstände in unterschiedlicher Höhe (ob in einem Fahrstuhl oder nicht) haben also eine leichte Tendenz, den Abstand zwischen sich zu vergrößern. Tatsächlich sind diese unterschiedlichen Bewegungen für die Gezeiten verantwortlich, die durch die Schwerkraft des Mondes in den Weltmeeren auftreten; deshalb spricht man hier auch von »Gezeitenkräften«.

Einstein erkannte, daß man die Gezeitenkräfte nicht dadurch umwandeln kann, daß man das Bezugssystem ändert – sie sind eine echte Auswirkung des Gravitationsfeldes. Er überlegte weiter: Wenn die Wirkung dieser Kräfte darin besteht, daß sie die Entfernung zwischen frei fallenden Objekten ausdehnen oder verzerren, dann ist die beste Beschreibung der Gezeitengravitation die einer Verzerrung oder Ausdehnung der Raumzeit selbst. Das heißt, Einstein regte an, die Schwerkraft nicht als eine Kraft zu betrachten, sondern als Krümmung oder Verwerfung der Raumzeit.

Die Beugung des von einem Stern ausgehenden Lichtstrahls, der sich dicht an der Sonne vorbeibewegt, kann gewissermaßen als direkter Nachweis für die Krümmung des Raums betrachtet werden. Es ist jedoch wichtig zu erkennen, daß die Krümmung die Raum*zeit* umfaßt, nicht nur den Raum. Die Erde bewegt sich auf einer geschlossenen, elliptischen Umlaufbahn um die Sonne, und wenn man erstmals mit der allgemeinen Relativität Berührung hatte, nimmt man natürlich an, daß der Planet einem Weg durch den gekrümmten Raum folgt, der durch das Gravitationsfeld der Sonne vorgegeben wird. Und da die Umlaufbahn der Erde ein geschlossener Weg ist, bedeutet das schließlich, daß der Raum irgendwie ganz um die Sonne geschlungen ist und das Sonnensystem in einem sogenannten Schwarzen Loch umfängt. Ein solches Bild ist natürlich grundfalsch. Der Fehler ist geringfügig, aber entscheidend. In Raumzeit betrachtet, hat die Erdumlaufbahn nicht die Form einer geschlossenen Ellipse, sondern die einer Spiralfeder oder Helix (Abbildung 17). Nach jedem Umlauf um die Sonne kehrt die Erde zwar zur gleichen Stelle zurück, aber zu einer anderen Zeit – auf der »Zeitachse« pro Umlauf um die Sonne jeweils ein Jahr weiter. Sobald wir die Zeit als Teil der Raumzeit betrachten, müssen wir die entsprechenden Zahlen immer mit der Lichtgeschwindigkeit multiplizieren, also einer sehr großen Zahl, und das hat zur Folge, daß sich die Helix gewaltig ausdehnt. Die »Entfernung« auf der Zeitachse, die einem Umlauf der Erde um die Sonne entspricht, beträgt somit ein Lichtjahr, also etwa 9,5 Billionen Kilometer. Das richtige Bild der Erdumlaufbahn in Kategorien der gekrümmten Raumzeit ist daher eine sehr flache Kurve. Diese rankt sich um die Linie, die den Weg der Sonne durch die Raumzeit darstellt. Daß die Kurve so flach ist, liegt daran, daß die Schwerkraft der Sonne – so gewaltig sie nach irdischen Maßstäben sein mag – so schwach ist, daß sie nur winzige Verformungen der Raumzeit bewirken kann. Wir werden noch sehen, daß es bei einigen astronomischen Objekten tatsächlich zu erheblichen Krümmungseffekten der Raumzeit kommen kann.

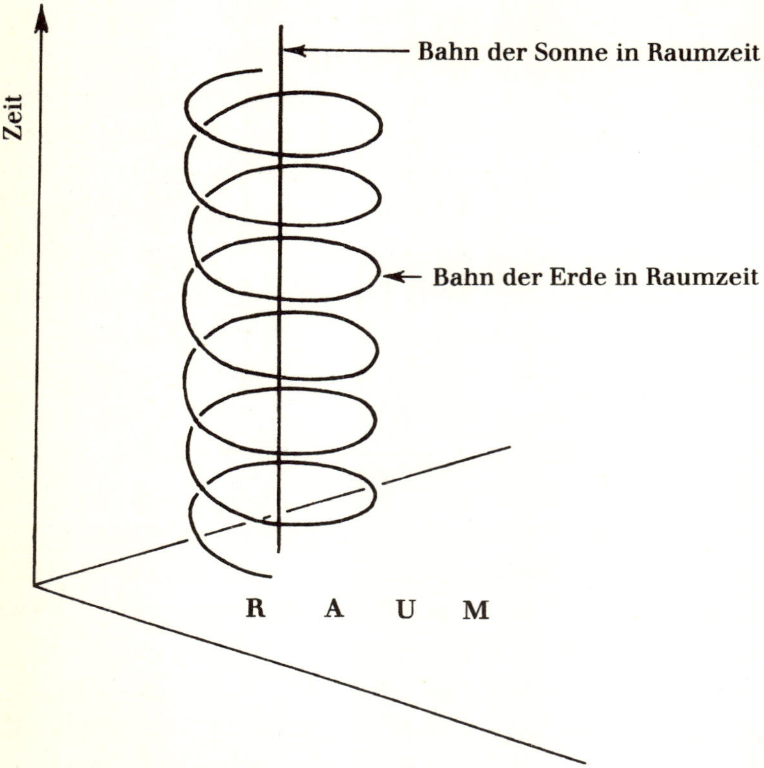


*Abb. 17 In Raumzeit betrachtet, beschreibt die Erde auf ihrer Umlaufbahn um die Sonne eine Helix. Weil die Zeitintervalle mit der Lichtgeschwindigkeit (einer sehr hohen Zahl) multipliziert werden müssen, damit sie mit Entfernungen im All vergleichbar sind, ist die Helix vertikal weit stärker gestreckt als in der Abbildung dargestellt.*

Die Kühnheit des Einsteinschen Ansatzes zur Theorie der Schwerkraft und ungleichförmiger Bewegungen bestand darin, daß er den Gedanken des flachen Raums verwarf und eine gekrümmte Raumzeit einführte. Nachdem er mit seiner speziellen Relativitätstheorie der Newton-Mechanik den Garaus gemacht hatte, verwarf er 1915 mit seiner allgemeinen Relativitätstheorie auch die euklidische Geometrie als Beschreibung des Raums.

Aber was ist eigentlich der gekrümmte Raum, und was ist erst die gekrümmte Raumzeit? Betrachten wir noch einmal den Kerngedanken der euklidischen Geometrie, die parallelen Geraden, die sich nie schneiden. Im 19. Jahrhundert schufen

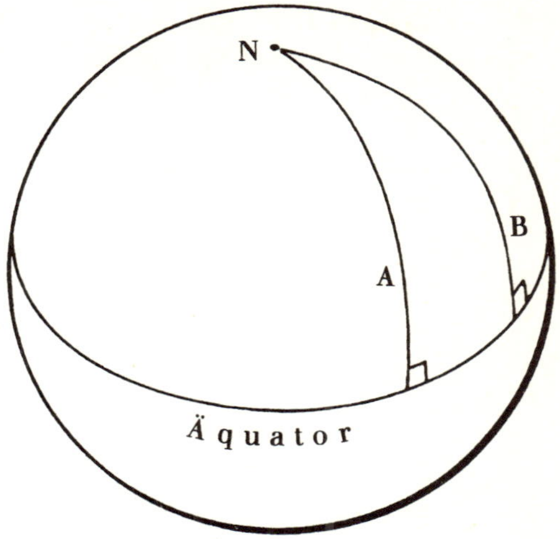


*Abb. 18 Längenmeridiane sind am Erdäquator parallel. Trotzdem schneiden sie sich an den Polen, und zwar deshalb, weil die Erdoberfläche gekrümmt ist.*

die Mathematiker Carl Friedrich Gauß, Georg Riemann und Nikolai Iwanowitsch Lobatschewski Systeme einer nichteuklidischen Geometrie, in denen es keine Parallelen gibt. Solche Systeme sind anwendbar, wenn man gekrümmte Flächen untersuchen will; so können sich zum Beispiel auf der Erdoberfläche Linien, die an ihrem Ausgangspunkt parallel zu sein scheinen, am Ende doch schneiden (Abbildung 18). Die Geometrie gekrümmter Flächen kann folglich Eigenschaften aufweisen, die den Lehrsätzen der Schulgeometrie total zuwiderlaufen. Um ein Beispiel zu nennen: Ein auf eine Kugel gezeichnetes Dreieck kann drei rechte Winkel haben (Abbildung 19).

Als Einstein die Schwerkraft in den Kategorien der gekrümmten Raumzeit beschrieb, schlug er vor, die nichteuklidische Geometrie auch auf die Raumzeit selbst anzuwenden. Der Gedanke, daß Raum und Zeit durch Bewegung verformt werden können, wurde so erweitert, daß er auch den Einfluß der Schwerkraft einbezog, so daß das Vorhandensein von Materie in der Raumzeit ebenfalls Verformungen oder Krümmungen von Raum und Zeit verursachte. In Einsteins Theorie muß die Raumzeit, anders als bei Newton, als ein

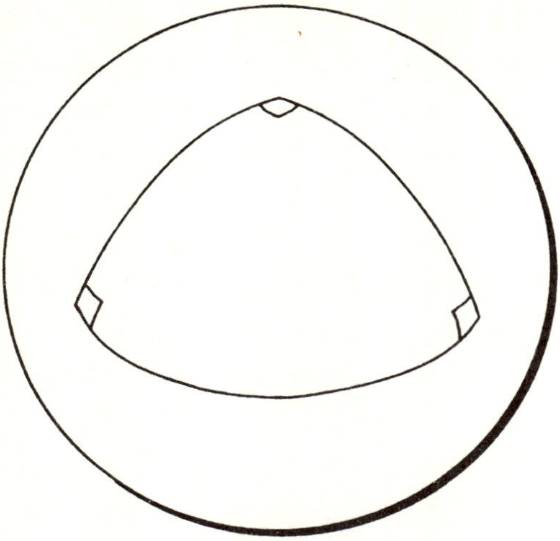

*Abb. 19 Auf einer Kugelfläche können die Winkel eines Dreiecks sich zu 270° summieren – drei rechten Winkeln.*

eigenständiges mechanisches System behandelt werden. Die Raumzeit ist nicht mehr nur die »Arena, in der das Schauspiel der Natur aufgeführt wird«; sie wird selbst zum Akteur. Das bedeutet, daß es für die Raumzeit mechanische Gesetze gibt, die bestimmen, wie sie sich ändern kann. Und da Objekte, die der Schwerkraft unterliegen, sich bewegen, müssen sich auch die Raum- und Zeitkrümmungen, die sie hervorrufen, ändern. Es ist sogar möglich, Kräuselungen in Raumzeit zu erzeugen, Gravitationswellen, die sich mit Lichtgeschwindigkeit ausbreiten – ein Phänomen, das wir in Kapitel 6 näher beschreiben.

Die allgemeine Relativitätstheorie liefert uns anhand der Krümmung der Raumzeit eine genaue Beschreibung dessen, wie sich materielle Körper bewegen, wenn Gravitationsfelder bestehen. Der Physiker John Wheeler, einer der führenden Vertreter der Renaissance der allgemeinen Relativität in den sechziger Jahren, erklärte diesen Zusammenhang mit den Worten: »Die Materie sagt dem Raum, wie er sich krümmen soll; der Raum sagt der Materie, wie sie sich bewegen soll.« Dennoch bezieht die allgemeine Relativitätstheorie das Machsche Prinzip nicht erfolgreich in das Bild ein. Die einzige Kraft, die erklären kann, wie ferne Galaxien das Gefühl in unserem Magen beeinflussen, wenn wir Achterbahn fahren, ist die Schwerkraft; doch die Schwerkraft erscheint auf den ersten Blick für eine solche Aufgabe hoffnungslos überfordert. Newtons berühmtes Gravitationsgesetz ist im Bezugssystem der allgemeinen Relativitätstheorie noch immer anwendbar, was zur Folge hat, daß hier auf der Erde die Wirkung der Gravitationskraft der gesamten riesigen Andromeda-Galaxie etwa ein Hundertmilliardstel derjenigen der Sonne beträgt. Auf der anderen Seite ist die Dichte der Materie im Universum mehr oder weniger konstant, so daß die Materie in einer Raumkugel bestimmter Stärke, die auf die Erde ausgerichtet ist, proportional zum Inhalt dieser Kugel ist – also ihrerseits proportional zum Quadrat der Entfernung zur Kugel. Obwohl uns also die Schwerkraft jedes Stückchens weit entfernter Materie nur sehr schwach beeinflußt, existiert von dieser fernen Materie noch mehr, und die beiden Einflüsse heben sich exakt auf.

Das ist ein interessantes Zusammentreffen, das zu folgender Vermutung einlädt: Wenn ein Körper anfängt zu rotieren, sendet er gravitationsbedingte Störungen in die Weite des Alls aus und veranlaßt sämtliche Galaxien im Universum, sich zu bewegen und einheitlich auf den rotierenden Körper zu reagieren, so daß die beobachtete Zentrifugalkraft erzeugt wird. Leider funktioniert ein so einfaches Schema jedoch nicht. Die Reaktion des Universums auf den rotierenden Körper muß augenblicklich erfolgen, doch die Relativitätstheorie verbietet, daß ein physikalischer Effekt schneller als das Licht wirkt. Selbst bei Lichtgeschwindigkeit würde es Milliarden Jahre dauern, bis die entfernteren Galaxien eine Reaktion auf die Erde zeigten. Jeder Mechanismus, der auf solcherart direkter Übermittlung beruhte, müßte den Gedanken mit einbeziehen, daß die Reaktionskräfte sich in der Zeit rückwärts bewegen. Obwohl es Versuche mit solchen Systemen gab (vor allem seitens der Kosmologen Fred Hoyle und Jayant Narlikar), haben diese keine allgemeine Anerkennung gefunden.

Die meisten Befürworter des Machschen Prinzips wollen dies heute nicht im Sinne von Signal und Reaktion in die Kosmologie einbeziehen, sondern als Teil der Gravitationsgrenzbedingungen des Universums, das heißt als eine Aussage darüber, wie das Gravitationsfeld des Universums insgesamt organisiert ist. Einstein, der, wie wir sahen, vom Machschen Prinzip sehr angetan war, versuchte es als Teil der allgemeinen Relativitätstheorie zu formulieren. Nach jahrzehntelanger Beschäftigung kamen die Relativisten grundsätzlich zu dem Schluß, daß das Machsche Prinzip nur in die Theorie einbezogen werden kann, wenn angenommen wird, daß das Universum räumlich geschlossen und endlich ist. Was damit gemeint ist, läßt sich am einfachsten mit der Analogie zur Oberfläche einer Kugel erklären, etwa der Oberfläche der Erde. Unser Planet hat eine bestimmte Fläche, die einen fast kugelförmigen Raum umschließt, aber er hat keine Kanten; man gehe auf der Erdoberfläche weit genug in irgendeine Richtung, und man kommt immer wieder zum Ausgangspunkt zurück. In dieser Hinsicht ist die Fläche »geschlossen«, jedoch unbegrenzt. Wäre das Universum als Ganzes geschlossen, könnte man sich den dreidimensionalen Raum in irgendeinem höherdimensionalen Sinn als »umschlossen« vorstellen, so daß es in diesem Fall einen endlichen Raum ohne Kanten gibt. Und es wäre genauso zutreffend wie auf der Erde, daß eine Reise in beliebiger Richtung irgendwann zu ihrem Ausgangspunkt zurück führen müßte.

Aber auch wenn es so scheint, als gelte das Machsche Prinzip nur in einem geschlossenen Universum, ist das nicht notwendigerweise der Fall. Im allgemeinen ist die Relativitätstheorie nicht mit dem Machschen Prinzip vereinbar, und der Mathematiker Kurt Gödel vom Institute for Advanced Study, Princeton, fand 1949 eine Lösung für Einsteins Gleichungen, die ein rotierendes Universum beschreibt. Das heißt nicht, daß unser Universum tatsächlich rotiert, aber es zeigt doch, daß das Machsche Prinzip nicht in die Relativitätsgleichungen »eingebaut« ist, denn nach den Vorstellungen Machs ist der Gedanke, daß das Universum als Ganzes rotiert, sinnlos. In bezug worauf könnte man von einem Universum sagen, daß es rotiert? In dieser Hinsicht steht die allgemeine Relativitätstheorie trotz ihres Namens dem newtonschen absoluten Raum näher als der relativen Bewegung von Berkeley und Mach.

Und dennoch sagt die Theorie einige Wirkungen machscher Art voraus. Einstein selbst entdeckte eine solche Wirkung und wandte sich deshalb an Mach. Er schlußfolgerte: Würde die Rotation eines Objekts in Relation zum Universum materieller Objekte als Ganzes gesehen, dann würde jedes Objekt im Universum einen Einfluß auf das rotierende Objekt ausüben. Der zentrifugale Einfluß ginge überwiegend auf die weit entfernte Materie im Universum zurück, ein kleiner Teil jedoch auf massive Objekte in der Nähe des rotierenden Objekts. Einstein stellte sich nun ein Materieteilchen im Innern einer schweren Kugelschale mit starker Rotation (in Relation zu den entfernten Sternen) vor. In dem Maß, wie die Schale einen winzigen Teil vom machschen Einfluß des gesamten Universums beisteuert, sollte sie eine geringe, aber eindeutige Kraft auf das Teilchen in der Schale ausüben, eine Kraft, die das Teilchen in die Richtung zieht, in der die Schale sich dreht.

Übrigens ist es möglich, daß man ähnliche Wirkungen vielleicht schon bald messen kann. William Fairbank von der Stanford-Universität hat schon vor längerer Zeit ein Experiment mit einem im All stationierten Gyroskop[4] vorgeschlagen, das die Erde umkreist und die äquivalente winzige Zugwirkung mißt, die durch die Rotation unseres Planeten verursacht wird. Der newtonschen Theorie zufolge müßte ein solches Gyroskop auf einer festen Position in Relation zu den Sternen stehen; doch in Einsteins Theorie übt die Rotation der Erde mit ihrem Gravitationsfeld eine Wirkung aus, die das Gyroskop auf seiner Umlaufbahn in die Rotationsrichtung der Erde zieht. Vielleicht wird ein Experiment zur Überprüfung dieser Voraussage bei einem der Space-Shuttle-Flüge in den neunziger Jahren stattfinden. Aber selbst wenn der Relativitätseffekt zu sehen ist, beweist das noch nicht automatisch, daß das Machsche Prinzip richtig ist.

Das Machsche Prinzip bleibt ein zwingender, aber dennoch schwer faßbarer Gedanke. Seine Faszination besteht darin, daß es das Universum zu einem Ganzen verknüpft und ansonsten beziehungslose Materieteile zu einem großen kosmischen

4 Meßgerät zum Nachweis der Erdrotation.

Muster fügt. Es ist kaum vorstellbar, daß es durch Beobachtungen jemals verifiziert werden kann, aber es könnte sich andererseits als falsch herausstellen, wenn jemals festgestellt würde, daß das Universum als Ganzes doch eine abgestimmte Rotation besitzt (relativ natürlich zum Bezugssystem, in dem Zentrifugalkräfte schwinden). Das würde sich in der Hintergrundstrahlung aus kosmischen Mikrowellen zeigen, die vom Urknall herrührt. Diese Strahlung, die den Raum durchdringt, trägt einen Abdruck aller großräumigen Bewegungen, und eine kosmische Rotation würde sich in Form von Temperaturdifferenzen dieser Strahlung aus den verschiedenen Regionen des Alls abzeichnen. Tatsächlich zeigen Beobachtungen, daß die Mikrowellenstrahlung erstaunlich homogen ist, und es ist möglich, eine sehr strenge Obergrenze für die erlaubte Rotationsgeschwindigkeit des Universums festzulegen. Es zeigt sich, daß, *falls* das Universum rotiert, seine Winkelgeschwindigkeit so gering ist, daß es sich in seiner gesamten Geschichte höchstens um ein paar Grad gedreht haben kann.

Denen, die das Machsche Prinzip ablehnen, sind diese Beobachtungen ein Rätsel. Es gibt keinen anderen greifbaren Grund, warum die Rotationsgeschwindigkeit des Universums null sein sollte. Anders ausgedrückt, falls die Rotation absolut ist, dann ist es reiner Zufall, eine kosmologische Koinzidenz, daß das Bezugssystem, in dem die Zentrifugalkraft verschwindet, sich mit sehr großer Genauigkeit mit dem Bezugssystem deckt, das durch ferne Sterne bestimmt wird. Dieser Koinzidenz haben sich jedoch in den letzten Jahren die Kosmologen zugewandt – wie auch verschiedenen anderen Koinzidenzen der Kosmologie –, und zwar im Zusammenhang mit der Entwicklung der Urknalltheorie, auch als Inflationskosmologie bekannt.

Bevor wir uns jedoch dem Thema der Inflationskosmologie im Rahmen der neueren Physik und unseres Verständnisses von Raum und Zeit zuwenden, müssen wir zunächst einen Blick auf das traditionelle Bild vom Universum werfen, das sich aus der allgemeinen Relativitätstheorie ergibt. Um aber Leser, die sich der Relativitätstheorie nicht ganz gewachsen fühlen, nicht zu verschrecken, möchten wir zunächst eine, wie wir hoffen, ermutigende Darstellung davon geben, wie einer von uns den wichtigsten Begriffen zu Leibe gerückt ist. Es handelt sich zufällig um eine persönliche Erfahrung von Paul Davies, aber beiden von uns erging es ähnlich.

*Zwischenspiel*

# Bekenntnisse eines Relativisten

*Es gibt eine amüsante Geschichte über Sir Arthur Eddington, der in den zwanziger und dreißiger Jahren Großbritanniens Experte für Einsteins Relativitätstheorie war. Eddington wurde einmal gebeten, etwas zu dem Gerücht zu sagen, daß es auf der Welt nur drei Menschen gebe, darunter ihn und Einstein, die die Theorie wirklich verstünden. Es entstand eine lange Pause, bis Eddington schließlich langsam sagte: »Ich möchte wirklich wissen, wer der dritte ist.«*

*Die Schrecken der Relativitätstheorie werden oft beschworen, und weithin herrscht die Überzeugung, daß eine dem legendären Genie Albert Einsteins entstammende Theorie den Horizont eines gewöhnlichen Sterblichen übersteigen müsse. Dabei wird die Relativitätstheorie heute ganz selbstverständlich überall in der Welt an den Universitäten gelehrt, und die Bibliotheken sind voll von Lehrbüchern zu diesem Thema. Entweder sind die Studenten von heute viel klüger, als ihnen manchmal zugetraut wird, oder die Theorie ist doch nicht so furchtbar schwer zu begreifen. Trotzdem muß eingeräumt werden, daß viele Menschen sich tatsächlich äußerst schwertun, diese Gedanken zu verstehen oder sich damit abzufinden, daß die Welt sich wirklich nach einigen der seltsamen Vorgaben der Theorie richtet.*

*Mein eigener Kampf mit der Relativitätstheorie begann 1960, als ich gerade vierzehn war. Der Mathematiker und Wissenschaftspublizist Sir Herman Bondi war eingeladen worden, an meiner Schule in London vor Schülern und Eltern einen Vortrag zu halten. Das Thema war ›Die Relativitätstheorie‹. Bondis meisterliche Ausführungen erwiesen sich als wunderbare Inspiration. Unglücklicherweise verlor ich mich hoffnungslos in den technischen Details. Bondis Diagramme von Raum und Zeit, in denen alle möglichen Lichtsignale hin- und herschwirrten, waren mir höchst befremdlich.*

*Bald darauf entdeckte ich ein Buch von Einstein selbst, ›Die*

*Bedeutung der Relativität«. Aber bei allem mathematischen Genie war Einstein ein schwacher Schriftsteller, und ich fand das Buch ausgesprochen langweilig. Der Hauptgedanke setzte sich allerdings in mir fest, nämlich daß die Lichtgeschwindigkeit immer konstant ist, egal wer sie mißt oder wie die Beobachter oder die Lichtquelle sich bewegen. Etwas so offensichtlich Paradoxes widersetzte sich der Vorstellungskraft, aber da ich jung war und ungewöhnliche Gedanken mich anzogen, nahm ich es kritiklos hin.*

## *Das Unmögliche glauben*

*Im Verlauf meiner Ausbildung lernte ich die verschiedenen Annahmen der speziellen Relativitätstheorie kennen – die Zeitdehnungs- und Längenkontraktionseffekte, die Unmöglichkeit, die Lichtgeschwindigkeit zu übertreffen, die Zunahme der Masse, wenn ein Körper beschleunigt wird, und die berühmte Gleichung $E = mc^2$, die die Äquivalenz von Masse und Energie ausdrückt. Ich hielt all diese Ergebnisse für richtig, aber was sie wirklich bedeuteten, blieb mir verschlossen.*

*An der Universität belegte ich einen Kurs über die spezielle Relativitätstheorie. Nun konnte ich nicht mehr umhin, intensiver über die Zeitdehnung nachzudenken. Es schien nicht nur seltsam, daß jemand eine Weltraumfahrt unternahm und bei der Rückkehr feststellte, daß sein Zwillingsbruder zehn Jahre älter war als er; es schien geradewegs absurd. Wie konnten die gleichen Dinge verschieden schnell ablaufen? Für mich entstand der Eindruck, die Geschwindigkeit verforme irgendwie den Gang der Uhren, so daß die Zeitdehnung eine Art Täuschung war – ein scheinbarer, kein wirklicher Effekt. Ich wollte immer fragen, welcher der Zwillinge die »echte« Zeit erlebte, und welcher irregeführt wurde.*

*Zu dieser Zeit entdeckte ich das entscheidende Hindernis für mein Fortkommen. Das Problem war, daß ich immer versucht hatte, alles auf seine normale Bedeutung und vorgefaßte Meinungen über die Wirklichkeit zurückzuführen, und das funktionierte nicht. Dies erschien mir zunächst als ein schreckliches Versagen. Ich mußte mir eingestehen, daß ich mir nicht vorstellen konnte, daß die Zeit in zwei unterschiedlichen Geschwindigkeiten abläuft, und ich meinte deshalb, daß ich die Theorie nicht verstünde. Natürlich hatte ich gelernt, mit den Formeln umzugehen und auszurechnen, um wieviel unterschiedlich bewegte Uhren voneinander abweichen. Ich konnte berechnen, was tatsächlich geschehen würde, aber ich verstand nicht, warum das so war.*

*Dann erkannte ich, warum ich so kopflos gewesen war. Solange ich mir vorstellen konnte, daß die Zeitdehnung und andere Effekte tatsächlich eintraten und ich die entsprechenden Werte ausrechnen konnte, war das alles, was verlangt wurde. Wenn ich immer alles auf bestimmte Beobachter zurückführen und fragen konnte, was sie tatsächlich sahen und maßen, waren ihre Beobachtungen die Wirklichkeit. Dieses pragmatische Vorgehen, lediglich zu fragen, was beobachtet wird, und nicht zu versuchen, ein geistiges Modell dessen zu bilden, was in irgendeinem absoluten Sinn ist, nennt man Positivismus (siehe Kapitel 2), und ich habe festgestellt, daß dies die beste Hilfe bei vielen Fragen der modernen Physik ist.*

*Nachdem ich das Problem Zeitdehnung hinter mir hatte, kam nun ein ganz harter Brocken: die Vorstellung der Raumzeit als vierdimensionales Kontinuum. Ich hatte oft gelesen, die Zeit sei die vierte Dimension, doch diese karge Aussage sagte mir absolut nichts. Ja, sie klang ganz einfach falsch. Meine elementarsten Wahrnehmungen der Welt sagten mir, daß Raum Raum ist und Zeit Zeit. Sie waren so verschieden, daß ich überhaupt nicht erkennen konnte, wie die Zeit eine vierte Dimension des Raums sein sollte. Der Raum ist etwas, was ich ringsum sehen kann, während ich einen Augenblick nur »in einem Augenblick« wahrnehmen kann. Außerdem kann ich mich im Raum bewegen, in der Zeit nicht.*

*Meine Verständnisschwierigkeiten waren darin begründet, daß ich die Aussage, die Zeit sei die vierte Dimension, zu wörtlich nahm. Die Theorie behauptet nicht, daß die Zeit eine vierte Dimension des Raums sei. Sie hält zwar fest, daß die Zeit physikalisch vom Raum unterschieden ist, erkennt aber auch an, daß Zeit und Raum in ihren Eigenschaften so eng miteinander verbunden sind, daß es sinnvoll erscheint, sie gemeinsam vierdimensional zu beschreiben. Die so entstehende vierdimensionale Raumzeit weist einige recht ausgefallene Merkmale auf, auf die wir in diesem Buch bereits eingegangen sind. So ist zum Beispiel die vierdimensionale Entfernung zwischen zwei Ereignissen auf dem Weg eines Lichtimpulses null, egal wie weit sie räumlich voneinander entfernt sind.*

*Als ich zum erstenmal darauf stieß, war ich sehr verwirrt. Wie konnten zwei verschiedene Orte null Meter voneinander entfernt sein? Nachdem ich erkannt hatte, daß die Zeit keine Dimension des Raums ist, löste sich auch dieses Problem auf, denn um die vierdimensionale Entfernung zwischen zwei Punkten zu messen, die in Raum und Zeit getrennt sind, muß man, wie wir gesehen haben, die Zeitdifferenz von der Raumdifferenz abziehen, und zwar so, daß sie sich längs einer Lichtbahn aufheben und ein Intervall von Null ergeben. Die Zeit unterscheidet sich somit vom Raum durch ihren negativen Beitrag zur vierdimensionalen Entfernung. Hätten wir es nur mit dem Raum zu tun, müßten verschiedene Punkte natürlich weiter als Null voneinander entfernt sein.*

## *Das Unsichtbare sichtbar machen*

*So weit, so gut. Das Rätselhafte und Widersinnige der speziellen Relativitätstheorie verblaßt jedoch neben dem der allgemeinen Theorie. Ich hatte noch auf der High-School ein bißchen von der allgemeinen Relativitätstheorie mitbekommen. Ich wußte, daß sie eine Theorie der Schwerkraft ist und sich mit dem Gravitationsfeld in Kategorien des gekrümmten Raums beschäftigt, was immer das sein mochte. Ich versuchte vergebens, mir einen gekrümmten Raum vorzustellen. Ich konnte mir durchaus vorstellen, wie die Geometrie eines Radiergummis verformt wird, denn Gummi war etwas Materielles. Aber Raum war nichts als Leere. Wie kann nichts gekrümmt werden? Und wo wird es gekrümmt? Ein Radiergummi kann im Raum gekrümmt werden, aber der Weltraum ist nicht in irgend etwas anderem enthalten!*

*In diesem Stadium gewann ich den Eindruck, die Krümmung des Raums manifestiere sich darin, daß sie die Planeten um die Sonne kreisen lasse. Die Erde, so glaubte ich, bewegte sich auf einer elliptischen Umlaufbahn, nicht, weil sie durch eine von der Sonne ausgehende Gravitationskraft angezogen wurde, sondern weil die Sonne den Raum in ihrer Umgebung krümmte und die Erde lediglich dem kürzestmöglichen Weg durch diesen gekrümmten Raum folgte. Das schien mir irgendwie sinnvoll, denn die Erdumlaufbahn ist gekrümmt, und ich wußte, daß sogar Lichtstrahlen von der Sonne abgelenkt werden. Das mußte es sein, dachte ich. Gekrümmter Raum bedeutete einfach, daß Körper gekrümmten Bahnen folgen. So einfach!*

*Doch dann kam ein neues Rätsel. Die Erdumlaufbahn ist eine geschlossene Bahn. Nach dem Bild, das ich mir im Kopf zusammengebastelt hatte, bedeutete dies, daß der Raum irgendwie um das alles gelegt war, das Sonnensystem so umhüllte, daß es vom übrigen Universum abgeschlossen war. Das konnte natürlich nicht stimmen. Die Krümmung der Erdumlaufbahn war offensichtlich viel zu stark, als [illegible] den gekrümmten Raum hätte zurückgeführt werden*

*Der Fehler, den ich begangen hatte, war nur gering gewesen. Die Krümmung, um die es hier geht, ist keine Krümmung des Raums, sondern der Raumzeit. Der Unterschied ist entscheidend. In Raumzeit betrachtet, ist die Erdumlaufbahn keine geschlossene Ellipse, sondern hat die Form einer Spirale (Abbildung 17). Die Krümmung umfaßt Raum und Zeit, und sobald die Zeit mit ins Bild kommt, verlangt die Theorie Einsteins, sie mit der Lichtgeschwindigkeit zu multiplizieren. Das ist eine sehr große Zahl, die bewirkt, daß sich die Spirale gewaltig ausdehnt. Obwohl die Umlaufbahn also im Raum deutlich gekrümmt ist, verläuft die Krümmung in der Raumzeit sehr flach. Eins stimmte jedoch in meinem ursprünglichen Bild. Man kann die Krümmung durchaus mit Hilfe der Bahnen bewegter Körper sichtbar machen, aber man muß sich ihre Bahnen in Raumzeit vorstellen, nicht nur im Raum.*

*Schließlich machte ich offenbar Fortschritte im Verständnis der Relativität. Die bei weitem größten Schwierigkeiten traten jedoch auf, als ich anfing, mich mit der Kosmologie zu beschäftigen. Einsteins Vorstellung von einem »geschlossenen, aber unendlichen« Universum war berühmt, doch diese Vorstellung widersetzte sich auch den hartnäckigsten Versuchen, sie mir zu vergegenwärtigen. Ich hatte mich kaum an den Gedanken gewöhnt, daß Raumzeit gekrümmt werden konnte, ohne in irgend etwas gekrümmt zu sein. Und jetzt sollte ich glauben, daß der gesamte Raum ringsum gekrümmt war, so daß er auf der anderen Seite des Universums irgendwie wieder zusammentraf. Die Bilder halfen mir kaum weiter. Die Oberfläche einer Kugel zu zeigen und zu sagen, das sei eine geschlossene, aber unbegrenzte zweidimensionale Fläche, war schön und gut, aber von zwei auf drei Dimensionen überzugehen, war nicht die einfache Erweiterung, die den Begründern dieser Analogie vorzuschweben schien. Schließlich läßt sich eine zweidimensionale Fläche in drei Dimensionen des Raums krümmen, aber wohinein ließen sich drei Dimensionen krümmen? Es war das alte Problem, mit dem ich nicht fertig wurde.*

*Schließlich half mir meine Vorliebe für Science-fiction über diese Schwierigkeiten hinweg. Wenn man Utopisches liest, ist man es gewohnt, sich in die Figuren hineinzuversetzen, eine fremde Welt mit ihren Augen zu sehen und ihre Erfahrungen zu teilen. Selbst wenn man auf das Unmögliche stößt, kann man sich noch vorstellen, wie es wäre, wenn ... Schließlich hatte ich auch keine Schwierigkeiten, mich in H. G. Wells Zeitreisenden hineinzuversetzen, obwohl ich wußte, daß die Geschichte rein physikalisch unsinnig war. Wenn eine Zeitreise vorstellbar war, warum dann nicht auch ein geschlossenes Universum?*

*Ich erinnere mich noch an den Entschluß, nicht zu versuchen, mir eine absolute Wirklichkeit vorzustellen, nicht nach irgendeinem gottgleichen Blick von außen auf das ganze Universum zu streben. Ich wollte vielmehr die bescheidenere Aussicht eines einfachen Weltraumreisenden genießen, der mühsam sein geschlossenes Universum erforscht. Was würde er erleben? Er würde immer in die gleiche Richtung reisen können und doch an seinen Ausgangspunkt zurückkommen; das ist eine der merkwürdigen Eigenschaften des geschlossenen, aber unbegrenzten einsteinschen Universums. Obwohl ich mir immer noch nicht vorstellen konnte, wie der Raum auf diese Weise angeordnet sein konnte, konnte ich mir sehr wohl denken, daß mein Weltraumreisender das erlebte. Es ergab einen Sinn. Die Ereignisse hatten nichts Unlogisches. Und wenn all seine Erlebnisse widerspruchsfrei zusammenpaßten, so sonderbar sie zum Teil vielleicht waren, konnten sie insgesamt als Grundlage einer sinnvollen Wirklichkeit angesehen werden.*

*Diese Methode wandte ich auch auf das berühmt-berüchtigte Problem des expandierenden Weltalls an. Wie jeder andere auch konnte ich nicht begreifen, wie das Universum sich überall ausdehnen konnte, weil es meiner Meinung nach nichts gab, wohin es sich hätte ausdehnen können. Vorstellen konnte ich mir allerdings, wie es war, das expandierende Universum von innen zu beobachten. Ich malte mir Beobachter in fernen Galaxien aus, die das Firmament absuchten und sahen, wie die anderen Galaxien sich entfernten. Auch daran war nichts Unlogisches, auch wenn ich mir nicht recht vorstellen konnte, wie das vor sich ging.*

*Das heikelste Problem war der Gedanke der sogenannten Horizonte. Ich wußte, je weiter entfernt eine Galaxie ist, desto schneller entfernt sie sich von uns, und daß es eine bestimmte Entfernung gibt – unseren sogenannten Horizont –, über die hinaus wir überhaupt keine Galaxien mehr wahrnehmen können (darüber mehr im nächsten Kapitel). Nachdem ich zum erstenmal auf diesen Begriff gestoßen war, verwechselte ich diese Grenze lange mit dem oft erwähnten »Rand« des Universums, jenseits dessen es keine Galaxien gab, nur eine endlose Leere. Schließlich erkannte ich, daß das Universum überhaupt keinen »Rand« hat; alle Hinweise auf einen solchen Rand waren irreführender Nonsens.*

*Doch diese Verwirrung war kaum aufgelöst, da war schon die nächste da. Ich hatte irgendwo gelesen, daß es unmöglich sei, Galaxien jenseits einer bestimmten Entfernung zu sehen, weil jene Galaxien sich schneller als das Licht von uns entfernen. Ich weiß noch, wie ich einmal in der Cafeteria meines Colleges saß und mit einem Kommilitonen über das Thema diskutierte. Wie können Galaxien schneller als das Licht sein? ereiferte ich mich. »Ach!« erwiderte er, »die Lichtgeschwindigkeit als Grenze ist doch nur ein Ergebnis der speziellen Relativitätstheorie. In der Kosmologie mußt du die allgemeine Relativitätstheorie anwenden.« Aber auch das half nicht weiter, denn beide verstanden wir die allgemeine Theorie damals noch nicht.*

*Im Grunde redeten wir aneinander vorbei. Sicher, man mußte die allgemeine Theorie anwenden, aber auch dann sind Bewegungen mit mehr als Lichtgeschwindigkeit nicht zulässig. Der Grund für die ganze Verwirrung war meine Unfähigkeit, mir Bewegung anders als auf die alte aristotelische Weise zu denken. Wenn eine Galaxie sich von uns entfernte, mußte sie sich für mich durch den Raum bewegen. Doch dem lag die irrige Annahme vom Raum als einer Art Substanz im Ruhezustand zugrunde, durch den materielle Körper sich bewegen konnten wie Goldfische in einem Aquarium. Die Annahme war schlicht falsch. Es dauerte lange, bis ich darauf kam, daß die Ausdehnung des Universums nicht durch die Ansammlung von*

*Galaxien verursacht wird, die durch den Raum nach außen streben, sondern dadurch, daß der Raum selbst expandiert, so daß die Entfernungen zwischen den Galaxien größer werden.*

*Ich glaube, ich habe den Gedanken des sich ausdehnenden Raums erst richtig begriffen, als ich von Willem de Sitters Modelluniversum las, das nur aus expandierendem leerem Raum besteht. Es enthält überhaupt keine Materie! Selbstverständlich hatte ich die übliche Schwierigkeit, mir vorzustellen, wie ein Raum expandieren kann, aber wenn ich es so betrachtete, wie Beobachter es tatsächlich sehen würden, erschien es absolut sinnvoll. Zwei Beobachter würden sehen, wie sie sich durch die Expansion voneinander entfernen. Dieses beiderseitige Zurückweichen wäre die Wirklichkeit. Es machte nichts, daß ich mir nicht vorstellen konnte, wie der Raum, der keinerlei Substanz besaß, sich so ausdehnen konnte, solange die beobachtungsbedingten Folgen widerspruchsfrei waren.*

*Mit diesem neuen Bild ausgerüstet, stellte sich das Problem der Bewegung mit mehr als Lichtgeschwindigkeit nicht. Die Galaxien bewegten sich überhaupt nicht wirklich, erkannte ich. Sie waren gefangen in der allgemeinen Expansion des Raums. Die berühmte Rotverschiebung, durch die wir von der Expansion wissen, war nicht, wie ich so oft gelesen hatte (und was die Verwirrung nur vergrößerte!), ein einfacher Doppler-Effekt der Art, der die Tonhöhe des Pfeifens eines vorbeifahrenden Zuges senkt. Das Licht, das von fernen Galaxien zu uns kommt, ist vielmehr deshalb rotverschoben, weil es ein expandierendes Raummeer durchquert und die Wellen beim Durchgang gestreckt werden. Am Ende werden sie so stark gestreckt, daß sie nicht mehr zu sehen sind – die Frequenz ist zu niedrig. Das kennzeichnet den Horizont. Jenseits davon existiert das Universum ebenfalls, aber es ist für uns nicht sichtbar.*

## *Das Blendwerk der Unendlichkeit*

*Am schwersten fiel es mir, glaube ich, das Wesen des Urknalls zu verstehen, bei dem das Universum entstanden ist. Anfangs hatte ich das Bild eines hochkonzentrierten Materieklumpens vor Augen, der sich irgendwo im Raum befand. Irgendwann und aus irgendeinem*

*Grund explodierte dieser Klumpen und schleuderte mit hoher Geschwindigkeit Bruchstücke ins All, aus denen dann die auseinanderstrebenden Galaxien wurden. Heute weiß ich, daß diese Vorstellung vollkommen falsch ist, aber zu meiner Verteidigung führe ich immer an, daß mein erstes Zusammentreffen mit der Urknalltheorie stattfand, bevor Ende der sechziger Jahre der Gedanke der Raum-Zeit-Singularitäten durch Roger Penrose und Stephen Hawking restlos geklärt wurde.*

*Damals behaupteten die, die sich mit diesem Thema beschäftigten, das Universum habe seinen Ursprung in einer solchen Raum-Zeit-Singularität, also einem Punkt, in dem die Raumzeit unendlich gekrümmt wird und die Gesetze der Physik nicht mehr gelten. Es war, so sagten sie, nicht möglich, den Raum und die Zeit oder irgendeinen anderen physikalischen Einfluß durch eine Singularität fortzusetzen, und so kam das Problem, was vor dem Urknall war, überhaupt nicht auf. Es gab kein »Vorher«, weil die Zeit bei der Singularität begann. Aus dem gleichen Grund war es auch weder nützlich noch gar sinnvoll, die Ursachen des Urknalls zu diskutieren.*

*Später versuchte ich, ein Bild von der Singularität zu gewinnen, indem ich mir die gesamte Materie des Universums in einem einzigen Punkt zusammengepreßt vorstellte. Natürlich schien allein schon der Gedanke tollkühn, aber ich konnte es mir immerhin vorstellen. Ich achtete jedoch darauf, nicht den Fehler zu begehen und mir den Massepunkt von Raum umgeben auszumalen; mir war klar, daß auch der Raum zu einem Punkt zusammengeschrumpft sein mußte. Dieses Bild genügte für ein endliches, geschlossenes Modelluniversum der Art, wie Einstein es erfunden hatte, denn wir alle können uns vorstellen, daß etwas größenmäßig Endliches zu einem Nichts zusammenschrumpft. Aber es gab ein offensichtliches Problem für den Fall, daß das Universum räumlich unendlich ist. Wenn die ursprüngliche Singularität nur ein Punkt war, wie konnte sie dann zu einem unendlichen Raum werden?*

*Ich nehme an, die Unendlichkeit wird uns immer wieder verwirren, und mir ist nie etwas Intuitives zu diesem Begriff eingefallen. Das Problem wird hier noch verschärft, weil tatsächlich zwei Unendlichkeiten miteinander konkurrieren: zum einen der unendliche Raum, zum andern die unendliche Schrumpfung (oder Verdichtung), die durch die Singularität des Urknalls dargestellt wird. So sehr man einen unendlichen Raum schrumpft, er bleibt unendlich. Andererseits kann jeder noch so große endliche Bereich im unendlichen Raum zu einem einzigen Punkt beim Urknall komprimiert werden. Es gibt keinen Konflikt zwischen den beiden Unendlichkeiten, solange man exakt angibt, wovon man spricht.*

*Ich kann das alles in Worte fassen, und ich weiß, daß ich es auch mathematisch sinnvoll darstellen kann, aber ich muß bekennen, daß ich es mir bis heute nicht wirklich vorstellen kann.*

*Das, was die Welt auf die allgemeine Relativitätstheorie aufmerksam gemacht und auch mich in ihren Bann gezogen hat, waren zweifellos die Schwarzen Löcher. Diese bizarren Objekte besitzen einige merkwürdige Eigenschaften, die unsere Vorstellungskraft bis zum äußersten strapazieren. Als ich Ende der sechziger Jahre zum erstenmal etwas von Schwarzen Löchern hörte, konnte ich mich mit dem Gedanken anfreunden, daß ein Körper wie ein Stern unter der eigenen Gravitation kollabiert und daß dabei Licht gefangen wird, so daß das Objekt schwarz erscheint. Was ich nicht begreifen konnte, war, was aus der Masse des Sterns wurde. Wohin verschwand sie? In einigen Lehrsätzen wurde gezeigt, daß sich in einem solchen Loch eine Singularität bildet, doch sie forderten nicht, daß die in das Loch stürzende Materie auf die Singularität treffen müsse. Wenn die Materie die Singularität verfehlt, kann sie nicht aus dem Schwarzen Loch zurückkommen, denn nichts kann einem solchen Objekt jemals wieder entkommen. Die Situation schien mir daher zu einem Widerspruch zu führen.*

*Die sich mir anbietende Lösung des Rätsels lautete: Die Materie muß in »ein anderes Universum« gehen. Das klang sehr aufregend und tiefgründig, aber was bedeutete es wirklich? Wo lag dieses andere Universum? Ich hatte die Idee der expandierenden und geschlossenen Räume gemeistert, aber bei mehreren Räumen wurde mir schwindelig. Das war ein wirklich harter Brocken. Wieder wandte ich meine Strategie an, nicht mit einem gottgleichen Blick von außen auf das Universum zu schauen und mir vorzustellen, wie diese beiden Räume nebeneinander aussehen würden. Ich befaßte mich nur mit dem, was grundsätzlich aus diesen Räumen heraus beobachtet werden konnte.*

*Ich las einmal eine Kurzgeschichte, ›Die grüne Tür‹, in der ein Mann durch eine Tür kommt, die in einen wunderschönen und fried-*

*lichen Garten führt, der etwa unserer Vorstellung vom Paradies entspricht. Als er wieder hinausgehen will, kann er die Tür nicht mehr finden und verbringt das ganze Leben damit, nach ihr zu suchen. Eines Tages entdeckt er eine grüne Tür, geht hindurch und stürzt in den Tod. Der Garten in der Geschichte existierte nicht in dem Raum, den wir normalerweise erleben. Die Tür war ein Übergang in einen anderen Raum. Ich folgerte, daß man so offenbar die Schwarzen Löcher sehen mußte. Ich konnte mir das Erlebnis des Mannes sehr gut vorstellen, warum sollte es also im Fall der Schwarzen Löcher nicht ähnlich sein? Man konnte durch das Loch hindurchgehen und irgendwo an einer Stelle herauskommen, die nirgendwo in unserem Raum lag. Ich mußte nicht wissen, wo dieser andere Raum lag, nur, daß die Erlebnisse eines Beobachters logisch und widerspruchsfrei waren.*

*Nach dieser kleinen Geschichte muß ich den Leser jedoch warnen, denn wie wir in Kapitel 9 noch sehen werden, glauben die Experten nicht, daß man tatsächlich so durch ein Schwarzes Loch hindurchgehen kann. Wahrscheinlich trifft die in das Loch stürzende Materie doch auf die Singularität, wenngleich es noch nicht nachgewiesen wurde.*

*Mittlerweile habe ich mich an den Umgang mit der sonderbaren und wunderbaren Welt der Relativität gewöhnt. Dinge wie Raumkrümmung, Zeitverzerrung und Mehrfachuniversen sind im eigenartigen Betrieb der theoretischen Physik alltägliche Werkzeuge geworden. Aber in Wirklichkeit habe ich diese Gedanken eher durch den wiederholten Umgang bewältigt als durch den Erwerb esoterischer Vorstellungskraft. Ich glaube, daß die von der modernen Physik gezeigte Wirklichkeit dem menschlichen Verstand grundsätzlich fremd ist und sich allen Versuchen direkter Vorstellung widersetzt. Die geistigen Bilder, die mit Ausdrücken wie »gekrümmter Raum« und »Singularität« heraufbeschworen werden, sind bestenfalls höchst unzureichende Metaphern, die dazu dienen, uns einen Gegenstand einzuprägen, weniger dazu, uns darüber ins Bild zu setzen, wie diese physikalische Welt wirklich ist.*

*Die Situation ähnelt der internationalen Wirtschaftswelt. Wir lesen von Haushaltsdefiziten in mehrstelliger Milliardenhöhe und glauben zu wissen, was das heißt. Aber in Wahrheit kann sich keiner von uns im Alltagsleben derartige Unsummen Geld vorstellen. Die*

*Zahlen haben eine Art Pseudobedeutung und geben uns etwas, woran wir uns halten können, während wir zum nächsten Punkt der Tagesordnung übergehen; sie vermitteln keinerlei echte Bedeutung. Es hat den Anschein, daß die Menschen selbst den widersinnigsten Gedanken, wenn er nur oft genug wiederholt wird, am Ende hinnehmen und auch zu verstehen meinen.*

*Die Erkenntnis, daß der Mensch nicht alles auf der Welt begreift, ist ungeheuer tröstlich. Die Relativitätstheorie birgt für mich noch viele technische Rätsel – mit bestimmten Aspekten der Rotation und der Gravitationswellen tue ich mich besonders schwer. Aber da ich gelernt habe, das Bedürfnis nach einfachen Bildern zu überwinden, kann ich mich solchen Themen ohne Angst nähern. Mit der Mathematik als unfehlbarem Führer kann ich das Gebiet jenseits der Grenzen meiner bescheidenen Vorstellungskraft erkunden und sinnvolle Antworten auf Dinge finden, die zu beobachten sind.*

*Eddingtons Prahlerei, neben Einstein der einzige zu sein, der die allgemeine Relativitätstheorie verstanden habe, bedeutete wohl nicht, daß nur diese beiden sich ein Bild von den radikal neuen Vorstellungen – wie der gekrümmten Raumzeit – machen konnten. Aber vielleicht ist er durchaus einer der ersten Physiker gewesen, der erkannte, daß wirkliches Verständnis dieses Gegenstands nur möglich ist, wenn man das Bedürfnis, sich etwas vorzustellen, aufgibt. Das sollten wir im Hinterkopf behalten, wenn wir uns ansehen, was die relativistische Kosmologie uns über das beobachtbare Verhalten im Universum zu sagen hat.*

IV

# Das Universum als Ganzes

Es ist Aufgabe des Astronomen, die Objekte zu erforschen, aus denen das Universum besteht: die Sonne und die Planeten, die verschiedenartigen Sterne, die Galaxien und die interstellare Materie. Dagegen beschäftigt sich der Kosmologe weniger mit den kosmischen Einzelelementen als vielmehr mit dem Gesamtaufbau des Universums. Die Kosmologie fragt, wie das Universum als Ganzes entstanden ist und wie es enden wird. Unter »Universum« verstehen die Kosmologen alles: die gesamte physikalische Welt von Raum, Zeit und Materie. Die Kosmologie unterscheidet sich demnach von anderen Wissenschaften dadurch, daß ihr Gegenstand einmalig ist – es gibt nur ein Universum, das man beobachten kann, und wenn Kosmologen manchmal auch von anderen Universen reden, meinen sie verschiedene mathematische Möglichkeiten, die, wie Gödels rotierendes Universum, unter Umständen nur wenig mit der wirklichen Welt zu tun haben.

Die Kosmologen greifen, wenn sie ihr Bild vom Kosmos entwerfen, auf die Arbeit der Astronomen zurück. Sie bedienen sich auch der physikalischen Gesetze, um den Wandel im Laufe der Entwicklung des Universums darzustellen und sein Schicksal vorauszusagen. Heute sind sie zunehmend bereit, nicht nur über die Gesetze selbst, sondern auch über die Anfangsbedingungen des Universums nachzudenken. Als ernstzunehmende Wissenschaft begann die Kosmologie erst in den zwanziger Jahren unseres Jahrhunderts mit Edwin Hubbles Entdeckung, daß das Universum sich ausdehnt – eine Entdeckung, die mit den Voraussagen der allgemeinen Relativitätstheorie übereinstimmte, obwohl Einstein, der das Universum für statisch hielt, diese Konsequenz aus seiner Theorie herauszuhalten versucht hatte. Aus der Verbindung von Hubbles Untersuchungen mit Einsteins Theorie ergibt sich die Schlußfolgerung, das Universum könne nicht ewig existiert haben, sondern müsse vor etlichen Milliarden Jahren ganz plötzlich entstanden sein, aus jener gigantischen Explosion, die wir Urknall nennen. Ein großer Teil der kosmologischen Forschung ist, wie schon angedeutet, darauf gerichtet, ein Verständnis der frühen Phasen des Universums nach dem Urknall zu sichern, und darauf, die beobachteten Merkmale des gegenwärtigen Universums mit den physikalischen Prozessen in Verbindung zu bringen, die sich in jener Urphase ereignet haben.

## *Expansion ohne Zentrum*

Die Kosmologie wäre kein eindeutiger Forschungsgegenstand, wenn wir das Universum nicht als ein in sich zusammenhängendes Geschehen betrachten könnten. Das hängt mit einer bedeutenden, durch Beobachtung erhärteten Tatsache zusammen: Materie und Energie sind insgesamt erstaunlich gleichmäßig im Weltall verteilt. »Insgesamt« meint Größenordnungen von mehr als einem Galaxienhaufen, also mehr als 100 Millionen Lichtjahren, und diese Gleichmäßigkeit hat zur Folge, daß das Universum von jeder anderen Galaxie aus so ähnlich aussehen würde wie von der unseren. Unsere Lage im Universum hat nichts Besonderes oder Bevorzugtes. Im übrigen ist auch der Zeitablauf gleichförmig, so daß unsere Galaxie im Verlauf der Epochen die gleichen kosmologischen Erfahrungen macht wie andere Galaxien.

Wie verträgt sich das mit der Annahme vom expandierenden Universum? Woher wissen wir überhaupt, daß sich das Universum ausdehnt? Der unmittelbarste Beweis stammt aus Untersuchungen der Erscheinungsform des Lichts, das von fernen Galaxien zu uns kommt. Hubble und andere stellten fest, daß dieses Licht grundsätzlich vom blauen zum roten Ende des Spektrums verschoben ist. Das heißt, die Lichtwellen sind gegenüber dem Licht aus ähnlichen Quellen (gleichartigen Atomen unter Laborbedingungen) etwas mehr gestreckt. Diese »Rotverschiebung« ist für Physiker ein sicheres Zeichen dafür, daß die Lichtquelle sich mit hoher Geschwindigkeit vom Beobachter fortbewegt, und so hat auch Hubble dieses Phänomen interpretiert. Er kam zu dem Schluß, daß die Galaxien mit großer Geschwindigkeit auseinanderstreben. Wie wir gesehen haben, stimmt es mit den grundlegenden Anforderungen aus den

Gleichungen der allgemeinen Relativität überein, daß das Universum nicht statisch sein könne.

Die Galaxien werden manchmal als die Grundbausteine der Kosmologie bezeichnet. Ihre Fluchtbewegung definiert das expandierende Universum. Innerhalb einer Galaxie gibt es keine Expansion. Unsere Galaxie, die Milchstraße, besteht aus etwa 100 Milliarden Sternen, die in einer flachen Scheibe angeordnet sind und langsam den galaktischen Kern umkreisen. Die Milchstraße ist typisch für eine bestimmte Galaxienklasse, die wegen ihrer Form so genannten Spiralnebel oder Scheibengalaxien. Es sind auch andere Formen bekannt, doch für den Kosmologen sind derartige Unterschiede unwichtige Details. Galaxien haben die Tendenz, Haufen zu bilden (aus einigen wenigen bis zu einigen tausend Galaxien), da sie sich gegenseitig anziehen, was die Kosmologen weit mehr interessiert. Weil diese Tendenz der allgemeinen Expansion entgegenwirkt, ist es eigentlich richtiger, die Haufen als die kosmologischen Grundeinheiten zu betrachten, nicht die einzelnen Galaxien.

Hubble bemerkte, daß die schwächeren Galaxien, die mit irdischen Teleskopen noch erfaßbar sind, eine stärkere Rotverschiebung aufweisen. Weil eine Galaxie um so schwächer erscheint, je weiter sie entfernt ist, deutete er das so, daß die weiter entfernten Galaxien eine höhere Fluchtgeschwindigkeit haben. Spätere Untersuchungen bestätigten das und ergaben, daß die Fluchtgeschwindigkeit, die aus der Rotverschiebung erkennbar ist, proportional zur Entfernung einer Galaxie von uns ist. Mit anderen Worten, eine Galaxie, die doppelt so weit entfernt ist, hat eine doppelt so hohe Fluchtgeschwindigkeit, ein Verhältnis, das heute als Hubblesches Gesetz bekannt ist. Die Zahl, die bestimmt, wie hoch die Fluchtgeschwindigkeit einer Galaxie in einer bestimmten Entfernung ist, ist ein kosmologischer Schlüsselparameter, die sogenannte Hubble-Konstante. Obwohl ihr genauer Wert wegen unserer begrenzten Beobachtungsmöglichkeiten des Universums nicht angegeben werden kann, rechnen die meisten Astronomen mit einem Wert von etwa 50 Kilometern pro Sekunde pro Megaparsec. Eine Megaparsec sind 3,26 Millionen Lichtjahre. Die Hubble-Konstante besagt also, daß eine zehn Megaparsec von uns entfernte Galaxie eine Fluchtgeschwindigkeit von 500 Kilometern pro Sekunde hätte.

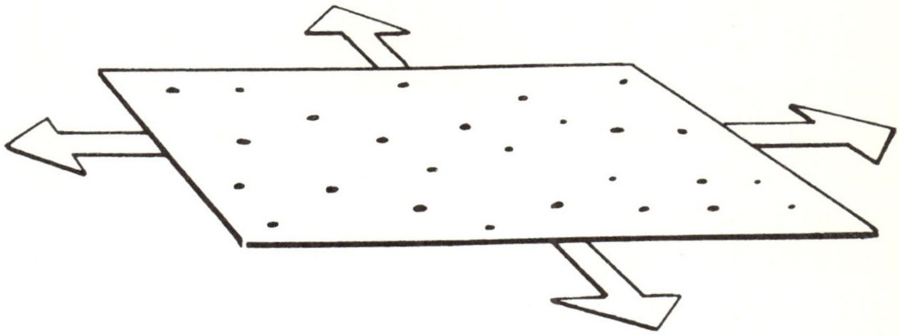

*Abb. 20 Das expandierende Universum ist mit einem Gummituch vergleichbar, das gleichmäßig in alle Richtungen gezogen wird. Hier stellt das Tuch den Raum dar (es können nur zwei Dimensionen gezeigt werden), die Punkte verkörpern Galaxien. Wenn sich der »Raum« ausdehnt, wachsen auch die Entfernungen zwischen den Galaxien, aber die Galaxien entfernen sich nicht von einem gemeinsamen Zentrum und bewegen sich auch nicht durch den »Raum«.*

## *Der Urknall*

Diese einfache Beziehung zwischen Entfernung und Geschwindigkeit hat große Bedeutung für das Wesen des expandierenden Universums. Sie besagt nämlich, daß das Universum sich überall mit der gleichen Geschwindigkeit ausdehnt: Von jeder anderen Galaxie aus betrachtet, wäre das Bewegungsmuster im großen und ganzen das gleiche. Es wäre falsch, anzunehmen, daß wir uns irgendwie im Mittelpunkt der Expansion befänden. Die anderen Galaxien bewegen sich mit Sicherheit von uns weg, sie bewegen sich aber auch voneinander weg, und weil diese Bewegungen nach dem Hubbleschen Gesetz erfolgen, entfernen sich die Galaxien, die von jeder anderen Galaxie sichtbar sind, im wesentlichen genauso wie die Galaxien, deren Fluchtbewegung von uns wir sehen können. *Keine* Galaxie befindet sich im Zentrum der Expansion.

Falls Ihnen dieser Gedanke Schwierigkeiten bereitet, stellen Sie sich ein Gummituch mit Punkten vor, die die Galaxien darstellen sollen. Stellen Sie sich vor, das Tuch wird an den Kanten gleichmäßig in alle Richtungen gezogen (Abbildung 20). Das bewirkt, daß jeder Punkt sich von den anderen Punkten entfernt, genau wie die Galaxien im expandierenden Universum. Außerdem folgt das

System dem Hubbleschen Gesetz: Punkte, die doppelt so weit voneinander entfernt sind, entfernen sich mit der doppelten Geschwindigkeit voneinander.

Nun könnte man einwenden, die Punkte entfernen sich doch von einem gemeinsamen Zentrum, nämlich von der Mitte des Tuchs. Wenn das Tuch jedoch so groß wäre, daß man die Ränder nicht sehen könnte, hätte man auch keine Möglichkeit, durch bloßes Beobachten ihrer relativen Bewegungen zu wissen, welche Punkte sich in der Nähe der Mitte befinden und welche nicht. Wäre das Tuch in seinen Abmessungen unendlich, wären die Begriffe Mitte oder Rand in jeden Fall sinnlos. Im wirklichen Universum gibt es nicht den geringsten Hinweis darauf, daß die Ansammlung von Galaxien irgendwo einen Rand hätte, und es besteht daher auch kein Grund, von einem Mittelpunkt des Universums oder einem Bereich zu reden, von dem sich die Galaxien entfernen.

Dennoch ist man versucht zu fragen, ob es da draußen irgendwo nicht doch einen Rand gibt, außerhalb der Reichweite der heutigen Teleskope. Wir können schließlich nicht sicher sein, ob Galaxien das Universum unendlich weit bevölkern. Aber selbst wenn das Universum räumlich nicht unendlich ist, sondern nur ungeheuer groß, ist die Spekulationen über einen ganz fernen Rand des Universums in einer Hinsicht nichtssagend, wenn nicht sinnlos. Wenn die Fluchtgeschwindigkeit der Galaxien mit ihrer Entfernung zunimmt, erreicht sie eine Größe, die die Lichtgeschwindigkeit übersteigt. Wie aus den Bekenntnissen des vorigen Kapitels klar geworden sein sollte, verletzt das keines der Relativitätsgesetze – und die Gummituch-Analogie hilft ebenfalls, das deutlich zu machen. Jeder Punkt bewegt sich zwar, wenn das Tuch gedehnt wird, aber *nur*, weil das Tuch gedehnt wird. Es gibt keine Bewegung der Punkte *auf* dem Tuch. Ebenso denkt man sich besser den Raum zwischen den Galaxien als größer werdend oder expandierend, so daß die Galaxien sich voneinander entfernen, ohne sich durch den Raum zu bewegen. Diese Elastizität des Raums, ein Merkmal der allgemeinen Relativität, ermöglicht den Galaxien, sich mit mehr als Lichtgeschwindigkeit voneinander zu entfernen, ohne daß eine Galaxie die andere bei dieser Geschwindigkeit *überholen* könnte (was die Gesetze der speziellen Relativität verletzen würde). Die Rotverschiebung entsteht also, weil in der Zeit, in der

Licht von einer entfernten Galaxie zur Erde gelangt, der dazwischenliegende Raum sich etwas ausdehnt und die Lichtwelle mit ihm.[1]

Verständlicherweise könnten wir Galaxien, die sich mit mehr als Lichtgeschwindigkeit entfernen, nicht beobachten, weil ihre Strahlung uns nie erreichen könnte. Wir können also nicht über eine bestimmte Entfernung hinaus sehen, egal wie stark unsere Teleskope sind. Die Grenze im Raum, über die hinaus wir grundsätzlich nicht blicken können, heißt Horizont. Wie beim irdischen Horizont bedeutet das nicht, daß nichts dahinter liegt, sondern nur, daß alles, was jenseits liegt, vom Ort, an dem wir uns befinden, nicht gesehen werden kann. Das Universum hat bestimmt keinen Rand diesseits unseres Horizonts. Und jeder entferntere Rand, der vielleicht existiert, ist von der Erde aus nicht zu ermitteln (zumindest nicht in dieser Epoche), so daß wir uns nicht den Kopf über ihn zerbrechen müssen. Er ist für das *beobachtbare* Universum unerheblich.

Aber es kann durchaus sein, daß das Universum *grundsätzlich* keinen Rand hat. Das gedehnte Gummituch, das wir bisher beschrieben haben, entspricht der flachen Raumzeit – bis auf die Expansion ist es flacher Raum der gleichen Art, wie ihn die Begründer der klassischen Geometrie erforscht haben. Auch wenn das Gummituch zu einer Kugelfläche gekrümmt wird, etwa zu einem Ballon, können wir uns immer noch jeden Punkt auf dem Ballon als eine Galaxie (oder einen Galaxienhaufen) vorstellen, und auch, daß sich das Tuch ausdehnt, wenn der Ballon aufgeblasen wird und jede Galaxie sich von der anderen entfernt (Abbildung 21). Ein derartiges Modell des Universums hat keinen Rand, so wie die Erde keinen Rand hat. Es wird aus naheliegenden Gründen »geschlossen« genannt, und ebenso naheliegend wird ein Universum, das sich unbegrenzt ausweitet, als »offen« bezeichnet.

1 Die kosmologische Rotverschiebung entsteht also tatsächlich nicht wie die Doppler-Verschiebung, die wir beim Licht bewegter Objekte auf der Erde sehen, wenngleich die Rotverschiebung in beiden Fällen ein Zeichen für Fluchtbewegung ist. Für nahe Galaxien wie die von Hubble untersuchten sind die beiden Erklärungen für die Rotverschiebung jedoch im wesentlichen gleichbedeutend.

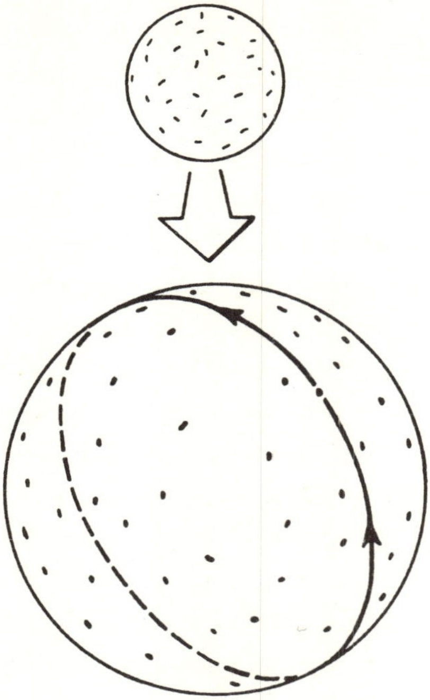

*Abb. 21 Es ist möglich, daß ein Raum in ein endliches Volumen ohne Grenzen eingeschlossen ist. Bei zwei Dimensionen entspricht das einer elastischen Kugelfläche, etwa der Oberfläche eines Ballons. Die Gummihaut des Ballons ist »Raum«, die Punkte darauf sind »Galaxien« wie in Abbildung 20. Die Expansion des Universums ist dem Aufblasen des Ballons vergleichbar. Die Linie in der unteren Abbildung stellt eine Bahn durch den Raum dar, die das Universum vollkommen »umrundet«.*

Gibt es irgendwelche Beweise für ein offenes oder geschlossenes Universum? Grundsätzlich können wir anhand geometrischer Messungen Aussagen machen. Wir erinnern uns, daß die Geometrie im gekrümmten Raum sich von der euklidischen Geometrie des flachen Raums unterscheidet; und so wie das Vermessen der Winkel großer Dreiecke, die man auf die Erdoberfläche zeichnet, uns sagen könnte, daß die Erde fast kugelförmig ist, könnten uns auch die Winkel und Rauminhalte von Formen, die riesige Gebiete des Raums umschließen, im Prinzip sagen, wie der Raum insgesamt gekrümmt ist. Man hat nach solchen Effekten Ausschau gehalten (so hat man gezählt, wieviele Galaxien sich in einem kugelförmigen Raum mit wachsendem Radius befinden), doch andere Effekte verdecken den, für den man sich interessiert.

Es gibt jedoch eine aussichtsreichere, wenn auch indirekte Methode, zu bestimmen, ob das Universum offen oder geschlossen ist. Das Vorhandensein von Materie entscheidet über die Krümmung des Raums, und je mehr Materie das Universum enthält, desto stärker krümmt ihre Gravitation den Raum zwischen den Galaxien. Es gibt eine bestimmte kritische Dichte, die bei etwa einem Wasserstoffatom pro Liter Raum liegt (etwa $10^{-30}$ Gramm pro Kubikzentimeter) und die Grenze zwischen dem offenen und geschlossenen Raum markiert. Ist die Dichte höher, muß der Raum nach der Relativitätstheorie geschlossen sein.

Beweise, die auf Beobachtungen beruhen – womit wir das Zählen der Galaxien in einem bestimmten Raumvolumen meinen – lassen vermuten, daß die Dichte des Universums deutlich unter dem kritischen Wert liegt. Aber wir wissen auch aus der Art, wie sich Galaxien in Haufen und Sterne in Galaxien bewegen (beide weitgehend unbeeinflußt von der Expansion des Universums), daß es im Universum sehr viel mehr Materie in unbekannter Form gibt und daß die Gravitationskräfte dieser Materie auf die leuchtenden Galaxien einwirken, auch wenn sie für uns nicht sichtbar ist. Nach den Beobachtungen können wir heute nicht sagen, ob das Universum offen oder geschlossen ist. Untersuchungen der Anfangsbedingungen des Universums lassen jedoch vermuten, daß das Universum aus theoretischen Gründen geschlossen sein *muß*. Wie wir in Kapitel 5 sehen werden, macht das inflationäre Modell des Urknalls auch zu dieser Frage eine ganz klare Voraussage.

Zuerst sollten wir jedoch ausführlicher klären, was der kosmologische Begriff Urknall eigentlich meint. Es liegt auf der Hand, daß die Galaxien, wenn sie sich voneinander entfernen, in der Vergangenheit dichter beieinander gewesen sein müssen. Rechnet man diesen Trend hoch, dann muß es also eine Zeit gegeben haben, in der die gesamte Materie des Universums zusammengepreßt war. Zu den vielen falschen Vorstellungen über den Urknall und das expandierende Universum gehört die, daß dieser Urklumpen Materie sich irgendwo in einer bereits bestehenden Leere befand und daß Bruchstücke von diesem Ur-Ei, das beim Urknall auseinanderflog, heute von einem gemeinsamen Zentrum in den umliegenden Raum streben. Aber wie wir erklärt haben, stellt man sich die Expansion besser als die des Raums selbst vor, der die Galaxien dabei mitnimmt. Daß die gesamte Materie des Universums einst vereint war, hatte also seinen Grund darin, daß der Raum zwischen den Galaxien geschrumpft (oder noch nicht expandiert) war. Der Raum selbst und die Zeit wurden, wie die Materie, beim Urknall geschaffen; es gab kein »Außen«, in dem die Explosion sich hätte ausbreiten können.

Aus dem Hubbleschen Gesetz läßt sich die Geschwindigkeit ableiten, mit der das Universum expandiert, und auch zurückrechnen, wann der Raum anfing zu expandieren, die Zeit also, als die gesamte Materie in einem Punkt zusammengepreßt war. Das einfache Hubblesche Gesetz sagt uns, daß dies viele Milliarden Jahre her ist; es gibt jedoch eine Feinheit, die berücksichtigt werden muß. Das Universum expandiert nicht frei, sondern unterliegt der Gravitation. Die gesamte Materie im Universum bremst ständig die Geschwindigkeit, mit der es sich ausdehnt. Das Universum muß sich in der Vergangenheit also schneller ausgedehnt haben als es das heute tut. Wenn man das alles berücksichtigt, muß der Beginn der Expansion – der Urknall – vor etwa 15 Milliarden Jahren stattgefunden haben.

Diese Verlangsamung der Expansion des Universums hat noch einen anderen interessanten Nebeneffekt. Wenn die Expansion sich verlangsamt, kommen Galaxien, deren Fluchtgeschwindigkeit aus unserer Sicht höher als die Lichtgeschwindigkeit war, in einen Bereich unterhalb der Lichtgeschwindigkeit. Das hat zur Folge, daß der Horizont des Universums sich mit der Zeit ausdehnt; der Horizont (der sich gewissermaßen mit Lichtgeschwindigkeit bewegt) dehnt sich *schneller* als das Universum aus, so daß er mit der Zeit immer mehr Galaxien umfaßt, auch wenn sich die Galaxien weiter von uns entfernen.

Nimmt man das Bild des expandierenden Universums wörtlich und dreht es weit genug zurück, waren das von unserem heutigen Horizont umfaßte Raumvolumen und alle anderen begrenzten Raumvolumina »am Anfang« auf Null geschrumpft. Das bedeutet, daß das Universum unendlich komprimiert und die gesamte kosmische Materie, die wir sehen können, in einem einzigen Punkt zusammengepreßt war. Die Kosmologen benutzen den Begriff

»Singularität«, um diesen Grenzzustand zu bezeichnen. Nach der allgemeinen Relativitätstheorie stellt diese Singularität eine Grenze für Raum und Zeit dar. Es ist nicht möglich, Raum und Zeit rückwärts über die Singularität hinaus weiterzuführen, die, so gesehen, doch den Rand des Universums bildet, wenn es auch eher ein zeitlicher als ein räumlicher Rand ist. Aus diesem Grund gilt der Urknall als Ursprung des gesamten physikalischen Universums, nicht nur als der der Materie.

Die Frage »Was war vor dem Urknall?« wird sinnlos, da es kein Vorher gegeben hat. Und die ähnliche Frage: »Wo hat sich der Urknall ereignet?« kann schlicht mit »überall« beantwortet werden. Das Universum hat im landläufigen Sinn keinen Mittelpunkt oder Rand; die Explosion fand nicht im Raum statt, an einem bestimmten Ort. Der Urknall war das explosionsartige Erscheinen des Raums.

Das ist ein so wichtiger und so häufig falsch verstandener Punkt, daß wir noch einmal auf die Ballon-Analogie zurückkommen wollen, um möglichst alle Unklarheiten zu beseitigen. Stellen Sie sich vor, daß der Ballonradius ständig kleiner wird; das entspricht dem Rücklauf der Zeit auf den Urknall zu. Die Ballonhülle stellt den eigentlichen Raum dar, und da der Ballon kleiner wird, ist auch immer weniger Raum vorhanden. An der Grenze, wo der Ballonradius auf Null schrumpft, verwandelt sich die Ballonoberfläche in ein Nichts, und Universum, Raum und alles andere verschwinden einfach in einem Punkt. Um auf die Beschreibung der »Vorwärts-Zeit« zurückzukommen: Der Urknall war die abrupte Erschaffung des Universums buchstäblich aus dem Nichts – kein Raum, keine Zeit, keine Materie.

## *Die Zeit und das Universum*

Das ist eine ziemlich ungewöhnliche Schlußfolgerung, die sich da ergibt – das gesamte physikalische Universum ist plötzlich einfach da, aus dem Nichts. Diese Schlußfolgerung beruht auf einem idealisierten Bild, bei dem davon ausgegangen wird, daß das Hubblesche Gesetz genau auf ein Modell vom Universum anwendbar ist, in dem die Materie sich ganz gleichmäßig verteilt. In Wirklichkeit ist das Universum jedoch nicht ganz gleichmäßig; Materie sammelt sich zum Beispiel zu Galaxien an. Außerdem ist die Expansionsgeschwindigkeit wahrscheinlich nicht überall und in alle Richtungen genau gleich. Auf den ersten Blick könnte man meinen, diese Unregelmäßigkeiten beeinträchtigten die Schlußfolgerung, daß es eine Singularität gegeben hat, die für das Universum eine Vergangenheitsgrenze markiert, denn wenn man den Weg verschiedener Bereiche des Universums in der Zeit zurückverfolgen würde, würden sie vielleicht nicht genau an gleicher Stelle und zur gleichen Zeit zusammentreffen – die Singularität könnte, so ließe sich vermuten, auf irgendeine »verschmierte« Art stattgefunden haben. Erstaunlicherweise kann jedoch nachgewiesen werden, daß selbst in einem unregelmäßigen Universum irgendeine Singularität unabdingbar ist – wenn man das permanente Wirken der Gravitation voraussetzt.

Diese Hintertür hat einige Kosmologen zu der Annahme ermutigt, daß unter den extremen Bedingungen des Urknalls vielleicht so etwas wie Antischwerkraft möglich ist. Sie könnte die Singularität aufheben. Ein denkbares Szenario würde sich dann wie folgt entwickeln: Vor dem Urknall zog sich das Universum zusammen und stürzte unter der eigenen Schwerkraft in sich zusammen. In irgendeinem Stadium, als die Dichte sehr hoch war, verwandelte sich die Schwerkraft in Antischwerkraft und ließ das Universum »platzen« – am Beginn der jetzigen Expansionsphase.

Das beseitigt zwar ein Problem, schafft aber ein neues. Wenn das Universum nicht vor einer endlichen Zeit mit einer Singularität entstanden ist, muß es schon immer bestanden haben. Das heißt, die physikalischen Prozesse laufen seit ewigen Zeiten ab. Doch grundsätzlich sind alle physikalischen Prozesse, die wir im Universum beobachten, endlich und nicht wiederholbar. So leuchten zum Beispiel die Sterne nicht ewig. Irgendwann ist ihre Energie verbraucht, und sie kollabieren, vielleicht zu einem Schwarzen Loch. Der Vorrat an Materie für neue Sterne ist begrenzt, und diese unumkehrbaren Prozesse können nicht seit ewigen Zeiten ablaufen.

Man könnte dagegenhalten, die hochverdichtete »Explosions«-Phase würde die Materie pulverisieren und umformen, alle Spuren früherer Systeme und Strukturen vernichten und das Universum somit erneuern. Doch das widerspricht einem physikalischen Grundgesetz, dem zweiten Hauptsatz der Thermodynamik, der enge Grenzen für das festlegt, was ein zyklischer physikalischer Prozeß bewirken kann. Insbesondere verbietet er, daß ein Prozeß das Universum als Ganzes in einen früheren physikalischen Zustand zurückversetzt. Deshalb glauben die meisten Kosmologen, das Universum habe ein endliches Alter, und der Urknall bedeute eine Erschaffung aus dem Nichts. Wenn das Universum einen eindeutigen Anfang, eine Geburt hatte, folgt daraus, daß es mit Sicherheit auch ein Ende, einen Tod finden wird.

## *Stirbt das Universum?*

Die Antwort auf diese Frage hängt aufs engste mit der Thermodynamik und unserem Verständnis des Wesens der Zeit zusammen. Denn wie sehr die Beobachter sich über den geheimnisvollen Augenblick des »Jetzt« auch streiten mögen: Wenn das Universum mit dem Urknall geboren wurde und eines fernen Tages untergehen wird, dann haben wir einen fundamentalen Hinweis auf den Fluß der Zeit von der Vergangenheit (Geburt) in die Zukunft (Tod).

Auf den Gedanken, daß das Universum untergehen könnte, kam 1854 der deutsche Physiker Hermann von Helmholtz. Er erklärte, das Universum sei nach der damals aufkommenden Wissenschaft der Thermodynamik tatsächlich zum Untergang verurteilt, insbesondere wegen des zweiten Hauptsatzes, der den endgültigen Sieg des Chaos über die Ordnung verkündet. Er hatte ein Universum vor Augen, das in einem relativ geordneten Zustand begann und langsam, aber unausweichlich dem sogenannten Wärmetod entgegentreibt, einem thermodynamischen Gleichgewicht, in dem sämtliche Energiequellen erschöpft sind und sich nichts Interessantes mehr ereignen kann. Diese Einbahnstraße von der Ordnung zum Chaos prägt der physikalischen Welt einen Zeitpfeil auf, der scharf zwischen Vergangenheit und Zukunft unterscheidet, einen Pfeil, der im Alltag daran zu erkennen ist, daß die Dinge sich abnutzen: Autos rosten, der Mensch wird älter. Dieser Pfeil weist in die gleiche Richtung wie der kosmologische Zeitpfeil, weg vom Urknall, wenngleich Helmholtz natürlich nichts von diesem Modell wußte, als er seine Gedanken formulierte.

Ein einfaches Beispiel für den unumkehrbaren Weg von der Ordnung zum Chaos haben wir, wenn ein neues Kartenspiel gemischt wird. Es ist ein leichtes, die nach Reihenfolge und Farben geordneten Karten durcheinanderzubringen. Aber selbst mit tagelangem Weitermischen gelingt es nicht, sie in die ursprüngliche Ordnung zurückführen. Wir könnten jemanden filmen, wie er ein solches Kartenspiel mischt und die Karten vor und nach dem Mischen hinlegt; würde man den Film rückwärts laufen lassen, würde das jeder bemerken, wenn die Karten am Anfang geordnet waren. Das ist eine gute Arbeitsdefinition der Zeitasymmetrie: Wenn ein rückwärts laufender Film Unmögliches zeigt, dann ist der Zeitpfeil am Werk. Wäre das Kartenspiel schon vor Beginn der Filmaufnahme gemischt gewesen, wäre der Film vor- wie rückwärts gleich plausibel erschienen; sobald der Chaoszustand erreicht ist, gibt es keine Veränderungen mehr, und die Zeit wird gewissermaßen aufgehoben.

Man kann das Maß der Unordnung in einem physikalischen System genau quantifizieren. Das nennt man Entropie. In einem geschlossenen System nimmt die Entropie niemals ab. Entscheidend ist aber, daß es wirklich ein geschlossenes System ist. In offenen Systemen kann die Entropie abnehmen, doch die Zunahme der Ordnung im offenen System wird immer mit einer Abnahme der Ordnung (Zunahme der Entropie) an anderer Stelle bezahlt. Beim Kristallwachstum zum Beispiel erzeugt die in einem Gitter geordnete Ablagerung von Ionen Wärme, die in die Umgebung entweicht und deren Entropie erhöht. Die Folgerung, daß das Universum als Ganzes langsam zugrunde geht, da seine Gesamtentropie zunimmt, ist also nicht unvereinbar mit der offenkundigen Zunahme der Ordnung (Abnahme der Entropie) in bestimmten Systemen wie wachsenden Kristallen oder biologischen Organismen.

Die erste systematische Untersuchung des Zeitpfeils erfolgte in den achtziger Jahren des 19. Jahrhunderts durch Ludwig Boltzmann, der das statistische Verhalten großer Molekülmengen erforschte. Seine Gleichungen scheinen auf den ersten Blick zu beweisen, daß die Entropie eines Gasbehälters sich ständig erhöht, wenn die Gasmoleküle in ihm frei umherschwirren. Das heißt, das zufällige Aufeinanderprallen von Molekülen »mischt« das Gas zu einem ungeordneteren Zustand. Doch das läßt sofort auf ein Paradoxon schließen. Die Bewegungsgesetze, die Boltzmann für die

Gasmoleküle annahm (Newtons Gesetze), sind zeitsymmetrisch. Jede Bewegung der Moleküle (stellen Sie sich den Zusammenprall zweier Billardkugeln auf einem absolut ebenen Tisch vor) könnte im Prinzip umgekehrt werden, ohne diese Gesetze zu verletzen. Aber in einem Gasbehälter würde die »zeitumgekehrte« Bewegung zu einer erhöhten Ordnung und einer Abnahme der Entropie führen. Wie also hatte Boltzmann die Zeitasymmetrie in das Gesamtgeschehen der Moleküle geschmuggelt?

Tatsächlich hat ein Behälter mit Gasmolekülen, die den Newtonschen Gesetzen gehorchen, keinen eingebauten Zeitpfeil. Man kann beweisen, daß in einem unvorstellbar langen Zeitraum (viel länger als die Zeit seit dem Urknall) das ständige willkürliche »Mischen« der Gasmoleküle dazu führt, daß jede denkbare Molekülkonstellation einmal erreicht wird, so wie ständiges Mischen eines Kartenspiels irgendwann jede Kartenfolge ergeben würde, auch die geordnete Reihenfolge nach Rang und Farbe. Boltzmanns Berechnungen zeigen im Grunde dies: Wenn Gas sich zu einem bestimmten Zeitpunkt in einem geordneten Zustand geringer Entropie befindet, wird es höchstwahrscheinlich bald in einen weniger geordneten Zustand übergehen und sich rasch auf einen Zustand scheinbaren Gleichgewichts zubewegen, bei dem die Entropie am größten ist. Aber das ist nicht das *absolute* Gleichgewicht. Es kommt zu statistischen Fluktuationen, und das Gas wird schließlich zurück zu seinem geordneten Zustand finden (wobei die Zeit gewissermaßen rückwärts läuft, wenn das System wieder geordneter wird), woraufhin ein neuer Zyklus beginnt. Die Entropie des Gases wird also ebensooft zu- wie abnehmen, wenn wir es über enorme Zeitspannen hinweg beobachten.

Was also ist dann der Ursprung des Zeitpfeils in der wirklichen Welt? Die Antwort liegt nicht in den Gesetzen der Molekularbewegung, sondern im Ausgangszustand des Gases. Boltzmann wies nach, daß, wenn ein Gas sich in einem relativ geordneten Zustand befindet, seine Entropie dann mit großer Wahrscheinlichkeit zunimmt; aber die eigentliche Frage lautet, wie es diesen geordneten Zustand überhaupt erreicht hat. In der Wirklichkeit kommt das nie daher, daß wir darauf warten, daß eine unglaublich seltene Fluktuation die Entropie des Gases zurückgehen läßt; es liegt daran, daß das Universum als Ganzes von einem Zustand geringer

(i)

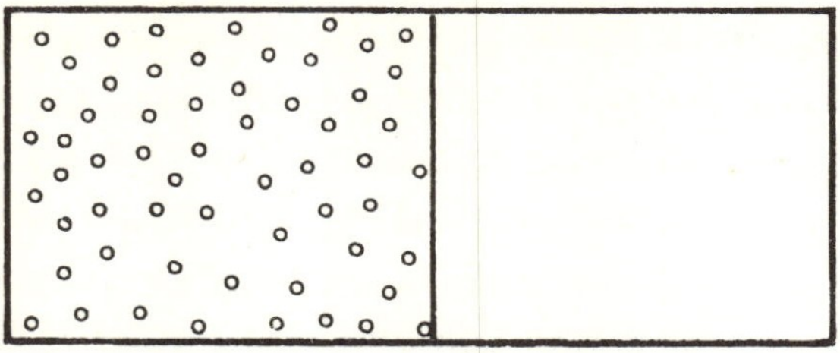

(ii)

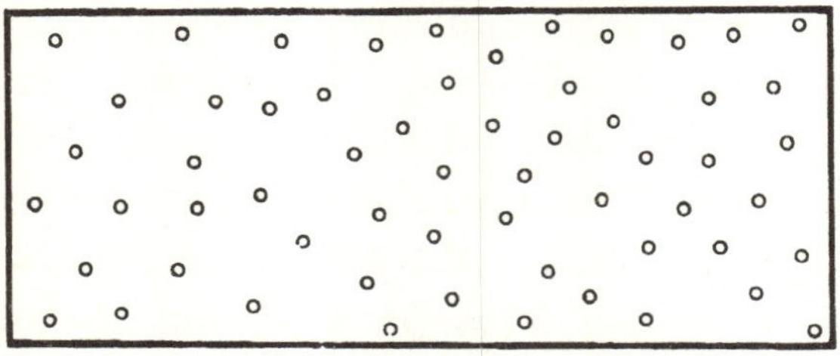

*Abb. 22 (i) In einer Hälfte eines Behälters ist Gas eingeschlossen. (ii) Wird die Trennwand entfernt, dehnt das Gas sich aus und füllt den ganzen Behälter. Der Zustand (i) ist relativ geordneter als der Zustand (ii) und hat somit eine geringere Entropie. Der anscheinend unumkehrbare Übergang vom Zustand geringerer zum Zustand höherer Entropie definiert einen thermodynamischen Zeitpfeil.*

Entropie zu einem Zustand hoher Entropie fortschreitet und wir in der Lage sind, die Entropie in den Strom zu werfen, der vorbeifließt. So können wir zum Beispiel eine Situation schaffen, in der Gas in einer Hälfte eines Glasbehälters eingeschlossen ist; eine bewegliche Trennwand trennt es von der anderen leeren Hälfte des Behälters (Abbildung 22). In diesem System herrscht Ordnung, die sich auflöst, wenn die Trennwand entfernt wird und der ganze Behälter sich gleichmäßig mit Gas füllt. Derjenige, der einen solchen Zustand geringer Entropie schafft, tut das jedoch auf Kosten von Vorgängen, die die Entropie des Universums insgesamt erhöhen (wie zum Beispiel die Herstellung des Glasbehälters). Und die nur lokale Abnahme der Entropie ist auch nur vorübergehend. Wenn die Trennwand entfernt wird (oder der Behälter zerbricht), strömt das Gas in den gesamten Behälter (oder in die Atmosphäre) und zerstört die Ordnung, die zuvor bestand, und erhöht dabei die eigene Entropie.

All das ist möglich, weil die Erde ein offenes System ist, das von

Energie und Entropie durchströmt wird. Die Quelle fast der gesamten Energie, die wir nutzen, ist die Sonne, die ein klassisches Beispiel für ein System im thermodynamischen Ungleichgewicht ist – eine kompakte Kugel aus heißen Gasen in einem Zustand relativ geringer Entropie schleudert unumkehrbar riesige Menge Energie hinaus in die kalte Weite des Alls. Begegnungen mit dem Zeitpfeil im Alltagsleben haben ihren Ursprung in unserer Nähe zu dieser großen Energiequelle am Himmel, die einem Eimer mit negativer Entropie ähnelt, aus dem wir schöpfen können, um auf der Erde geordnete Systeme zu schaffen.

Um den Ursprung des Zeitpfeils genau zu bestimmen, müssen wir herausfinden, wie die Sonne den Zustand geringerer als maximaler Entropie erreicht hat, der nicht nur zuläßt, sondern erforderlich macht, daß sie Energie auf diese Weise abgibt. Und da die Sonne nur ein Stern unter vielen ist, ist das Problem im wesentlichen ein kosmologisches: Wie kommt es, daß sich das Universum in einem Ungleichgewicht befindet, bei dem sehr viel Wärmeenergie in den Sternen konzentriert und nicht gleichmäßig im Weltall verteilt ist?

Die Frage ist nicht neu. Sie wurde – in etwas anderer Form – schon im 18. Jahrhundert von dem Schweizer Astronom Jean-Philippe de Cheseaux gestellt und ein Jahrhundert später erneut von dem Deutschen Heinrich Olbers, bevor sie schließlich im 20. Jahrhundert beantwortet wurde. Die Frage, die de Cheseaux und Olbers beschäftigte, lautete: Wenn die Sterne schon seit ewigen Zeiten Wärme und Licht ausstrahlen, müßte der Raum zwischen den Sternen erfüllt sein von Strahlungsenergie, so daß die Temperatur der Strahlung im All mit der der Sterne vergleichbar sein müßte. Wenn dem so wäre, wäre der Nachthimmel taghell. Auch wenn es so erst in neuerer Zeit ausgedrückt wurde, ist es doch ein gewisses Paradoxon, daß der Weltraum so viel kälter ist als die Sterne. Warum hat das Universum nicht zu einem thermodynamischen Gleichgewicht gefunden?

Die Antwort auf diese Frage erhält man, wenn man nicht auf die physikalischen Gesetze blickt, die heute für das Universum gelten, sondern auf die kosmischen Anfangsbedingungen. Als das Rätsel erstmals formuliert wurde, gab es noch keine Anfangsbedingungen, weil man das Universum für unendlich alt hielt. Aber wir sind nicht mehr dieser Ansicht, und eines der überzeugendsten Beweisstücke dafür, daß es doch Anfangsbedingungen gegeben hat, ist tatsächlich die Dunkelheit des nächtlichen Himmels. Die Sterne erzeugen ihre Energie durch Verbrennen von Kernbrennstoff und wandeln leichte Elemente (zuerst Wasserstoff) in schwerere Elemente um (beginnend mit Helium). Wenn keine anderen Ereignisse dazwischenkommen, leitet ein großer Stern ständig auf diese Weise Energie ab, bis seine Materie aus dem Element Eisen besteht, dem stabilsten Kernmaterial (mit der höchsten Entropie). Bei der Umwandlung von Wasserstoff in Eisen erzeugt der Stern eine gewaltige Entropiezunahme und gibt Energie – die ursprünglich in seinen Atomkernen gebunden war – in Form von Strahlung ab, die weit in den Kosmos hinausreicht.

Wir müssen also weiter zurückblicken, auf die Herkunft des Brennstoffs Wasserstoff, der das ermöglicht. Das führt uns etwa fünfzehn Milliarden Jahre zurück zum Urknall. Die Kosmologen folgern aus der gemessenen Expansionsgeschwindigkeit des Universums und der Temperatur der kosmischen Hintergrundstrahlung heute, daß das Universum eine Sekunde nach der Anfangssingularität eine Temperatur von zehn Milliarden Grad hatte. Bei dieser Temperatur konnten keine Atomkerne existieren, und die kosmische Materie bestand aus einer Brühe, die nur die elementaren atomaren Bausteine (einzelne Protonen, Neutronen und Elektronen) und andere »Elementarteilchen« enthielt. Als die Temperatur sank, bildeten die Atomteilchen zusammengesetzte Kerne, aber nur 25 Prozent bildeten Helium, und nicht einmal ein Prozent etwas schwerere Elemente, während 75 Prozent einfacher Wasserstoff blieben, als der Prozeß zum Abschluß kam. Diese Phase der Kernfusion dauerte nur wenige Minuten; sie fand ein Ende, weil die Temperatur dann für weitere Kernreaktionen nicht mehr hoch genug war. Als Folge wurde die meiste atomare Substanz in Form von Wasserstoff »eingefroren« und ist auch heute noch in diesem Zustand (geringer Entropie). Nur im Innern einiger Sterne, durch die nach innen wirkende Schwerkraft gewaltig zusammengepreßt, wo Temperaturen von mehreren Millionen Grad im Kleinen die Bedingungen wiederholen, wie sie wenige Minuten nach der Singularität herrschten, können die Kernreaktionen wieder in Gang kommen und das unerbittliche Driften des Universums zum Wärmetod fortsetzen. Dieser restliche Brennstoff Wasserstoff ist es, der den größten Teil der interessanten Aktivität im Universum letztlich antreibt, die Aktivität, die dem Kosmos einen Zeitpfeil aufprägt.

Aber nun stehen wir vor einem anderen Rätsel. Wenn das Universum in einem Zustand geringer Entropie begonnen hat, von dem es unerbittlich bergab ging, sollte man meinen, daß das frühe Universum ziemlich weit vom thermodynamischen Gleichgewicht entfernt war (dem Zustand maximaler Entropie). Es gibt jedoch gute Beweise dafür, daß das Universum einen Moment lang fast in einem Zustand thermodynamischen Gleichgewichts gewesen ist. Die Hintergrundstrahlung, die im großen und ganzen gleichmäßige Verteilung der Materie und die einfachste Auslegung der Relativitätsgleichungen sagen uns alle das gleiche. Wie kam es, daß das Universum sich anscheinend vom Gleichgewicht zum Ungleichgewicht entwickelt hat, wenn der zweite Hauptsatz das Gegenteil verlangt? Oder um es bildlicher auszudrücken: Wenn wir uns das Universum als eine riesige Uhr denken, die langsam abläuft, um beim Wärmetod stehenzubleiben, wer hat die Uhr überhaupt aufgezogen?

Die Antwort liegt in der Expansion des Universums. Diese Expansion hat dafür gesorgt, daß sich die kosmische Materie abkühlte. Ein Stern wie die Sonne hätte sich ein paar Minuten nach der Singularität nicht als ein ungewöhnlich heißes Objekt gegen die »Hintergrund«-Temperatur des Universums abgehoben. Heute hebt es sich ab, nicht weil die Sonne heiß ist, sondern weil das Universum dank dieser Expansion kalt ist. Die Expansion ist es, die das All kalt hält, während die Sterne heiß werden. In dieser Hinsicht ist das Universum kein ideales Beispiel für ein geschlossenes System, weil es sich ständig ausdehnt. Es ist, als würden wir die Trennwand in unserem Gasbehälter immer hin und her bewegen, so daß das Gas nie ein Gleichgewicht erreichen kann. Die Expansion erzeugt das unentbehrliche thermodynamische Ungleichgewicht, das dem Zeitpfeil die Richtung gibt.

Doch diese Antwort befriedigt nur zu einem gewissen Grad. Der thermodynamische Zeitpfeil ist nur einer von mehreren bekannten Zeitpfeilen, auch wenn sie vielleicht verwandt sind. Ein anderer Pfeil hat mit der Schwerkraft zu tun. Gravitationssysteme neigen von Natur aus dazu, aus regelmäßigen in unregelmäßige

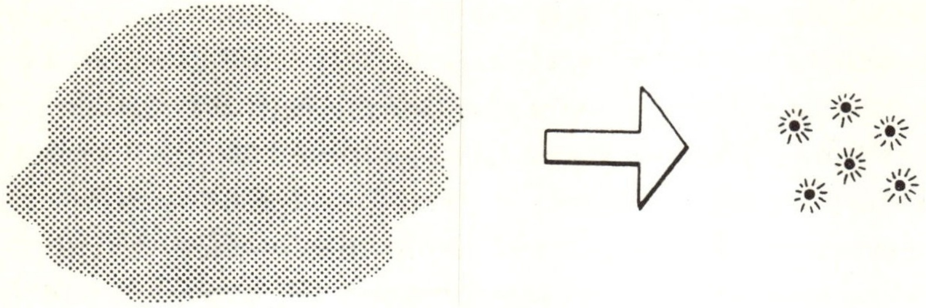

*Abb. 23 Eine anfangs homogene, ausgedehnte Gaswolke entwickelt sich unter dem Einfluß der eigenen Schwerkraft zu einem äußerst inhomogenen Zustand, in dem die Materie sich zu Sternen zusammenballt. Das bestimmt einen Gravitationszeitpfeil.*

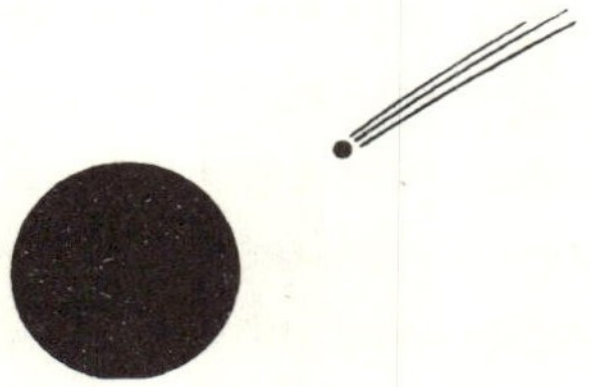

*Abb. 24 Ein Schwarzes Loch ist der letzte Zustand der Zusammenballung von Gravitationssystemen. Fällt ein Objekt in ein Schwarzes Loch, kann es ihm nie mehr entkommen. Das ist das erstaunlichste Beispiel für die Unumkehrbarkeit des Gravitationszeitpfeils.*

Formen überzugehen, etwa wenn eine homogene Gaswolke sich zu Sternen zusammenballt (Abbildung 23). Der Zielpunkt dieses nur in eine Richtung verlaufenden Prozesses ist das Schwarze Loch, in dem Materie sich derart verdichtet, daß sie kollabiert und aufhört zu bestehen. Die Tatsache, daß Gegenstände in ein Schwarzes Loch fallen und ihm nicht mehr entweichen können, ist ein deutliches Beispiel für Zeitasymmetrie – der »Film« kann nicht rückwärts laufen (Abbildung 24). Auf dem Weg des Universums in den Wärmetod wird immer mehr Materie in Schwarzen Löchern enden. Roger Penrose von der Universität Oxford hat festgestellt, daß die Entropie des beobachtbaren Universums nur ein $10^{-30}$stel des Wertes beträgt, den sie gehabt hätte, wenn sich seine gesamte Materie in einem Schwarzen Loch konzentriert hätte. Das wirft die Frage auf: Warum hat der Urknall die Schwarzen Löcher nicht einfach ausgespuckt? Oder allgemeiner: Warum befand sich das frühe Universum in einem so regelmäßigen Gravitationszustand, der aus gleichmäßig expandierendem, fast völlig homogenem Gas bestand, wo doch der wahrscheinlichste Zustand (mit der höchsten Entropie) im unregelmäßigen Zusammenballen von Materie in Schwarzen Löchern besteht? Den Beweis für diesen homogenen frühen Zustand des Universums liefert, wie schon angedeutet, der nichtssagende Zustand der kosmischen Mikrowellen-Hintergrundstrahlung. Diese Strahlung würde einen Abdruck jeder Unregelmäßigkeit tragen, die im frühen Universum vorhanden war, aber tatsächlich ist sie, wie wir in Kapitel 5 erläutern, bis auf einen Teil von 10000 homogen.

Fassen wir zusammen: Es scheint mindestens drei verschiedene Zeitpfeile im Universum zu geben – einen thermodynamischen, einen kosmologischen und einen der Gravitation. Höchstwahrscheinlich hängen sie in irgendeiner Form zusammen. Der schwach entropische thermodynamische Zustand des Universums läßt sich bis zur kosmischen Expansion zurückverfolgen; die kosmische Expansion selbst ist ein Beispiel für die Gravitationsaktivität des Universums; und die allgemeine Tendenz von Gravitationssystemen, sich zusammenzuballen, zeigt sich darin, wie gleichförmig und regelmäßig die kosmische Expansion verläuft. Eine Erklärung des Zeitpfeils erklärt also offenbar letzten Endes, warum sich das Universum anfangs in einem homogenen und regelmäßigen Zustand befand. War das Universum zufällig »so beschaffen«, waren die Anfangsbedingungen zufällig so und damit außerhalb jeder wissenschaftlichen Bewertung? Oder kann man die anfängliche Homogenität des Universums mit einer physikalischen Theorie vom kosmischen Ursprung erklären? So oder so, wir haben den Zeitpfeil bis zum eigentlichen Ereignis des Entstehens und den Vorgängen zurückverfolgt, die in den Sekundenbruchteilen danach erfolgten.

Bevor wir jedoch die Erörterung des Zeitpfeils abschließen, um uns mit dem ganz frühen Universum zu beschäftigen, sollten wir noch etwas zu einem anderen Paradoxon sagen, das mit dem Wesen der Zeit zu tun hat. Wie immer das Rätsel um den Ursprung des Zeitpfeils gelöst wird: Es ist unbestritten, daß es ihn gibt und daß dies eine Unterscheidung von Vergangenheit und Zukunft ermöglicht. Aber wir haben behauptet, die Relativitätstheorie habe keinen Platz für Vergangenheit, Gegenwart und Zukunft! Wie läßt sich das unter einen Hut bringen?

## *Zeit und Bewußtsein*

Wie schon erwähnt, als wir über das Wesen der Gleichzeitigkeit (Abbildung 14) gesprochen haben, bedeutet die Vorstellung eines einheitlichen Raumzeitkontinuums, daß die Zeit in ihrer Gesamtheit sich ausdehnt wie der Raum. Dem Begriff Gegenwart kann keine absolute oder allgemeine Bedeutung beigemessen werden. Außerdem hat der Gedanke, daß die Zeit »vergeht« oder der gegenwärtige Augenblick sich irgendwie von der Vergangenheit in die Zukunft bewegt, keinen Platz im Weltbild des Physikers. Diese Sachlage hat der deutsche Physiker Hermann Weyl sehr schön zusammengefaßt, als er sagte: »Die Welt *geschieht* nicht, sie *ist* einfach.«

Viele Menschen bringen die Existenz eines Zeitpfeils mit dem psychologischen Eindruck durcheinander, die Zeit fliege oder bewege sich in eine Richtung. Das geht zum Teil auf die mehrdeutige Symbolik zurück, die der Vorstellung vom Pfeil anhaftet: Sie kann entweder eine *Bewegung* in Pfeilrichtung oder einfach eine räumliche Asymmetrie anzeigen, so, wie etwa eine Kompaßnadel zwischen Nord und Süd scheidet. Wenn eine Kompaßnadel nach Norden zeigt, bedeutet das nicht, daß man sich auch nach Norden bewegt. Die Verwirrung ist aber auch eine Folge der verworrenen Verwendung der Begriffe »Vergangenheit« und »Zukunft«. Die Vorstellung von Vergangenheit und Zukunft hat in der Physik durchaus ihren Platz, vorausgesetzt, die Begriffe werden semantisch richtig verwendet. Begriffe wie *die* Vergangenheit oder *die* Zukunft sind nicht erlaubt. Trotzdem kann man sagen, ein Ereignis habe sich in der Vergangenheit eines *anderen* Ereignisses abgespielt. Es ist keine Frage, daß Ereignisse zeitlich geordnet sind, so wie die Seiten dieses Buches räumlich geordnet sind, in einer festen Reihenfolge; außerdem hat diese Ordnung, wie die Zahlen auf den Seiten dieses Buches (und wie wir hoffen, der »Fluß« unserer Darstellung), eine mit ihr verbundene Richtung, auch wenn in Wirklichkeit überhaupt nichts »fließt«. Schließlich verlangt gerade der Gedanke der Kausalität, daß eine irgendwie geartete Vorher-Nachher-Beziehung auf die Ereignisse angewendet werden kann. Um ein einfaches Beispiel zu nennen: Wenn Sie mit einer Pistole auf ein Ziel schießen und das Ziel zu Bruch geht, kann es für keinen Beobachter eine Frage nach der Ordnung oder Reihenfolge der Ereignisse geben; das Ziel geht nach dem Abfeuern der Pistole zu Bruch. Die Wirkung liegt in der Zukunft der Ursache.

Aber wenn wir von einem Zeitpfeil sprechen, sollten wir nicht an einen Pfeil denken, der von der Vergangenheit in die Zukunft durch den leeren Raum fliegt; wir sollten uns den Pfeil eher wie eine Kompaßnadel vorstellen, die zwar in die Zukunft weist, sich aber nicht dorthin bewegt.

Die Philosophen haben schon früh über die knifflige Frage diskutiert, ob der gegenwärtige Augenblick objektiv wirklich ist oder nur eine psychologische Erfindung. Wissenschaftler wie Hans Reichenbach und G. J. Whitrow, die sich für die Wirklichkeit der Gegenwart aussprechen, sind als »A-Theoretiker« bekannt, ihre Gegner, zu denen so berühmte Leute wie A. J. Ayer, J. J. C. Smart und Adolf Grünbaum gehören, werden »B-Theoretiker« genannt. A und B spiegeln die Existenz zweier ganz verschiedener Sprachen. Die erste, die sogenannte A-Serie, bedient sich der Begriffe Vergangenheit, Gegenwart und Zukunft sowie der starken Ausdruckskraft der Tempi, die sich durch die Sprache des Menschen ziehen.[2] Das zweite System zur Erörterung zeitlicher Abfolgen, die B-Serie, arbeitet mit Daten. Die Ereignisse werden nach dem Datum bezeichnet, an dem sie stattfinden: Kolumbus setzt die Segel, 1492; der erste Mensch auf dem Mond, 1969, und so weiter. Das bringt die Ereignisse in eine eindeutige Reihenfolge und ist das System, mit dem die Physiker arbeiten. Die Daten sind einfach Koordinaten – wie Längen- und Breitengrade, mit denen man die räumliche Position auf der Erdoberfläche bestimmt –, und für den Physiker ist das alles, was er für einen umfassenden Bericht über die Welt braucht.

2 Mit vielleicht einer Ausnahme. Sprachforscher berichten, daß die Hopi aus Nordamerika keine sprachlichen Unterscheidungsmerkmale zwischen Vergangenheit, Gegenwart und Zukunft kennen und keine Möglichkeit haben, das Verstreichen der Zeit auszudrücken. Bei ihnen werden Ereignisse nur danach unterteilt, ob sie sich »manifestiert« haben oder »ablaufen«.

Die B-Theoretiker erklären, die beiden Systeme zur Erörterung derselben Ereignisse können nicht kompatibel sein. Weil der gegenwärtige Augenblick zeitlich immer weiter vorrückt, werden Ereignisse, die in der Zukunft einsetzen, früher oder später Gegenwart, dann Vergangenheit. Aber auf nur ein Ereignis können nicht alle drei Bezeichnungen zutreffen – es kann nicht in Vergangenheit, Gegenwart und Zukunft stattfinden.

Eine weitere Schwierigkeit bereitet die Frage, wie schnell die Gegenwart in der Zeit vorrückt, wie schnell die Zeit vergeht. Die Antwort kann nur lauten: eine Sekunde pro Sekunde (oder vierundzwanzig Stunden pro Tag), was überhaupt nichts aussagt – es ist reine Tautologie. Die Vorstellung, daß etwas vergeht oder sich ändert, bezieht sich auf etwas, das zu unterschiedlichen Zeitpunkten unterschiedliche Werte hat. Aber welchen Sinn kann man dem Gedanken abgewinnen, daß die Zeit sich mit der Zeit ändert?

Dieses Problem hat vor einigen Jahren ein ideenreicher Autor namens J. W. Dunne aufgegriffen, der etwas erfand, was er Fortsetzungszeit nannte. Dunne war mit der Vorstellung einverstanden, daß die Gegenwart sich bewegt, erkannte aber, daß dies nur einen Sinn ergibt, wenn man ein zweites Zeitmaß einführt, an dem der Fluß der ersten Zeit gemessen werden kann. Er setzte das fort und führte eine dritte Zeit, eine vierte Zeit ein, und endlos so weiter. Dunne versuchte, diese verschiedenen Zeitebenen mit unseren Bewußtseinsebenen zu verbinden, und erklärte, das Bewußtsein könne sich im Traum in der »Zeit 1« aufhalten und dabei sowohl vergangene wie zukünftige Ereignisse erleben. Es überrascht kaum, daß Dunnes Gedanken weder von Wissenschaftlern noch Philosophen sonderlich ernst genommen wurden; aber immerhin belegen sie, wie schwierig es ist, den Gedanken der vergehenden Zeit ernsthaft zu erforschen.

Der skeptische Leser wird jetzt womöglich aufbegehren und dabei vielleicht wie folgt argumentieren: »Was immer die Physiker und Philosophen sagen mögen, natürlich *geschehen* die Dinge. Es gibt Veränderungen, ich erlebe sie an mir. Heute zum Beispiel habe ich eine Kaffeetasse kaputtgeschmissen; das passierte um vier Uhr, und es war eine negative Veränderung. Meine Kaffeetasse ist jetzt kaputt, heute morgen war sie es noch nicht.

Der B-Theoretiker wird erwidern, daß nur die Illusion einer

Veränderung besteht. »Alles, was Sie wirklich sagen, ist, daß die Kaffeetasse vor vier Uhr ganz ist, nach vier Uhr ist sie kaputt, und um vier ist sie in einem Übergangsstadium.« Diese neutrale Darstellungsart – die B-Serie der Physiker – vermittelt genau die gleichen Informationen über die Ereignisse um die Kaffeetasse, macht jedoch keine Aussage über den Ablauf der Zeit. Es ist nicht nötig zu erwähnen, daß die Kaffeetasse sich in einen kaputten Zustand *verändert* hat oder daß dies um vier Uhr *geschehen* ist. Es gibt einfach Daten und Zustände der Kaffeetasse, das ist alles. Mehr muß man nicht erwähnen.

Der B-Theoretiker kann tatsächlich noch weiter gehen und feststellen, daß wir die Zeit nie direkt messen. Was wir in Wirklichkeit messen, ist etwas Physikalisches, wie die Stellung der Zeiger einer Uhr oder die Position der Erde auf ihrer Bahn um die Sonne. Wenn wir sagen, um vier Uhr sei etwas kaputtgegangen, sagen wir in Wirklichkeit, daß der Zustand der Unversehrtheit damit korreliert, daß der kleine Uhrzeiger sich oberhalb der Zahl 4 befand und der Zustand der Zerstörung damit, daß der kleine Zeiger unterhalb der 4 stand. Auf diese Weise ist es tatsächlich möglich, bei der Beschreibung der Welt alle Hinweise auf die Zeit wegzulassen.

Ein A-Theoretiker könnte entgegnen, die Erwähnung, daß sich die Stellung des Uhrzeigers ändert, erfordere selbst schon einen Hinweis auf die Zeit, sofern sie nicht auch mit etwas korreliert wie der Erdumdrehung. Aber dann kann man nach der Bewegung der Erde fragen und so weiter. Was liegt am Ende dieses Weges zurück?

Wieder sind wir gezwungen, über Anfangsbedingungen nachzudenken. Die letzte Uhr ist das Universum selbst, das durch seine fortschreitende Expansion eine »kosmische Zeit« definiert. Es scheint, als ob darin eine tiefere Bedeutung stecke; sowohl der thermodynamische Zeitpfeil wie auch der Zeitpfeil der Philosophen haben ihre Wurzeln offenbar in der Expansion des Universums, im kosmologischen Zeitpfeil. Doch wenn wir versuchen, die Ursprünge dieser Expansion des Universums mit Hilfe der besten wissenschaftlichen Beschreibung der Mechanik zu untersuchen, nämlich der Quantenmechanik, erleben wir eine größere Überraschung: Die kosmische Zeit fällt ganz aus den Gleichungen heraus! Die Gravitationsgleichungen, die die Bewegung des Kosmos steuern, erlegen eine Beschränkung auf (Restriktion genannt), deren Wirkung darin besteht, die Zeitkoordinate auszuschalten. Das hat zur Folge, daß jede Veränderung durch Korrelationen gemessen werden muß. Letztlich muß alles mit der Größe des Universums korreliert werden. Jede Spur einer sich bewegenden Gegenwart ist vollkommen geschwunden, genau wie die B-Theoretiker immer behauptet haben.

Aber was ist mit der Tatsache, daß wir *spüren*, wie die Zeit vergeht? Erinnern wir uns, daß Einstein von einer Täuschung sprach. Bewegungsbedingte Täuschungen sind auch in anderen Zusammenhängen bekannt. Ein vertrautes Beispiel ist das Schwindelgefühl. Wenn man sich schnell im Kreis dreht und plötzlich stoppt, hat man das Gefühl, als ob sich alles um einen herum drehen würde. Doch die Logik und die Augen sagen einem, daß man sich nicht bewegt. Könnte es sein, daß das Gefühl, die vergehende Zeit zu spüren, eine Täuschung ähnlich dem Schwindel ist, vielleicht damit verbunden, wie unsere Erinnerung funktioniert?

Der Einwand ist alles andere als befriedigend. Auch wenn das ganze Gewicht der wissenschaftlichen und philosophischen Argumentation auf seiten der B-Theoretiker ist und gegen die objektive Wirklichkeit einer sich bewegenden Gegenwart, scheint es doch nicht möglich, die Sache einfach abzutun. Es muß einen Zeitaspekt geben, den wir noch nicht verstehen und der wirr und unvollständig in unserer Wahrnehmung eines sich bewegenden gegenwärtigen Augenblicks auftaucht. Wir haben das Chaos bereits angesprochen, das unserer Weltsicht den Geist des newtonschen Determinismus nimmt. In dem Sinn, daß die Zukunft nicht voraussagbar ist, ist sie durch die Gegenwart nicht schon festgelegt. Ein anderer Forschungszweig, auf den wir im Kapitel 7 eingehen, bezieht die Quantentheorie ein, die uns sagt, daß das Ergebnis von Ereignissen auf subatomarer Ebene eine inhärente Unbestimmtheit birgt. In der Quantenmechanik existieren viele mögliche künftige Ereignismuster, in mancher Hinsicht alle schon, bis die Beobachtung das Mögliche ins Tatsächliche umsetzt. Diese entscheidende Umwandlung könnte irgendwie mit der vagen Vorstellung vom Fluß der Zeit zusammenhängen.

So unbefriedigend es sein mag: Wir müssen eingestehen, daß wir an der Bestimmung dessen, was Zeit wirklich ist, bisher gescheitert sind, und uns mit den Alltagsbildern vom Fluß der Zeit begnügen, wenn wir versuchen, den Ursprung und letztlich das Schicksal des Universums zu beschreiben. Aber gerade dieses Eingeständnis des Scheiterns ist ein weiteres Indiz für die Notwendigkeit eines postnewtonschen Paradigmas, ein Zeichen dafür, daß das Universum mehr birgt, als unsere alten Wissenschaftstheorien bislang fassen können. Aber wie weit kann die Wissenschaft des 20. Jahrhunderts gehen, wenn sie den Ursprung von Raum und Zeit erklären will?

V

# Die erste Sekunde ...

1976 veröffentlichte der amerikanische Physiker Steven Weinberg ein Buch mit dem Titel ›Die ersten drei Minuten‹. Es beschrieb die Anfänge des Universums, den Urknall. Der Titel war allerdings etwas irreführend. Weinbergs Geschichte, wie aus superdichter Urmaterie ein expandierendes Universum wurde, in dem 25 Prozent atomares Helium und 75 Prozent atomarer Wasserstoff gleichmäßig im All verteilt waren, endete tatsächlich etwa drei Minuten nach der Singularität – aber sie begann auch eine hundertstel Sekunde nach der Singularität, nicht »am Anfang« selbst. Damals war das der Zeitpunkt, bis zu dem die Physiker mit ihren Theorien vom Urknall zurückgehen konnten, aber was in der ersten hundertstel Sekunde stattgefunden hat, blieb weitgehend im dunkeln. Heute, nicht einmal zwanzig Jahre später, sprechen Theoretiker selbstsicher von Ereignissen, die in dieser ersten hundertstel Sekunde stattfanden. Bis zur Singularität zurück können sie immer noch nicht dringen, aber nicht, weil ihre Theorien mangelhaft wären; man stimmt heute weitgehend darin überein, daß es eine Grundeinheit der Zeit gibt, die Planck-Zeit, die in keine weiteren Intervalle unterteilt werden kann. Die Quanteneigenschaft der Raumzeit impliziert, daß die Zeit gewissermaßen »begann«, als das Universum $10^{-43}$ Sekunden »alt« war. Die Singularität selbst wird sich nie erforschen lassen. Was vorher als eine Singularität im Ursprung der Zeit behandelt worden war, wird durch die Quanteneffekte verwischt. Unser Wissen über die erste Sekunde des Kosmos ist heute etwa genauso groß wie die Kenntnisse, die die Kosmologen Mitte der siebziger Jahre über die ersten drei Minuten besaßen; und in dieser ersten Sekunde erfolgten die Prozesse, die das beobachtbare Universum ausbreiteten und es in einen Zustand so geringer Entropie versetzten, daß später viel Interessantes, nicht zuletzt wir selbst, möglich wurde.

Der Urknall bedeutet nicht nur das Erscheinen von Materie und Energie, sondern auch von Raum und Zeit. Die Bande der Schwerkraft verbinden Raumzeit und Materie; wohin die eine geht, dorthin muß die andere folgen. Der Urknall ist das vergangene Extrem des gesamten physikalischen Universums und bezeichnet den Beginn der Zeit; ein »Vorher« gab es nicht. Diesen erstaunlichen Gedanken hatte der heilige Augustinus schon vor langer Zeit, als er erklärte, die Welt sei »mit der Zeit, nicht in der Zeit« erschaffen worden.

Ganze Generationen von Philosophen und Theologen haben sich über die Bedeutung einer Erschaffung »mit der Zeit« gestritten. Ein solches Vorkommnis mußte ohne vorherige Ursache sein. Dieses kosmische Rätsel entfachte endlose und nutzlose Debatten über die Zeitlichkeit Gottes. Aber die moderne Physik, und da vor allem die Quantentheorie, hat die Beziehung zwischen Ursache und Wirkung in ganz neuem Licht gezeigt und das alte Paradoxon über die Ursache des Urknalls beseitigt, der gar kein »Vorher« hat.

Für unsere jetzigen Zwecke ist der Indeterminismus das Hauptmerkmal der Quantentheorie. Die alte Physik zwängte alle Ereignisse in ein festgefügtes Netzwerk aus Ursache und Wirkung. Aber im atomaren Maßstab erweisen sich diese Bindungen als lose und ungenau. Ereignisse treten ohne klare Ursache auf. Materie und Bewegung werden unscharf und unbestimmt. Teilchen folgen nicht den genau definierten Bahnen, und Kräfte erzeugen keine zuverlässigen Wirkungen. Das Präzisionsuhrwerk der klassischen newtonschen Mechanik weicht einem geisterhaften Gemisch aus Halbheiten.[1] Aus dieser submikroskopischen Kalamität ist uns der wichtige Begriff der Quantenun-

1 Obwohl hier nicht der Ort für eine ausführliche Geschichte der Quantenphysik ist, sollten wir vielleicht doch betonen, daß all diese Gedanken, wie die nicht gerade allgemeinverständlichen Auswirkungen der Relativitätstheorie, experimentell zur Genüge als gute Darstellung dessen bestätigt worden sind, wie unser Universum arbeitet. Tatsächlich war es die Unfähigkeit der newtonschen Physik, die Ergebnisse bestimmter Experimente zu erklären, die die Notwendigkeit einer neuen Theorie aufzeigte. Die Quantentheorie beschreibt genau, wie die Dinge im subatomaren Maßstab funktionieren.

schärfe erwachsen. Was im nächsten Augenblick geschieht, kann nicht eindeutig vorausgesagt werden – nur die Wahrscheinlichkeit kann angegeben werden. Spontane, zufällige Fluktuationen in der Struktur der Materie und sogar der Raumzeit treten unweigerlich auf.

### *Etwas für nichts*

Eine der bizarren Folgen dieser Quantenunschärfe ist die, daß Materie aus dem Nichts auftauchen kann. In der klassischen Physik ist Energie eine Menge, die stets erhalten bleibt, das heißt, sie kann weder erzeugt noch vernichtet, nur von einer Form in eine andere umgewandelt werden. Die Quantenmechanik läßt zu, daß Energie spontan aus dem Nichts auftaucht, sofern sie sofort wieder verschwindet. Da Materie eine Form der Energie ist, ermöglicht das, wie schon in Kapitel 1 erwähnt, daß Teilchen kurz aus dem Nichts auftauchen. Solche Phänomene führen zu einer grundlegenden Modifizierung dessen, was wir unter »leerem« Raum verstehen.

Stellen Sie sich einen Behälter vor, aus dem alle Materieteilchen entfernt worden sind. Man könnte ihn sich als perfektes Vakuum denken – als leeren Raum. Doch die schwankende Quantenenergie des Vakuums bewirkt die vorübergehende Erzeugung »virtueller« Teilchen aller Art – Teilchen, die nur ganz kurz existieren und dann wieder verschwinden. Das scheinbar ruhende Vakuum ist in Wirklichkeit ein Meer ruheloser Aktivität, erfüllt von geisterhaften Teilchen, die auftauchen, aufeinander einwirken und verschwinden. Und das gilt nicht nur für das Vakuum – die gleiche ruhelose Aktivität wie im Vakuum herrscht rings um uns, auch im Raum zwischen den Atomen der normalen Materie. Diese uneindämmbare Aktivität im Vakuum ist im übrigen keine bloße Spekulation der Theoretiker. Sie erzeugt echte physikalische Effekte bei Atomen und subatomaren Teilchen, Effekte, die in vielen Experimenten nachgewiesen worden sind. Der holländische Physiker Hendrik Casimir regte ein Experiment an, bei dem zwei Metallplatten dicht beieinanderliegen (Abbildung 25). Weil die Platten aus Metall sind, reflektieren sie Photonen sehr stark, auch die hypothetisch angenommenen virtuellen Photonen des Quantenvakuums. Diese zwischen den Platten hin und her springenden

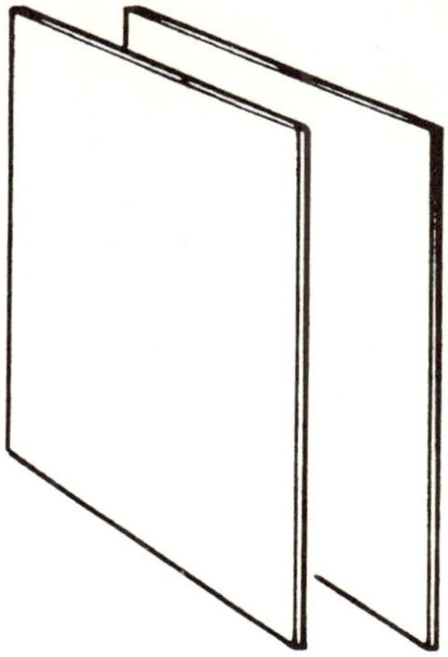

*Abb. 25 Der Casimir-Effekt. Die parallelen reflektierenden Platten stören die Struktur des Quantenvakuums im Raum dazwischen, weil sie die virtuellen Photonen zwingen, nur bestimmte Wellenlängen anzunehmen. Als Folge davon entsteht eine Anziehungskraft zwischen den Platten.*

Teilchen bewirken eine meßbare Veränderung des Vakuums zwischen den Platten.

Was da vor sich geht, kann man sich am besten veranschaulichen, wenn man an die Schwingungen einer gezupften Gitarrensaite denkt. Da die Saite an beiden Enden befestigt ist, kann sie nur in bestimmten Tönen schwingen, wie jeder Musiker weiß. Schwingungen, die durch die Saite laufen, werden an den befestigten Enden reflektiert, so daß die Saite nur einen bestimmten Ton gibt – den Ton, für den genau die Hälfte einer Welle mit der Saitenlänge zwischen den beiden befestigten Enden übereinstimmt – sowie dessen Obertöne (Abbildung 26). Störungen durch andere Wellenlängen sind unzulässig. Ganz ähnlich lassen die parallelen Metallplatten nur die Reflexion einer bestimmten Wellenlänge in dem Zwischenraum zu – einen reinen »Ton« elektromagnetischer Schwingungen und seine Obertöne. Die Anordnung der Platten unterdrückt alle Fluktuationen, die nicht in den Raum zwischen den Platten »passen«.

Das Ergebnis ist, daß ein Teil der Aktivität im Quantenvakuum unterdrückt wird und damit auch einiges von seiner Energie. Auf die virtuellen Photonen bezogen heißt das, daß in jedem Kubikzen-

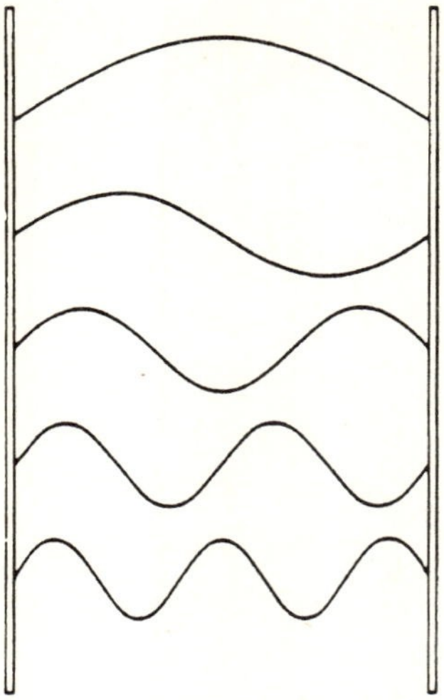

*Abb. 26 Die virtuellen Photonen, die zwischen den Platten der Abbildung 25 gefangen sind, verhalten sich ähnlich wie schwingende Gitarrensaiten. Die niedrigste Saitenfrequenz entspricht einer halben Wellenlänge, die genau mit der Saitenlänge übereinstimmt. Die nächste zulässige Frequenz (Oberton) hat genau eine Wellenlänge, die der Saite entspricht, die nächste anderthalb Wellenlängen und so fort.*

timeter Raum zwischen den Platten weniger Photonen umherschwirren als im gleichen Raum außerhalb, weil einige Wellenlängen nicht zugelassen werden. Die Gesamtwirkung geht also dahin, daß von außen ein stärkerer Druck auf die Platten ausgeübt wird, eine Kraft, die die Platten zusammenzudrücken sucht. Der Casimir-Effekt äußert sich also als eine Anziehungskraft zwischen den beiden Platten.

Die Kraft ist gering, aber meßbar. Die kurzwelligen virtuellen Photonen bleiben weitgehend unberührt. Die längerwelligen werden jedoch stark verändert. Da längerwellige Fluktuationen diejenigen sind, die mit Quantenstörungen geringerer Energie zusammenhängen, ändert sich die Energie im Vakuum insgesamt nur wenig. Dennoch ist sie gerade noch feststellbar, als die Anziehungskraft, die Casimir berechnet hat. Die erfolgreichsten Experimente arbeiten mit gebogenen Glimmerflächen, nicht mit Metallplatten, aber das ist nur ein weniger wichtiges praktisches Detail; die Kraft ist ziemlich exakt nachgewiesen worden, auch die Abweichungen, wenn der Zwischenraum verändert wird. Experimente wie dieses beweisen direkt die Existenz der Quantenaktivität im Vakuum.

Das einzige, was verhindert, daß die virtuellen Teilchen zu dauerndem Leben erwachen, ist das Fehlen von Energie. Die der Quantenwelt eigene Unbestimmtheit ermöglicht ihnen, einen kurzen Augenblick zu erscheinen, ohne daß das Universum die Diskrepanz einplant. Aber die Schwankungen können nicht endlos aufrechterhalten werden, und längerfristig müssen die Energiekonten ausgeglichen sein. Echte Teilchen können ähnlich nur erzeugt werden, wenn eine ausreichend starke Energiequelle vorhanden ist. Ein gutes Beispiel sind Experimente im Teilchenbeschleuniger, bei denen man Protonen mit hoher Geschwindigkeit aufeinanderprallen läßt. Bei einer Kollision zweier energiereicher Protonen beobachtet man häufig das Entstehen neuer Teilchen, der Pionen. Diese Teilchen sind keine aus den Protonen herausgebrochenen Stücke; sie sind vielmehr aus der Bewegungsenergie der beiden Teilchen entstanden, die freigesetzt wird, wenn die Protonen durch die Kollision gebremst werden. Weil keine Energie aus dem Vakuum entliehen wurde, existieren die neugeschaffenen Pionen als eigenständige, echte Teilchen.

Virtuelle Teilchen aus dem Vakuum könnten zur Dauerexistenz befördert werden, wenn genügend Energie vorhanden wäre. Eine direkte Möglichkeit bestände darin, dem Casimirschen Plattensystem Energie zuzuführen, indem man eine der Platten heftig bewegt (das entspricht dem Zupfen der Gitarrensaite). Tatsächlich ist eine einzelne bewegte Platte alles, was man braucht, um virtuelle zu realen Photonen zu befördern – im Prinzip. Wenn sich die reflektierende Fläche bewegt, werden Quantenfelder von ihr reflektiert, und wenn diese Bewegung beschleunigt wird, werden die virtuellen Photonen in dem Vakuum vor diesem Spiegel mit Energie geladen, sobald sie von der sich nähernden Fläche abprallen. Auf diese Weise müßten einige der virtuellen Photonen in die Wirklichkeit befördert werden – ein bewegter Spiegel müßte eine Lichtquelle sein, nicht nur ein Reflektor. Wenn wir den Spiegel ausreichend beschleunigen könnten, wären wir buchstäblich in der Lage, die Teilchen des Quantenvakuums mit eigenen Augen zu sehen.

Die Sache hat allerdings einen Haken. Bei einem auf 1 g

beschleunigten Spiegel (die gleiche Beschleunigung, die ein fallendes Objekt in der Erdgravitation erfährt) betrüge die Temperatur der vom Spiegel ausgesandten Strahlung nur $4 \times 10^{-20}$ Kelvin. Die Theorie sagt eine lineare Beziehung zwischen Beschleunigung und Temperatur voraus (so daß eine Verdoppelung der Beschleunigung die Temperatur verdoppelt), und das sichtbare Licht hat eine Temperatur von etwa 6000 Kelvin (die Temperatur der Sonnenoberfläche, von der der größte Teil unseres sichtbaren Lichts kommt). Verständlicherweise würde kein normaler Spiegel die Behandlung überstehen, die erforderlich wäre, eine feststellbare Strahlung des bewegten Spiegels zu erzeugen.

Aber noch ist nicht alles verloren. Wissenschaftler der Bell Laboratories in New Jersey haben einen Spiegeltyp gefunden, der im Prinzip eine Beschleunigung erreichen könnte, die etwa $10^{20}$ g entspräche. Er besteht aus einem Gas, in dem die Brechungszahl entlang einer sich schnell durch das Gas bewegenden Scheibe abrupt geändert wird. Eine Möglichkeit dazu besteht darin, das Gas mit Hilfe eines Systems von Lasern plötzlich zu ionisieren. Durch behutsames Steuern des Laserlichts kann eine bewegte Plasmafront (Gas, in dem die Elektronen von den Atomen getrennt worden sind) erzeugt werden, die die Wirkung eines bewegten Spiegels hätte, zumindest bei einigen Strahlungsfrequenzen. Die durch das Gas wandernde Ionisierungswelle müßte sich genau wie ein bewegter Spiegel verhalten, und man hat berechnet, daß die enorme Beschleunigung, die man für den Nachweis der Spiegelstrahlung braucht, erreicht werden könnte. Der Aufbau eines solchen Experiments bereitet noch Schwierigkeiten, unter anderem auch, die Spiegelstrahlung und die gesamte übrige elektromagnetische Aktivität auseinanderzuhalten, die mit der bewegten Plasmafront zusammenhängt. Da der Gedanke erst 1989 aufkam, konnten die Forscher die praktischen Schwierigkeiten noch nicht in den Griff bekommen.

Eine andere direkte Methode, dem Vakuum Energie zuzuführen, bestünde darin, ein starkes elektrischen Feld zwischen Metallplatten zu erzeugen. Das würde die virtuellen Photonen nicht berühren, jedoch eine Wechselwirkung mit den virtuellen Elektronen und anderen elektrisch geladenen virtuellen Teilchen herstellen, die den scheinbar leeren Raum zwischen den Platten bevölkern. Bei einem ausreichend starken elektrischen Feld würden reale Elektronen in dem Zwischenraum erscheinen, die sich zur vorhandenen elektrischen Energie addieren.

Die benötigte elektrische Energie würde alles übersteigen, was ein praktisches Experiment mit Metallplatten leisten könnte. Man kann jedoch flüchtige elektrische Felder der erforderlichen Stärke erzeugen, wenn man zwei sehr schwere Atomkerne kollidieren läßt. Dabei entsteht kurzfristig eine hochkonzentrierte Kugel aus vielen Dutzend Protonen, jedes mit einer eigenen positiven elektrischen Ladung. Das gemeinsame elektrische Feld dieser Protonenkugel liefert beinahe die Stärke, die man braucht, um Elektronen- und Positronenpaare (das Antiteilchen des Elektrons) nahe der Kugeloberfläche zu erzeugen. Experimente dieser Art sind bereits durchgeführt worden, und es gibt einige vage Anzeichen dafür, daß ein solcher Effekt beobachtet worden sein könnte.

Obwohl starke elektrische Felder das nächstliegende Mittel sind, das Vakuum zum Brodeln zu bringen, könnten das auch Gravitationsfelder bewerkstelligen. Die meisten Schwarzen Löcher haben wahrscheinlich mindestens einen Kilometer Durchmesser, aber es ist denkbar, daß sich beim Urknall Schwarze Löcher von der Größe eines Atomkerns gebildet haben. Je kleiner ein Schwarzes Loch ist, desto stärker ist die Raumzeit in seiner unmittelbaren Umgebung verformt (die Raumzeit muß stärker gekrümmt sein, wenn sie ein kleineres Schwarzes Loch umfassen will). Verformte Raumzeit deutet nachdrücklich auf das Vorhandensein starker Gravitationsfelder hin, und Stephen Hawking hat nachgewiesen, daß die enorme Schwerkraft in der Nähe eines solchen Lochs das Quantenvakuum zur Erzeugung realer Teilchen anregen würde, dazu würde die Gravitationsenergie des Schwarzen Lochs dienen. Teilchen würden aus dem Loch in die Umgebung sprudeln, wobei das Loch selbst Masse verliert und schließlich in einem Chaos subatomarer Trümmer restlos vergeht.

Ein weiteres Beispiel für ein superstarkes Gravitationsfeld ist der Urknall selbst. Berechnungen ergeben, daß die kosmischen Bedingungen in der ersten $10^{-21}$sten Sekunde nach dem Beginn so extrem waren, daß Teilchen spontan und in Hülle und Fülle erzeugt wurden. Das hätte auch reale Teilchen eingeschlossen, die aus der Gravitationsenergie des expandierenden Universums selbst erzeugt wurden. Es ist verlockend, den Ursprung der gesamten Materie dieser Entwicklung aus dem leeren Raum zuzuschreiben – doch die Sache hat einen Haken.

## *Die Antiwelt*

Vor hundert Jahren hat kein Mensch gefragt, woher die Materie kommt. Die Astronomen glaubten, das Universum bestünde seit aller Ewigkeit. Sogar vor zwanzig Jahren lautete die Standardantwort noch, das Universum sei mit einem unerklärlichen Urknall entstanden, und die gesamte Materie sei von Anfang an vorhanden gewesen. Heute haben wir jedoch in Umrissen eine mögliche physikalische Erklärung für den Ursprung der Materie. Doch damit sie greift, müssen wir auch das Wesen der Antimaterie erklären und die Frage beantworten, warum diese im beobachtbaren Universum im großen und ganzen fehlt.

Der Gedanke der Antimaterie entstammt den beiden großen physikalischen Fortschritten des 20. Jahrhunderts: der Relativitätstheorie und der Quantenmechanik. Zuvor wurde allgemein angenommen, daß Materie weder erzeugt noch vernichtet werden kann, daß die gesamte Masse der Materie erhalten bleibe. Aber als Einstein im Jahre 1905 der Welt seine spezielle Relativitätstheorie präsentierte, wurde die gesamte Vorstellung von Masse umgeworfen. Mit seiner berühmten Gleichung $E = mc^2$ wies Einstein nach, daß Masse (m) eine Form der Energie (E) ist; ein Teilchen, etwa ein Elektron, kann als ein Klumpen konzentrierter Energie gesehen werden. Man bekommt sehr viel Energie für das bißchen Masse, denn der Faktor c in der Gleichung ist die Lichtgeschwindigkeit, und die ist bei 300000 Kilometern pro Sekunde eine beachtliche Größe.

Weil Energie in vielen Formen vorkommt, könnte Materie nach der Gleichung Einsteins zum Beispiel auch in Wärmeenergie umgewandelt werden. Diese Spekulation erhält Nahrung durch die Untersuchung der Massen von Atomkernen. Ein Sauerstoffkern zum Beispiel besteht aus acht Protonen und acht Neutronen. Wiegt man diese Teilchen einzeln, kommt man auf eine Gesamtmasse, die etwa ein Prozent über der tatsächlichen Masse eines Sauerstoffkerns liegt. Erklären läßt sich das damit, daß dieses eine Prozent beim Aufbau des Atomkerns aus der Kernmasse in andere Energieformen übergegangen ist. Heute wissen wir, daß die Energiefreisetzung aus solchen Nukleosyntheseprozessen die Sonne und die Sterne versorgt.

So bedeutsam die Arbeit Einsteins war, ließ sie doch nicht gleich vermuten, daß bei der Umwandlung von Energie ganze Teilchen verschwinden (oder auftauchen) könnten. Protonen in einem Atomkern können weniger wiegen, wenn sie isoliert sind, aber sie verschwinden nicht völlig. Die Arbeit von Paul Dirac Ende der zwanziger Jahre eröffnete diese Möglichkeit.

Dirac interessierte sich dafür, die neuen Gedanken der Quantenmechanik und Einsteins spezielle Relativitätstheorie miteinander zu verbinden. Obwohl die in den zwanziger Jahren von Schrödinger, Heisenberg und anderen entwickelte Quantentheorie erfolgreich das Verhalten der Elektronen in Atomen erklären konnte, wie etwa ihre Begrenzung auf ganz bestimmte Energieniveaus, stimmte sie nicht mit den Grundsätzen der Theorie Einsteins überein. Vor allem der Austausch von Energie und Masse in Übereinstimmung mit der einsteinschen Gleichung wurde zunächst nicht in die Quantentheorie einbezogen.

Daß diese beiden bedeutenden Theorien vereinbar sind, bewies Dirac 1929. Kernstück der Theorie Diracs war eine alternative Gleichung zur Schrödinger-Gleichung, die die Bewegung von Elektronen mit Hilfe von Wellen beschrieben hatte. Diracs Gleichung berücksichtigte sowohl die Wellennatur der Elektronen wie auch Einsteins Vorstellungen über die Relativität von Bewegung, mit dem richtigen Verhältnis zwischen Masse und Energie. Aber es gab eine Kleinigkeit, die nicht übersehen werden durfte.

Strenggenommen lautete die entsprechende Formel über die Beziehung zwischen Masse und Energie nicht $E = mc^2$, sondern $E^2 = m^2c^4$. Zieht man die Quadratwurzel aus dieser Gleichung, ergibt sich tatsächlich Einsteins berühmte Gleichung – aber es ergibt sich auch eine andere Wurzel, die zu der alternativen Gleichung $E = -mc^2$ führt (man erinnere sich, daß $-1 \times -1 = +1$ ist).

Dirac überging anfangs die zweite Wurzel, denn das hätte bedeutet, daß die Energie des Elektrons negativ sein konnte, was unsinnig schien. Doch daß sie als Lösung der Gleichung existierte, beschäftigte ihn, denn er konnte sich keinen einleuchtenden

Grund vorstellen, warum ein Elektron mit positiver Energie nicht Energie in Form eines Photons abgeben und damit in einen Zustand mit negativer Energie übergehen sollte.[2] Es könnte dann weiter in Energiezustände übergehen, die immer negativer würden und dabei zahllose Photonen emittierten. Wenn dieses Bild stimmte, wäre alle Materie instabil.

Dann stieß Dirac auf eine Lösung für das Rätsel. Wie er diese Lösung fand, hatte mit einem bestimmten geistigen Modell zu tun, das sich später als falsch herausstellte. Aber wir möchten die Geschichte so erzählen, wie sie sich Ende der zwanziger, Anfang der dreißiger Jahre zugetragen hat, um zu zeigen, daß selbst unvollständige Modelle nützlich für das Verstehen der Wirklichkeit sein können.

Einige Jahre zuvor meinte Wolfgang Pauli, daß eine Reihe der Eigenschaften von Elektronen sich erklären ließen, hätten die Elektronen eine Tendenz zur Abschottung, die verhindert, daß sich zwei Elektronen zu nahe kommen. Das sogenannte Pauli- oder Ausschließungsprinzip ist eine entscheidende Tatsache, die erklärt, warum die Elektronen in unterschiedlicher Entfernung in »Schalen« um den Atomkern kreisen (wie Flugzeuge, die übereinander Warteschleifen fliegen, wenn sie auf die Landeerlaubnis warten), ohne in den Quantenzustand geringster Energie zu stürzen. Dirac wandte das Ausschließungsprinzip auf das Problem der negativen Energiezustände an. Was ist, so fragte er sich, wenn diese negativen Energiezustände mit Elektronen bereits gefüllt sind? Das Pauli-Prinzip würde dann beweisen, daß positiv geladene Elektronen nicht in einen negativen Energiezustand abstürzen können. Doch dieser Gedanke hatte etwas Eigenartiges. Wir können all diese negativ geladenen Elektronen gar nicht sehen. Deshalb, so dachte Dirac, müssen sie unsichtbar sein.

Obwohl die Annahme, der Raum sei von einem Meer unsichtbarer, immer existierender (nicht virtueller) Teilchen erfüllt, phantastisch erscheinen mochte, verhalf sie Dirac doch zu einer bemerkenswerten Voraussage. Angenommen, so überlegte er, eines der hypothetischen, unsichtbaren Elektronen erhielte genü-

2 Prinzipiell gilt es als erwiesen, daß physikalische Systeme den Zustand geringstmöglicher Energie anstreben.

gend Energie, vielleicht durch Aufnahme eines Photons, sich in einen normalen positiven Energiezustand zu erheben. Es müßte dann sichtbar werden, und ein normales Elektron würde wie aus dem Nichts auftauchen. Aber das wäre noch nicht alles. Das neu entstandene Elektron würde im negativen Energiemeer ein »Loch« hinterlassen. Weil negativ geladene Elektronen unsichtbar sind, muß das *Fehlen* eines Elektrons *sichtbar* sein. Elektronen sind negativ geladen, was bedeutet, daß das Loch – das Fehlen einer unsichtbaren negativen Ladung – als die Anwesenheit einer sichtbaren positiven Ladung in Erscheinung treten würde. Wenn also ein »neues« Elektron auf diese Weise erschiene, müßte es von etwas begleitet sein, das nach allen Tests, die wir anwenden können, offenbar wie ein Teilchen mit der gleichen Masse wie das Elektron wäre, aber positiv geladen, nicht negativ. Dieses sogenannte Positron ist fast wie ein Spiegelbild des Elektrons.

Als Dirac diesen Gedanken vortrug, hatte noch niemand wissentlich ein solches Teilchen beobachtet. Und da das einzige damals bekannte positiv geladene Teilchen das Proton war, überlegte Dirac zunächst, ob das Proton nicht vielleicht das Pendant zum Elektron sei, selbst wenn beide sehr unterschiedliche Massen haben. Doch 1932 spürte der amerikanische Physiker Carl Anderson das Positron auf. Er untersuchte damals gerade kosmische Strahlen. Diese »Strahlen« sind hochenergetische Teilchen, die die Erde aus dem All bombardieren und die verschiedensten subatomaren Trümmer (Sekundärteilchen) erzeugen, wenn sie auf die Atmosphäre treffen. Einige der dabei erzeugten Sekundärteilchen dringen bis zur Erdoberfläche vor, wo sie in geeigneten Strahlennachweisgeräten sichtbare Spuren hinterlassen. Eine dieser Spuren, die Anderson 1932 untersuchte, war zweifelsfrei von einem Teilchen mit der gleichen Masse wie ein Elektron verursacht worden, das im Magnetfeld jedoch entgegengesetzt umlief. Sie konnte nur von einem positiven Elektron oder Positron stammen.

In den folgenden Jahren wurden die Methoden Diracs verfeinert, und die Notwendigkeit, ein unsichtbares Meer negativ geladener Elektronen zu postulieren, entfiel, als man feststellte, daß die Quanteneffekte tatsächlich verhindern, daß positiv geladene Elektronen in negative Energiezustände fallen. Die Vorstellung, die Dirac Antiteilchen ahnen ließ, war also ein Fehler. Doch die Wahrheit lag nicht in der Vorstellung, sondern in den Gleichungen, und die Pendantvariante zur Quantenversion der einsteinschen Gleichung blieb. So berücksichtigte die weiterentwickelte Fassung der Theorie immer noch die Existenz einzelner negativ geladener Elektronen (ja, erforderte sie sogar). Sie enthielt sowohl Elektronen wie Positronen. Außerdem sagte sie voraus, daß jede Teilchenart ein Pendant haben müsse, ein Antiteilchen. Es müßten also Antiprotonen, Antineutronen und so weiter existieren, und auch Antielektronen (die immer noch ihren alten Namen Positronen haben). Diese Teilchen zusammen werden Antimaterie genannt.

Auch nach dem Zweiten Weltkrieg wurden Antiprotonen und andere Antimaterieteilchen in kosmischen Strahlen entdeckt. Heute werden die verschiedensten Antiteilchen und Materieteilchen routinemäßig aus Energie erzeugt und sogar gespeichert, indem man sie in Magnetfeldern einfängt.

Dirac und Anderson erhielten 1933 den Nobelpreis. In seiner Dankesrede anläßlich der Preisverleihung machte Dirac eine weitere mutige Aussage. Er erklärte, daß es schlicht »ein Zufall« sei, daß auf der Erde die Materie die Antimaterie überwiege. Er meinte, »es ist durchaus möglich, daß es bei einigen Sternen genau umgekehrt ist«. Es könnte, mit anderen Worten, Antisterne und Antiplaneten geben, und man könnte sich sogar Antimenschen vorstellen.

Auch wenn die Wissenschaftler bisher nur einzelne Antiteilchen beobachtet haben, gibt es keinen prinzipiellen Grund, warum Antiprotonen und Antielektronen sich nicht zu Antiwasserstoffatomen verbinden sollten. Nimmt man Antineutronen hinzu, eröffnet das, wie Dirac erkannte, auch die Möglichkeit zu schwereren Elementen – und zu ganzen Antiwelten aus Spiegelmaterie. Die Physik der Spiegelmaterie spiegelt exakt die der Materie, so daß ein Antistern genau wie ein normaler Stern aussehen und sich entwickeln würde. Aus der Ferne könnte man nicht feststellen, was für ein Stern es ist.

Wenn dagegen Antimaterie in direkten Kontakt mit Materie kommt, wird ihr Vorhandensein sofort offenkundig. Die Erzeugung eines Elektron-Positron-Paars aus elektromagnetischer Strahlungsenergie, der von Dirac vorausgesagte Prozeß, funktioniert auch umgekehrt. Wenn ein Elektron auf ein Positron trifft, kommt es zur Paarvernichtung, wobei die Gesamtmasse des Teilchenpaars in Photonen umgewandelt wird. Die Energie der Photonen ist so hoch, daß sie zum Gammastrahlenbereich des elektromagnetischen Spektrums gehört, der noch energiereicher als Röntgenstrahlen ist. Ein ähnlicher Prozeß, der noch mehr Energie freisetzt, läuft ab, wenn ein Proton auf ein Antiproton trifft oder ein Neutron auf ein Antineutron. Jedes Aufeinandertreffen von Materie und Antimaterie endet also mit gegenseitiger Auslöschung unter einem Feuerwerk von Gammastrahlen. Aus diesem Grund sind alle auf der Erde erzeugten Antimaterieteilchen sehr kurzlebig, auch die aus kosmischer Strahlung.

Die Tatsache, daß Teilchen-Antiteilchen-Paare aus Energie erzeugt werden können (es muß nicht einmal elektromagnetische Energie sein), ermöglicht eine Aussage darüber, woher die Substanz des Universums stammt. Wie wir gesehen haben, hat der Urknall Prozesse ausgelöst, die gewaltige Mengen Energie hervorbringen konnten, und ein Teil dieser Energie ist in die Erzeugung von Materie geflossen. Man muß deshalb nicht mehr ad hoc postulieren, daß Materie am Anfang einfach da war. Ihre Existenz kann jetzt physikalischen Prozessen zugeordnet werden, die in der kosmischen Urphase abgelaufen sind. Aber bei diesem physikalischen Prozeß würde, wie es scheint, die gleiche Menge Antimaterie wie Materie erzeugt. Das Universum wäre demnach in Materie und Antimaterie symmetrisch aufgeteilt, und es gäbe genauso viele Antisterne wie Sterne. Es gäbe eine Welt aus Antimaterie, vermischt mit der aus Materie.

Die Theorie, daß das Universum symmetrisch ist, ist von ansprechender Eleganz und bildete auch die Grundlage eines wichtigen Buches, das der schwedische Astrophysiker Hannes Alfvén in den sechziger Jahren geschrieben hat: ›Welten und Antiwelten‹. Leider gibt es gegen diese schöne Theorie gewichtige Argumente. Alle kosmologischen Beweise lassen vermuten, daß das Universum in seiner Urphase aus einer Elementarteilchen-Suppe bestand, gleichmäßig im Raum verteilt. Nach der Symmetrietheorie besteht diese Suppe zu gleichen Teilen aus Teilchen und Antiteilchen. Dieses explosive Gemisch hätte zur Paarvernichtung in großem Stil geführt, wenn Positronen mit Elektronen kollidiert, Protonen gegen Antiprotonen gestoßen und Neutronen auf Antineutronen getroffen wären. Es wäre nur sehr wenig Materie übriggeblieben.

Einige Physiker haben nach Mechanismen gesucht, die die Antiteilchen dazu bringen könnten, sich zu sammeln. Dann könnte sich die Antimaterie von der Materie trennen, zumindest teilweise. Ihr Ziel war die Aufteilung in Bereiche, so groß, daß sie wenigstens eine galaktische Materiemasse enthielten. Dahinter stand der Gedanke, daß Galaxien relativ isolierte Gebilde sind, die durch Abgründe von leerem Raum getrennt sind[3], was ein relativ friedliches Nebeneinander mit möglichen Antinachbarn garantieren würde. Aber man hat nie einen befriedigenden Mechanismus gefunden, der diese Trennung hätte bewerkstelligen können.

Unterdessen haben auch astronomische Beobachtungen Zweifel an der Existenz großer Mengen Antimaterie im Universum aufkommen lassen. Durch Satellitenbeobachtungen wurden unter anderem Gammastrahlen aus dem All festgestellt. Gammastrahlen können die Erdatmosphäre nicht durchdringen, aber seit man Instrumente außerhalb der Atmosphäre postieren kann, ist die Gamma-Astronomie praktizierbar. Und die Satelliten haben tatsächlich Gammastrahlen aus dem Zentrum der Milchstraße mit genau der Energie aufgespürt, die einer Elektron-Positron-Paarvernichtung entspräche. Dies war der erste direkte Nachweis der Existenz von Antimaterie in der näheren Umgebung der Erde. Trotzdem ist die Gammastrahlung aus dieser und anderen Quellen so schwach, daß der Anteil der Antimaterie, die es in unserer Galaxie vielleicht gibt, auf nicht mehr als eins zu einer Million geschätzt wird.

Und selbst diese Zahl ist wahrscheinlich noch zu hoch gegriffen. Der interstellare Raum enthält riesige Mengen Gas und Staub, so daß sich kein astronomisches Objekt in einem Vakuum bewegt. Und selbst im Weltraum stoßen große Objekte gelegentlich zusammen. Da schon der leichteste Zusammenstoß von Materie und Antimaterie große Mengen ausgeprägter Gammastrahlung entstehen

3 Zumindest Raum, der frei von normaler Materie ist. Die Kosmologen vermuten inzwischen, daß in den Räumen zwischen den Galaxien ein andersartiger dunkler Stoff existiert. Vgl. J. Gribbins, ›Auf der Suche nach dem Omegapunkt‹.

ließe, kann man mehr als eine winzige Kontamination mit Antimaterie in der Milchstraße ausschließen. Die beste Erklärung für die charakteristische Gammastrahlung aus dem Zentrum der Milchstraße besagt, daß die bei der Paarvernichtung beteiligten Positronen selbst erst vor relativ kurzer Zeit erzeugt worden sind, und zwar durch Paarerzeugungsereignisse, die im energetischen Herzen unserer Galaxie stattgefunden haben. Nichts läßt darauf schließen, daß die Milchstraße noch Antimaterie enthält, die von der Entstehung des Universums übriggeblieben ist.

Ähnlich kann man bei anderen Galaxien argumentieren. Selbst Galaxien kollidieren von Zeit zu Zeit, und intergalaktische Kollisionen müssen in der Vergangenheit des expandierenden Universums weit häufiger vorgekommen sein, als noch mehr Gedränge herrschte. Wäre es dabei auch zu Kollisionen zwischen Galaxien und Antigalaxien gekommen, wäre das Universum heute von übriggebliebener Gammastrahlung überflutet. Das ist aber nicht zu beobachten. Es sieht so aus, als bestünde die große Mehrzahl der Galaxien aus Materie. Wir stehen vor einem Rätsel. Wenn die Gesetze der Physik in Materie und Antimaterie symmetrisch sind, warum überwiegt dann heute im Universum die Materie?

## *Wo ist die Antimaterie geblieben?*

Eine mögliche Antwort auf diese Frage ergab sich 1964 aus einer Entdeckung, die zwei amerikanische Physiker machten, Val Fitch und James Cronin von der Princeton University. Sie untersuchten das Verhalten eines subnuklearen Teilchens, des sogenannten $K^0$-Meson. Es ist ein instabiles Teilchen, das in mehrere andere Teilchen »zerfällt«. Fitch und Cronin stellten fest, daß die Teilchenversion des $K^0$ mit etwas anderer Geschwindigkeit zerfällt als sein Antiteilchen. Das hat enorme Bedeutung. Die Annahme, daß alle physikalischen Prozesse zwischen Materie und Antimaterie symmetrisch sind, war schlicht falsch. Tatsächlich besteht eine geringe Asymmetrie.

Diese Entdeckung hatte eine faszinierende Konsequenz. Bis 1964 sah es so aus, als ob intelligente Wesen in verschiedenen Galaxien keine Möglichkeit hätten, auf dem Weg der Funkkommunikation zu bestimmen, ob sie beide aus Stoff derselben Art geschaffen sind oder ob der eine aus Materie besteht und der andere aus Antimaterie. Durch Messen der Zerfallsgeschwindigkeit von $K^o$–Teilchen in ihren Labors und den anschließenden Vergleich könnten sie endlich entscheiden, ob beide aus demselben Stoff geschaffen sind – eine nützliche Information für den Fall, daß sie sich besuchen und die Hand schütteln wollen!

Noch bedeutsamer ist allerdings, daß die kleine Schlagseite der Symmetrie eine Erklärung bietet, warum sich aus dem Urknall ein geringes Übergewicht der Materie ergeben haben könnte. Die Argumentation läuft wie folgt: Am Anfang gab es Energie, und die Energie erzeugte Teilchen und Antiteilchen. Aufgrund der von Fitch und Cronin entdeckten Asymmetrie kam jedoch auf jede Milliarde erzeugte Antiteilchen eine Milliarde *und ein* Teilchen. Als das Universum abkühlte, vernichteten die Antiteilchen und die entsprechenden Teilchen einander, so daß nur das eine Teilchen pro Milliarde übrigblieb. Als das Universum noch jung war, wurden diese Überlebenden in ein Bad aus Gammastrahlen getaucht, vielleicht eine Milliarde Gammastrahlen-Photonen auf ein Materieteilchen. Als das Universum weiter expandierte und abkühlte, kühlte auch die Gammastrahlung ab und degenerierte zu normaler Wärmestrahlung. Die berühmte kosmische Hintergrundstrahlung, die noch heute das Universum erfüllt, ist ein Überbleibsel dieser urzeitlichen Gammastrahlung.

Wenn dieses Szenario stimmig ist, erklärt es nicht nur, wie ein Universum entstanden ist, in dem die Materie das Übergewicht hatte, sondern es läßt auch auf eine Erklärung für die Temperatur der Mikrowellen-Hintergrundstrahlung hoffen. Diese Temperatur wird durch die durchschnittliche Dichte der Photonen im All bestimmt – insbesondere im Vergleich mit der Zahl der Atome. Bisher wurde das Verhältnis der Anzahl kosmischer Hintergrundphotonen zu der von Atomen im beobachtbaren Universum – einer der wichtigsten Parameter der gesamten Kosmologie – als eine geheimnisvolle Zahl angesehen, deren Wert zufällig ist. Die Messungen der Mikrowellen-Hintergrundstrahlung ergaben, daß das Verhältnis etwa eine Milliarde zu eins beträgt. Und das ist genau die Größenordnung, die sich jetzt aus Berechnungen der geringfügigen Asymmetrie von Materie und Antimaterie ergibt.

Falls diese Theorie auf der richtigen Linie liegt, ist das Vorhandensein von Materie ohne Antimaterie heute nicht die einzige kosmologisch bedeutsame Voraussage, denn was sich ereignen kann, kann auch rückgängig gemacht werden. Die gleiche Asymmetrie, die die Entstehung von Materie aus Energie ermöglichte, ohne daß Antimaterie übrigblieb, läßt auch zu, daß sie wieder verschwindet. Die Theorie sagt voraus, daß dies geschehen kann, weil die bisher als unzerstörbar geltenden Protonen tatsächlich etwas instabil sind und nach extrem langer Zeit (mindestens $10^{30}$ Jahre) in Positronen zerfallen. Wenn die Voraussage richtig ist, bedeutet das, daß die Substanz des Kosmos sich unaufhaltsam verflüchtigen wird, wenn auch sehr langsam. Da im Universum auf jedes Proton ein Elektron kommt, bedeutet der Zerfall von Protonen in Positronen, daß am Ende Positronen und Elektronen aufeinandertreffen und einander vernichten.

Der Zerfall selbst ist wie andere quantenmechanische Abläufe ein statistischer Prozeß: Obwohl jedes einzelne Proton im Durchschnitt Milliarden Jahre existieren wird, ohne zu zerfallen, besteht doch eine gewisse Wahrscheinlichkeit, daß aus einer großen Zahl von Protonen – etwa aus einem Brocken normaler Materie – jedes Jahr ein oder zwei zerfallen können. Man hat Experimente durchgeführt und in riesigen Wassertanks nach Beweisen für einen solchen Protonenzerfall gesucht, aber bislang ohne Erfolg.

Wenn das obige Szenario zutrifft, bedeutet das, daß alle Antimaterie, die wir heute im Universum finden, sekundärer Art wäre, also das Abfallprodukt hochenergetischer Kollisionen zwischen Materieteilchen. Solange es jedoch keine direkte experimentelle Bestätigung dafür gibt, daß diese Gedanken richtig sind, bleibt die Frage, ob es im Universum irgendeine ursprüngliche Antimaterie gibt, offen. Wenn es sie gibt, wäre die kosmische Strahlung ein guter Ort, nach ihr zu suchen.

Messungen in der Atmosphäre stellten zahlreiche Protonen in der kosmischen Strahlung fest. Die meisten sind offenbar Abfallprodukte aus Protonenkollisionen tief im interstellaren Raum. Doch eins ist dabei rätselhaft: Im niedrigen Energiebereich gibt es offenbar viel zu viele Antiprotonen, als daß diese Erklärung stimmen könnte. Ein bedenkenswerter Vorschlag lautet, daß diese Antiprotonen beim explosionsartigen Untergang mikroskopisch kleiner Schwarzer Löcher im Hawking-Prozeß (siehe Kapitel 9) entstehen. Andererseits könnten sie eine Spur ursprünglicher Antimaterie darstellen. Noch kann niemand Genaues über ihre Herkunft sagen.

Eine weit eindeutigere Entdeckung auf der Suche nach ursprünglicher Antimaterie wäre der Kern irgendeines schwereren Antielements, etwa ein Antihelium. Nach Wasserstoff ist Helium der zweithäufigste Stoff im Universum, man kann daher annehmen, daß Antihelium nach den Antiprotonen (die nur Kerne von Antiwasserstoff sind) der häufigste Antistoff ist. Entscheidend beim Antihelium ist, daß sein Kern zusammengesetzt ist; er besteht aus zwei Antiprotonen und zwei Antineutronen. Es ist nicht möglich, daß eine so komplizierte Struktur durch eine zufällige, hochenergetische Kollision von Teilchen im interstellaren Raum entsteht. Normales Helium entsteht heute bei Kernreaktionen im Innern von Sternen und wurde im Spätstadium des Urknalls in großen Mengen erzeugt. Wenn auch nur ein einziger Antiheliumkern entdeckt würde, ließe das nachhaltig auf die Existenz von Antisternen schließen.

Amerikanische Astronomen wollen Ende der neunziger Jahre mit einem »Astromag« genannten Gerät an Bord der US-Raumstation nach kosmischen Antiheliumkernen suchen. Astromag wird mit starken supraleitenden Magneten ausgerüstet sein, die fast bis zum absoluten Nullpunkt abgekühlt werden und die Bahnen elektrisch geladener, sehr schneller Teilchen und Antiteilchen beugen können, die in das Gerät eindringen. Ein Gitter aus Detektoren wird zwischen Kernen etwa von Helium und Antihelium unterscheiden können, die Bahnen folgen, die im Magnetfeld entgegengesetzt gekrümmt sind.

Wenn Antisterne existieren (und wir betonen, daß diese Möglichkeit sehr gering ist), dann vermutlich auch eine Reihe kleinerer Objekte: Antiplaneten, Antiasteroiden, Antikometen, Antigestein, Körnchen von Antistaub und so weiter. Damit stellt sich eine aufregende Frage: Was geschieht, wenn etwas Bedeutenderes als nur ein Antimateriekern in das Sonnensystem eindringt?

Auf seinem Weg durch die von Materie wimmelnden Bereiche der Milchstraße würde ein Brocken Antimaterie wahrscheinlich auf mikroskopisch kleine Materiekörnchen treffen und an deren Oberfläche kurze Energieströme freisetzen. Das würde das meiste

Material zerkleinern und eine Wolke aus Antimateriestaub und -körnchen entstehen lassen. Ein Teil dieses Schutts könnte dann vermutlich seinen Weg zur Erde finden. Das ist ein erschreckender Gedanke – schon ein erbsengroßes Stück Antimaterie, das auf die Erde träfe, würde eine Explosion von einer Kilotonne auslösen, die einer kleineren Atombombe entspräche und wohl kaum unbemerkt bliebe.

Es hat schon einmal eine unerklärliche Explosion in etwa dieser Größenordnung gegeben, und zwar am 13. Juni 1908 in der entlegenen Tunguska-Region in Sibirien. Zunächst dachte man an einen großen Meteoriten. Eine Expedition, die die Stelle 1927 aufsuchte, fand jedoch weder einen Krater noch irgendwelche Meteoritentrümmer, obwohl die riesigen Wälder der Gegend massive Schäden aufwiesen. Zahllose Theorien sind aufgestellt worden, die das Tunguska-Ereignis erklären sollten, vom Aufschlag eines Eiskometen (ziemlich wahrscheinlich) bis zum Durchgang eines mikroskopisch kleinen Schwarzen Lochs durch die Erde (unwahrscheinlich allein deshalb, weil kein ähnliches Vorkommnis den Austritt des Schwarzen Lochs auf der anderen Seite der Erde markierte). Willard Libby, Nobelpreisträger für die Erfindung der Radiokarbonmethode, erklärte, das Ereignis im Tunguska-Gebiet könnte durch einen kleinen Brocken Antimaterie aus dem All hervorgerufen worden sein. Hätte er recht, könnte dies kein Einzelereignis sein. Das Vorhandensein eines Brockens Antimaterie in unserem Teil des Universums bedeutet, wie wir gesehen haben, das Vorhandensein weiterer Brocken unterschiedlicher Größe. Allerdings spricht die Beweislast generell gegen diese Möglichkeit.

### *Das Werden von Raum und Zeit*

Daß die moderne Teilchenphysik in der Lage ist, eine Erklärung für den Ursprung der Materie zu liefern, ist eine bemerkenswerte Leistung. Aber sie kommt in Bedrängnis, wo es um den Ursprung des Universums insgesamt geht, denn das Universum besteht nicht nur aus Materie. Es gibt auch Raum und Zeit – oder Raumzeit. Wir haben gesehen, wie die für die Erzeugung von Materie benötigte Energie letztlich auf das Gravitationsfeld des Universums zurückgeführt werden kann. Aber warum dort haltmachen? Viele Leute würden zu bedenken geben, daß die Erzeugung von Materie durch Schwerkraft kein Beispiel für eine Entstehung ohne Ursache ist; das Problem wird nur auf das Gravitationsfeld verlagert. Wir müssen nämlich immer noch erklären, woher dieses Feld kommt. Diese Frage nun stellt uns vor ein Dilemma. Im Gegensatz zu den anderen Naturkräften ist die Schwerkraft kein Feld, das innerhalb der Raumzeit existiert; sie *ist* Raumzeit. Die allgemeine Relativitätstheorie behandelt das Gravitationsfeld als reine Geometrie: Krümmungen in der Raumzeit. Wenn also die Schwerkraft die Materie erzeugt hat, müßten wir sagen: Die Raumzeit selbst hat die Materie erzeugt. Die entscheidende Frage lautet dann: Wie ist der Raum (streng genommen: die Raumzeit) entstanden?

Viele Physiker schrecken auch heute noch vor diesem Rätsel zurück und überlassen es gern den Theologen. Andere dagegen erklären, wir müßten damit rechnen, daß die Schwerkraft – und damit die Raumzeit – dem Quantenfaktor genauso unterliegt wie alles andere in der Natur. Wenn das spontane Erscheinen von Teilchen als Folge von Quanteneffekten keine Überraschung mehr auslöst, warum können wir dann nicht auf das spontane Erscheinen der Raumzeit hoffen?

Eine befriedigende Beschreibung dieses Prozesses würde eine geeignete mathematische Theorie der Quantenschwerkraft erfordern, die es aber noch nicht gibt. Wahrscheinlich wird eine solche Theorie nur im Rahmen einer Synthese gefunden, die die Schwerkraft mit anderen Naturkräften zu einer einzigen Superkraft vereint. Aber wir wissen schon genug, um einige allgemeine Merkmale einer solchen zukünftigen Theorie zu umreißen und zu sehen, warum sich diese endgültige Kräftesynthese noch als ein hartnäckiges mathematisches Problem erweist.

Eine der Schwierigkeiten betrifft das Ausmaß der Quantengravitationsprozesse. Weil die Gravitation eine so schwache Kraft ist – die mit Abstand schwächste der vier Naturkräfte –, offenbart sie ihre Quantennatur nicht an einem Atom oder gar Atomkern, bei dem die Quanteneigenschaften der anderen Kräfte wunderbar zur Geltung kommen, sondern erst bei einer Größenordnung, die um einiges darunter liegt, bei Entfernungen von weniger als $10^{-33}$ Zentimeter. Diese winzige Strecke ist die sogenannte Planck-Länge, benannt nach Max Planck, dem Schöpfer der Quantentheorie. Das entsprechende Zeitmaß, das als die grundlegende Quanteneinheit der Zeit betrachtet werden kann, ist die Zeit, die das Licht braucht, um eine so kleine Strecke zurückzulegen – $10^{-43}$ sec – die Planck-Zeit. Einige Physiker glauben, daß die Raumzeit sich bei der Planck-Länge auflöst und Merkmale annimmt, die eher denen eines schäumenden als eines homogenen Kontinuums ähneln. Im einzelnen bilden sich »Blasen« von virtueller Raumzeit und verschwinden wieder, ähnlich wie virtuelle Teilchen im Vakuum kommen und gehen.

In der planckschen Größenordnung kann die Raumzeit selbst spontan und ohne Ursache durch Quantenfluktuationen entstehen. Jeder derartige Raumzeit-Bereich ist nur $10^{-33}$ Zentimeter groß und hat im allgemeinen eine Lebensdauer von nur $10^{-43}$ Sekunden. Wird es noch genauer, wird der Begriff der Zeit in seiner flüchtigen Existenz verwischt: Es gibt wirklich nichts Kürzeres als dieses Zeitintervall. Wie jene virtuellen Teilchen verschwinden die Quantenbläschen der virtuellen Raumzeit fast im selben Augenblick, in dem sie auftreten. Zumindest ist das normalerweise so. Für große Aufregung unter den Kosmologen hat allerdings in den letzten Jahren die erstaunliche Möglichkeit gesorgt, daß so ein winziger Tropfen Raumzeitgebrodel aus dem Nichts, ein unvorstellbar kleines »virtuelles Universum«, dem sofortigen Wieder-Verschwinden entgangen und in den realen Makrokosmos eingetaucht sein könnte. Ein geeigneter Mechanismus dafür ist von Theoretikern bestimmt worden und läuft unter der Bezeichnung inflationäres Universum.

Damit dieser Trick funktioniert, muß das werdende Universum seine Dimensionen irgendwie fast vom Nichts zu buchstäblich kosmischer Größe aufblasen. Es muß diesen Prozeß sehr schnell auslösen, in Sekundenbruchteilen, die die Quantenfluktuation normalerweise überdauern kann. Um diese außergewöhnliche Leistung zu vollbringen, muß es irgendwie den Widerstand der Schwerkraft umgehen, die normalerweise versucht, das Universum wieder zu einem Nichts zusammenzupressen. Erforderlich ist eine titanische abstoßende Kraft, die die Anziehungskraft der Schwerkraft überwinden und das Universum auf den Weg der Expansion bringen kann.

### *Im Griff der Antischwerkraft*

Wir kommen zurück auf das Vakuum, das nach Vorstellung der Physiker weit mehr als »überhaupt nichts« ist. Es zeigt sich, daß das Quantenvakuum sogar zu einem höheren Energieniveau »angeregt« werden kann. Ein angeregtes Vakuum sähe genauso wie das echte Vakuum aus (das heißt, scheinbar frei von dauerhaften Teilchen), aber es würde buchstäblich vor Energie bersten und nur ganz kurz existieren, bevor es zerfiele und dabei seine Energie in Form echter Teilchen freisetzte. Während seiner kurzen Existenz besäße das angeregte Vakuum jedoch eine ganz merkwürdige Eigenschaft: einen enormen negativen Druck. Der Begriff des negativen Drucks läßt sich mit der Wirkung des Auseinanderziehens (im Gegensatz zum Zusammendrücken) einer Feder vergleichen – er zieht nach innen, anstatt nach außen zu drücken. Man könnte meinen, daß ein mit negativem Druck erfülltes Universum unter dem Einfluß des Zugs nach innen zum Kollaps neigt. Doch das ist seltsamerweise nicht der Fall. Das liegt daran, daß Druck an sich keine Kraft ausüben kann; das tun nur Kraftunterschiede. Fische in der Tiefsee zum Beispiel werden nicht von dem enormen Druck zerquetscht, weil er vom gleich starken, nach außen wirkenden Druck ihrer Körperflüssigkeit ausgeglichen wird.

Trotz einer fehlenden mechanischen Wirkung des gewaltigen negativen Drucks im angeregten Quantenvakuum gibt es einen wichtigen Gravitationseffekt. Nach der allgemeinen Relativitätstheorie ist Druck eine Quelle der Schwerkraft, neben der Schwerkraft, die mit der Masse oder Energie zusammenhängt. Unter normalen Umständen kann der Beitrag des Drucks zum Gravitationsfeld eines materiellen Objekts vernachlässigt werden. Der Druck in der Sonne zum Beispiel trägt weniger als ein Millionstel zu ihrer gesamten Schwerkraft bei. Im angeregten Vakuum dagegen ist der Druck so hoch, daß seine Gravitationswirkung die seiner Massenenergie übertrifft. Und da der Druck negativ ist, ist auch die Gravitationskraft, die er erzeugt, negativ – praktisch also Antigravitation. Daraus folgt: Wenn ein winziges Blasenuniversum im Zustand eines angeregten Vakuums erzeugt würde (vielleicht einfach durch Zufall aus Billionen anderer Blasenuniversen), würde die dabei entstehende Antischwerkraft gerade die kosmische Abstoßung bilden, die zur Aufblähung des Universums erforderlich wäre, und den Raum zwingen, mit explosionsartiger Geschwindigkeit zu expandieren.

Um eine Vorstellung davon zu bekommen, wie gewaltig die kosmische Abstoßung gewesen sein könnte, mache man sich klar, daß das Universum sich in dieser Inflationsphase in ganzen $10^{-35}$ Sekunden größenmäßig verdoppelt hätte. Und es hätte sich weiter alle $10^{-35}$ Sekunden verdoppelt, solange es im Einflußbereich der enormen Abstoßungskraft geblieben wäre. Dieses sogenannte exponentielle Wachstumsmuster führt zu einer sehr schnellen Größenzunahme.[4] In nur etwas mehr als einer Milliarde Billiarden Billiardstel Sekunde hätte sich das Universum volumenmäßig um den Faktor $10^{80}$ ausgedehnt. Der Bereich des heute für uns sichtbaren Alls wuchs in dieser winzigen Zeitspanne im Radius von $10^{-26}$ Zentimeter auf etwa zehn Zentimeter an.

Diese Inflationsphase irrwitziger, exponentiell zunehmender Expansion wäre nur von ganz kurzer Dauer. Der angeregte Vakuumzustand zerfiele bald, da er von Natur aus instabil ist. Die gewaltigen, im angeregten Vakuum eingeschlossenen Energiereserven würden als Folge in der Form von Wärme und Materieteilchen freigesetzt. Sobald die Anregung des Vakuums verschwände, ließe auch die kosmische Abstoßungskraft nach, aber der Expansionsimpuls hielte an und würde die Explosivkraft erzeugen, die wir mit dem Urknall in Verbindung bringen. Aber sobald der negative Druck geschwunden wäre, würde die Schwerkraft ihre normale

4 Was ein ständiges Verdoppeln bedeutet, belegt sehr eindrucksvoll die alte Geschichte, wie viele Reiskörner man braucht, wenn man auf das erste Feld eines Schachbretts ein Korn legt, auf das zweite Feld zwei Körner, auf das dritte Feld vier Körner, dann acht Körner und so fort. Auf das letzte Feld müßten dann $2^{64}$ oder 18 Milliarden Milliarden Reiskörner gelegt werden. Ähnlich wäre das Universum nach nur 64 ›Feldern‹ à $10^{-35}$ Sekunden (immer noch weniger als $10^{-33}$ Sekunden nach dem Anfang) 18 Milliarden Milliardenmal größer als am Anfang, von nur $10^{-33}$ Zentimeter Durchmesser aufgebläht auf schon beachtliche $10^{-14}$ Zentimeter, etwa einem Zehntel der Größe eines Atomkerns. Und nach weiteren nicht einmal $10^{-33}$ Sekunden wäre es schon einen Kilometer groß.

Anziehung ausüben und als Bremse auf die Expansion wirken, eine Bremse, die seither wirkt und die Expansion auf die Geschwindigkeit reduziert hat, die wir heute beobachten.

Die Bedeutung der gewaltigen und abrupten Ausdehnung in Form der Aufblähung liegt nicht nur darin, daß aus einem winzigen Tropfen spontan entstandener Raumzeit ein richtiges Universum werden könnte, sondern daß alle anfangs vorhandenen Unregelmäßigkeiten wie Turbulenzen oder eine unregelmäßige Energieverteilung durch die gigantische Streckung stark abgeschwächt und geglättet würden. Man könnte damit rechnen, daß ein solches Universum nach der Inflationsphase eine sehr gleichmäßige Verteilung der Materie und Bewegung aufwiese. Was lassen die aus Beobachtungen gewonnenen Hinweise vermuten?

Wie schon in Kapitel 4 erwähnt, ist die vom Urknall übriggebliebene kosmische Hintergrundstrahlung seit den frühesten Zeiten des Universums mehr oder weniger ungestört geblieben und damit ein Überbleibsel, das einen Abdruck der ursprünglichen kosmischen Struktur trägt. Diese Strahlung ist erstaunlich gleichmäßig und schwankt in der Intensität um höchstens ein Zehntausendstel. Offensichtlich war also der Zustand des Universums nach dem Urknall sehr homogen. Insgesamt betrachtet ist er das auch heute noch.

Nach dem herkömmlichen Modell des Urknalls, das keine Inflationsphase kannte, bleibt diese Homogenität höchst rätselhaft. Welche Kraft könnte die Urexplosion so gesteuert haben, daß alle Teile des Universums überall und in alle Richtungen mit der gleichen Geschwindigkeit expandieren? Das Geheimnis wird noch größer, wenn man die Existenz von Horizonten im All berücksichtigt. Wie in Kapitel 4 erklärt, können wir Bereiche des Universums, die weiter als etwa 15 Milliarden Lichtjahre entfernt sind, nicht sehen, weil das Licht aus diesen Gebieten noch nicht die Zeit hatte, uns in den etwa 15 Milliarden Jahren seit Bestehen des Universums zu erreichen. In der Vergangenheit war der von diesem Horizont umschlossene Bereich entsprechend kleiner. Eine Sekunde nach dem Urknall war er zum Beispiel nur eine Lichtsekunde (300000 Kilometer) groß.

Rechnet man noch weiter zurück, war der Horizont zum Beispiel nach $10^{-35}$ Sekunden nur $10^{-25}$ Zentimeter weit. Nach dem traditionellen Bild vom Urknall, wonach das Universum allmählich langsamer expandiert, war das Universum nach $10^{-35}$ Sekunden etwa einen Millimeter groß, was $10^{24}$ mal mehr als die entsprechende Größe des Horizonts ist. Nach $10^{-35}$ Sekunden wurde demnach das heute beobachtbare Universum in $10^{72}$ Horizontbereiche unterteilt, die jeweils für alle anderen Bereiche »unsichtbar« sind. Das ist aus folgendem Grund bedeutsam: Weil keine physikalische Kraft oder Wirkung schneller als das Licht sein kann, können Bereiche des Alls, die außerhalb ihrer jeweiligen Horizonte liegen, physikalisch in keiner Weise aufeinander einwirken; sie sind vollkommen getrennt und ursächlich unabhängig. Wie haben diese isolierten Bereiche dann in ihrer Bewegung zusammenwirken können, obwohl doch jede zwischen ihnen wirksame Kommunikation oder Kraft fehlte, die eine Homogenität hätte erzwingen können?

Die Inflation löst dieses Horizont-Problem durch das abrupte Aufblähen zwischen der $10^{-35}$ten und $10^{-32}$ten Sekunde. Im Inflationsszenario war das heute beobachtbare Universum nach $10^{-35}$ Sekunden nur $10^{-26}$ Zentimeter groß, und das liegt innerhalb des Horizontbereichs ($10^{-25}$ Zentimeter) zu jenem Zeitpunkt. Die Inflationstheorie hat also nichts Geheimnisvolles, was die Homogenität des Universums selbst in den Entfernungen betrifft, die wir heute beobachten.

Die Lösung des Horizont-Problems ist nicht der einzige Erfolg des Inflationsszenarios. Es beantwortet auch eine seit langem ungelöste Frage bezüglich der kosmischen Expansionsgeschwindigkeit. Die gegenwärtige Expansion ist eine Folge der Explosion, die die Entstehung des Universums kennzeichnete. Im herkömmlichen Modell hat sich das Universum seitdem beständig verlangsamt. Wäre der Urknall weniger stark ausgefallen, hätte die kumulative Schwerkraft der gesamten kosmischen Materie dazu geführt, daß das ganze Universum nach einer kurzen Expansion wieder auf sich zurückgestürzt wäre. Wäre der Urknall dagegen noch stärker gewesen, wäre die kosmische Materie durch die Streckung des Raums noch feiner verteilt worden, und es hätten sich nie Galaxien gebildet. Die Heftigkeit der Explosion war tatsächlich so exakt auf die Schwerkraft des Universums abgestimmt, daß sie sehr dicht an der kritischen Grenze zwischen beiden Alternativen liegt. Die Relativitätstheorie liefert eine Verbindung zwischen der Expansionsgeschwindigkeit und der durchschnittlichen Raumkrümmung des Universums. Im kritischen Fall der exakt ausgeglichenen Expansion ist die Raumkrümmung null – der Raum ist im großen Maßstab flach.

Es ist faszinierend, auszurechnen, wie fein abgestimmt dieser kosmische Balanceakt sein muß. Wenn wir bis zur Planck-Zeit zurückgehen, $10^{-43}$ Sekunden (also zum frühesten Zeitpunkt, über den wir sinnvollerweise reden können), stellen wir fest, daß die Abstimmung zwischen Explosivkraft und Schwerkraft beim Standardmodell bis auf nicht weniger als ein $10^{60}$stel genau war. Diese erstaunliche Genauigkeit hat die Kosmologen lange verblüfft. Warum sollte das Universum so ideal und mit solch phänomenaler Genauigkeit aufgebaut sein?

Hier kommt die Inflation erneut zu Hilfe. Egal wie stark der Urknall war, seine Auswirkungen werden von der ansteigenden Woge der Inflation vollkommen überrollt. Am Ende der Inflationsphase hat das Universum seine ursprüngliche Aktivität gänzlich vergessen, und das den folgenden Epochen aufgeprägte Verhalten trägt nur noch den Stempel der Inflation. Es ergibt sich, daß die exponentielle Inflation dem Universum eine Expansionsgeschwindigkeit sehr nah am kritischen Wert verleiht, die Expansion und Schwerkraft weit genauer ausgleicht, als der Mensch jemals wird messen können. Um das zu verstehen, ist es hilfreich, sich eine intelligente Ameise auf einer Pampelmuse vorzustellen. Ein solches Tier stellt vielleicht sehr schnell fest, daß die Oberfläche der Pampelmuse gekrümmt ist. Würde die Pampelmuse ihre Größe jedoch 64mal verdoppeln, wäre die Ameise niemals mehr in der Lage, die jetzt minimale Krümmung der Oberfläche zu erkennen, auf der sie herumliefe.

Ähnlich kann die Inflation zumindest teilweise das Rätsel des Machschen Prinzips lösen, das erklärt, warum das Universum nicht rotiert. Jede anfängliche Rotation wäre durch die gewaltige frühe Expansion des Universums auf eine unmeßbar langsame, gemächliche Bewegung reduziert worden, so wie die Rotation eines sich drehenden Schlittschuhläufers sich verlangsamt, wenn er die Arme ausbreitet.

Diese zahlreichen Erfolge haben das Inflationsszenario bei vielen Kosmologen beliebt gemacht. Es ist jedoch nicht unproblematisch. Eines der Hauptprobleme betrifft die Frage, wie der galoppierende Inflationsprozeß ein Ende findet und das Universum zu einer normaleren, allmählich sich verlangsamenden Expansion führt. Damit die Inflation funktioniert, muß sie so lange aufrechterhalten werden, daß das Universum größenmäßig mindesten $10^{25}$mal zunimmt. In dieser Zeit sinkt die Temperatur um denselben Faktor fast bis auf den absoluten Nullpunkt. Das Universum kühlt also beinahe augenblicklich von etwa $10^{27°}$ K fast auf null K ab. Damit ist für das Universum der Weg frei, in die Phase geringer Temperatur überzugehen, in der das Vakuum den vertrauten unangeregten Zustand annimmt, den es heute hat, und die kosmische Abstoßungskraft verschwindet. Dieser Wandel, der mit dem Übergang von Wasserdampf in flüssiges Wasser oder von Wasser in Eis verglichen wurde, bewirkt offenbar das Ende der Inflation dadurch, daß er die Antriebskraft nimmt. Damit das nicht zu schnell geschieht, sah die ursprüngliche Theorie, die Anfang der achtziger Jahre von Alan Guth vom Massachusetts Institute of Technology entwickelt wurde, vor, daß die kosmische Materie eine Periode sogenannter Unterkühlung durchmacht.

Zu Unterkühlung kommt es zum Beispiel, wenn flüssiges Reinwasser langsam gekühlt wird. Es kann sogar noch etwas unter dem Gefrierpunkt flüssig bleiben, bis eine leichte Störung die unterkühlte Flüssigkeit abrupt zu Eis erstarren läßt. Ganz ähnlich könnte sich die angeregte Hochtemperaturvakuumphase des Universums eine Weile gehalten haben, nachdem die Temperatur als Folge der Inflation praktisch auf null gesunken war, und der Abstoßungskraft ermöglicht haben, weiterzuwirken, bis der notwendige Inflationsgrad erreicht war, bevor das »Ausfrieren« erfolgte.

Eine solche Übergangsphase würde im gesamten Universum nicht einheitlich ablaufen, sondern in Form der sogenannten Nukleierung. Grob gesprochen bilden sich willkürlich kleine Blasen und wachsen mit Lichtgeschwindigkeit an, durchdringen sich schließlich und füllen den gesamten Raum aus. Im Innern der Bläschen kommt die Inflation abrupt zum Stillstand. Die Energie der galoppierenden Expansion wird statt dessen auf die Bläschenwände übertragen. Wenn diese hochenergetischen Wände kollidieren, wandeln sie ihre Energie schnell in Wärme um und geben die gewaltigen Reserven an thermischer Energie zurück, die während der Inflation aus dem Kosmos gezogen wurden. So kehrt das Universum abrupt und explosionsartig in einen Hochtemperaturzustand zurück, aber diesmal ohne die Abstoßungskraft. Nach dieser neuerlichen Erwärmung kann es sich weiter auf dem gewohnten Weg der verzögerten Expansion aus einem heißen Urknall bewegen, wobei die Probleme mit der Homogenität, dem Horizont und der Expansionsgeschwindigkeit bereits erledigt sind.

Obwohl dieser Gedanke im großen und ganzen reizvoll ist, liegen die Tücken im Detail, vor allem hinsichtlich der Kollision der Bläschenwände. Ihr Aufeinanderprallen würde willkürlich und chaotisch erfolgen und zunächst einmal wahrscheinlich gerade die Inhomogenität in das Universum einführen, die die Inflation beseitigen sollte. Es herrscht noch keine Einmütigkeit darüber, wie man diese Schwierigkeit am besten meiden kann, die als »Graceful exit-Problem« (»Problem des eleganten Auswegs«) bezeichnet wird; aber es sind schon einige Möglichkeiten vorgeschlagen worden.

Ein Vorschlag geht dahin, daß Blasen der neuen Phase vor der Kollision ihrer Grenzwände zu so enormer Größe anwachsen, daß wir in einem Gebiet des Universums leben, das jenseits des Horizonts all dieser Wände liegt und außerhalb der Reichweite aller Störungen, die durch Kollisionen der Blasenwände hervorgerufen werden. Ein anderer geht dahin, sich nicht auf die Unterkühlung zur Verlängerung der Inflationsperiode zu berufen; vielmehr könne der Phasenübergang selbst ein schwerfälliger Prozeß gewesen sein.

Der Hauptgedanke läßt sich bildlich darstellen. Stellen Sie sich eine Kugel auf dem Gipfel eines Berges vor (Abbildung 27). Das System ist instabil, weil eine kleine Störung dafür sorgt, daß die Kugel vom Berg herunterollt – das ist mit dem angeregten Vakuumzustand des Universums vergleichbar. Wenn die Kugel einmal rollt, rollt sie bis ins Tal, wo sie in einem stabilen Gleichgewicht zur Ruhe kommen kann – das entspräche dem stabilen Vakuumzustand des Universums. Der Berggipfel stellt die Phase des angeregten Vakuums dar, das Tal die Phase des normalen Vakuums. Offenbar wird die Zeit, die für das Ausfrieren notwendig ist, durch die Zeit bestimmt, die die Kugel braucht, um den Berg hinunterzurollen. Wäre der Berg im Gipfelbereich nur sehr schwach geneigt,

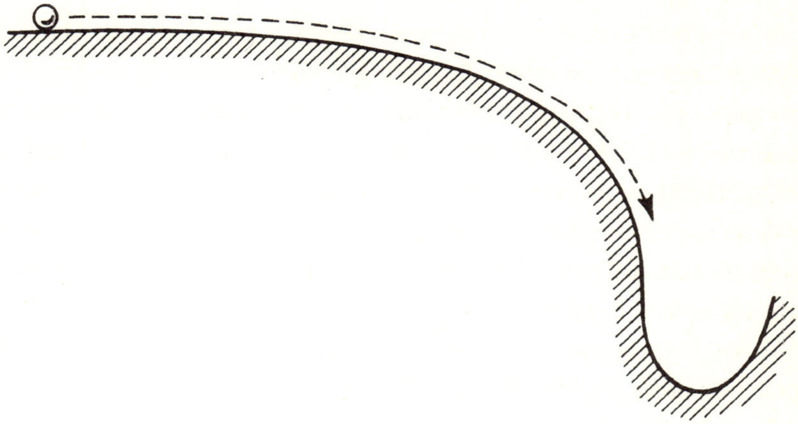

*Abb. 27 Der instabile, angeregte Quantenvakuumzustand des frühen Universums entspricht einer Kugel, die unsicher auf einem Hang über einem Tal liegt. Ist der Hang flach, ist die »Roll«-Zeit lang, was das Universum in die Lage versetzt, längere Zeit zu expandieren, bis die gesamte Energie als Wärme abgegeben ist.*

würde die Kugel anfangs nur sehr langsam rollen, was gleichbedeutend wäre mit der Aussage, daß es zunächst kaum Veränderungen im Wesen des Vakuums gäbe, obwohl die Inflation bereits eingesetzt hat. Es gibt Gründe anzunehmen, daß der Quantenprozeß, der den kosmischen Phasenübergang vorangetrieben hat, sich tatsächlich so verhalten und das Ausfrieren lange genug verzögert hat, damit die Inflation ihr Wunder vollbringen konnte, aber die Probleme der Blasenbildung vermieden hat, die die Unterkühlung verursachen würde, am Ende des Phasenübergangs aber doch Wärme an das Universum zurückgegeben hat.[5]

Das Szenario des inflationären Universums steckt noch in den Kinderschuhen, und ständig werden neue Versionen formuliert. Viele Einzelheiten sind schwer zu analysieren und hängen entscheidend vom jeweils entwickelten Modell ab. Noch ist es viel zu früh, die Theorie als vollen Erfolg hinzustellen. Doch sie enthält einige Merkmale, die ansonsten rätselhafte kosmologische Fakten so gut erklären, daß man sich kaum der Meinung verschließen kann, es müßten während jenes ersten kurzen Augenblicks des Daseins tatsächlich irgendwelche inflationären Aktivitäten erfolgt sein.

5 So wie Wasser latente Wärme abgibt, wenn es gefriert.

Wenn die Inflationstheorie erfolgreich wird, liefert sie einen Mechanismus zur Umwandlung eines virtuellen Quantenuniversums in einen ausgewachsenen Kosmos und ermöglicht uns, wissenschaftlich über die Schöpfung *ex nihilo* der Theologie nachzudenken. Ein kleines Bläschen Raumzeit springt als Folge von Quantenfluktuationen spontan und geistergleich ins Dasein, worauf es von der Inflation gepackt und zu makroskopischen Dimensionen aufgebläht wird. Dann kommt das Ausfrieren, und die Expansion läßt in ihrem Tempo nach, mitten in einem Hitzeausbruch. Die Hitze- und Gravitationsenergie des expandierenden Raums erzeugen dann Materie, und das ganze Sammelsurium kühlt allmählich ab und wird langsamer, und es ergeben sich die Bedingungen, wie wir sie heute beobachten.

Wie es scheint, haben wir etwas aus nichts gewonnen, auch wenn der große römische Philosoph Lukrez meinte, daß aus nichts nichts kommen könne. Wie erklärte es Alan Guth? »Es wird oft gesagt, so etwas wie ein kostenloses Essen gebe es nicht; doch das ganze Universum ist ein kostenloses Essen.« Oder doch nicht? Alles Gute hat einmal ein Ende, und dabei macht das Universum keine Ausnahme – sein endgültiges Schicksal wurde schon in der ersten Sekunde seines Bestehens besiegelt.

VI

# ... und die letzte

Die vielleicht grundlegendste Eigenschaft des Uhrwerk-Universums ist die, daß es, nachdem es einmal in Gang gesetzt wurde, ohne Hilfe ewig weiterläuft – sein Schicksal ist durch die eigene Vergangenheit bereits vorgegeben. Bisher haben wir das neue Bild vom Universum umrissen, bei dem die Zukunft offen und noch nicht entschieden ist und das Raum für Spontaneität, Neues und eine unendliche Vielfalt bietet. In einem Punkt decken sich das alte und das neue Modell jedoch: was das Schicksal des Kosmos insgesamt angeht. Denn auch wenn die Zukunft für einen begrenzten Teil des Universums noch nicht endgültig festgelegt ist, wenn es um die Gesamtheit geht, sind die Gesetze der Relativität und der Quantenphysik genauso kompromißlos wie die Newtons. Eine Prüfung dieser Gesetze ergibt, daß die Art und Weise, wie das Universum als Ganzes untergehen wird, schon in der Art seines Entstehens angelegt ist.

Wie im vorigen Kapitel erklärt, ist das Universum in der eigenen Schwerkraft gefangen und kollabiert nur deshalb nicht, weil es durch eine inflationäre Explosion kurz nach seiner Entstehung in eine expansive Phase geschleudert wurde. Die Expansionsgeschwindigkeit geht jedoch immer weiter zurück, und die Frage aller Fragen ist, ob sie irgendwann auf null sinkt und es dann zu einer Kontraktion kommt. Das hängt eng mit der Geometrie des Raums zusammen: Wenn der Raum endlich und abgeschlossen ist, sagen die Gleichungen der allgemeinen Relativität einen Kollaps des Universums voraus. Wir können unmöglich aufgrund direkter Beobachtungen sagen, ob das tatsächlich der Sachlage entspricht,[1]

1 Das heißt *praktisch* unmöglich; grundsätzlich könnte man mit Hilfe äußerst genauer Beobachtungen, was dreidimensional dem Aufzeichnen von Dreiecken auf die Erdoberfläche und dem Messen der Winkel-

aber viele Theoretiker haben erklärt, daß es aus tieferliegenden Gründen so sein müßte. So kann zum Beispiel das Machsche Prinzip wahrscheinlich nur in einem räumlich geschlossenen Universum richtig formuliert werden. Außerdem hat Stephen Hawking ein überzeugendes Modell für den Quantenursprung des Universums vorgeschlagen, das einen abgeschlossenen Raum erfordert.

Die Inflation hat die Größe der Blase vielleicht enorm expandieren lassen, aber sie kann aus einer geschlossenen Raumzeit niemals eine offene machen, und in dem Fall muß die Schwerkraft eines Tages den Kampf gegen die Expansion gewinnen. Das wird zunächst die Ausdehnung des Universums zum Stillstand bringen und dann den Trend umkehren: in den Kollaps zu einem winzigen Volumen und zum schließlichen Verschwinden in die Singularität. Das kann ungeheuer lange dauern – vielleicht Billiarden Billiarden Jahre –, doch nach diesem Bild wird die letzte Sekunde des Universums ein Spiegelbild der ersten sein: Die Teilchen werden in Energie umgewandelt, die Energie entstellt die Struktur der Raumzeit und wickelt sie am Ende so eng ein, daß sie plötzlich nicht mehr da ist. Schließlich ist das Universum nur vom Vakuum geborgt, die Inflation hat das Unvermeidliche lediglich hinausgezögert. In der Quantenphysik kann etwas für kurze Zeit aus dem Nichts kommen, aber am Ende muß die Zeche beglichen werden.

### *Hört die Zeit auf?*

Man spricht vom Ende des Universums populärerweise auch vom »Big Crunch«, dem »großen Knautschen«, manchmal auch vom »Omega-Punkt«. Es ist wie ein rückwärts ablaufender Urknall. Statt aus dem Nichts urplötzlich ins Dasein zu treten, verschwindet das Universum und hinterläßt buchstäblich nichts. »Nichts« bedeutet hier auch: kein Raum, keine Zeit, keine Materie. Big Crunch bedeutet das vollständige Ende des materiellen Universums; der Omega-Punkt ist das Ende der Zeit. Keine wissenschaftliche Vorhersage ist von solcher Tragweite wie diese Warnung vor dem endgültigen Aus. Sie birgt darüber hinaus eine Vorhersage von fast ebenso epo-

summen entspräche, die Krümmung des Raums messen und feststellen, ob das Universum offen oder geschlossen ist.

chaler Bedeutung, daß nämlich die gesamte Materie, die wir heute im Universum sehen können, sämtliche Sterne und Galaxien, nur etwa ein Prozent des materiellen Gehalts des Kosmos darstellt.

Die Vorhersage hängt mit der Forderung der Gravitationstheorie zusammen, nach der das Universum räumlich geschlossen sein muß, und mit der Beobachtung, daß der Raum fast flach ist. Es ist leicht auszurechnen, wieviel Materie in jedem Kubikmeter Raum sein muß, damit die notwendige Schwerkraft vorhanden ist; das Ergebnis ist mindestens zehn-, wahrscheinlich hundertmal mehr Materie, als wir tatsächlich sehen können. Und während die Theoretiker festgestellt haben, daß es unsichtbare dunkle Materie geben muß, damit sich die kosmologische Struktur des Universums erklären läßt, haben Beobachter eine vergleichbare Notwendigkeit von dunkler Materie entdeckt, ohne die die Bewegung der Galaxien nicht zu erklären ist. Inzwischen steht aufgrund dieser Untersuchungen fest, daß sowohl einzelne Galaxien wie auch Sternhaufen durch die Anziehungskraft von weit mehr dunkler Materie zusammengehalten werden als von der Materie, die wir anhand des Lichts erkennen, das sie aussendet. Kein Mensch weiß, wie dieser unsichtbare Stoff beschaffen ist, aber möglicherweise ist es der unsichtbare Rest exotischer subatomarer Teilchen, die vom Urknall übrig sind. Die theoretische Arbeit läßt vermuten, daß beim Urknall neben Protonen, Neutronen und Elektronen – den Teilchen, aus denen die Atome bestehen – auch andere, exotischere Teilchen entstanden sind. Zum Beispiel Neutrinos (die so flüchtig sind, daß sie Lichtjahre weit massives Blei durchdringen können) sind etwa eine Milliarde Mal häufiger als Protonen. Sie sind Überreste der ersten Millisekunde. Weiter gibt es die sogenannten Axionen, Photinos und Gravitinos aus weit früheren kosmischen Zeiten. All diese Teilchen wechselwirken so schwach mit normaler Materie, daß sie sich der Erfassung bisher entzogen haben, wenngleich man einige von ihnen demnächst experimentell fangen will. Ihre Schwerkraft zusammengenommen könnte das Universum jedoch beherrschen und zu seinem Untergang führen. Hochenergetische Teilchenprozesse der ersten Sekundenbruchteile könnten genügend exotische unsichtbare Materie erzeugt haben, die erklärt, wo sich die Massenenergie heute verbirgt, die zur Besiegelung des kosmologischen Schicksals gebraucht wird.

Beweise für irgendein unsichtbares Wirken im Kosmos kommen aus Untersuchungen über die Art der Verteilung der Galaxien im Raum. Als wir die bemerkenswerte Homogenität des Universums insgesamt hervorgehoben haben, haben wir mit Bedacht auf die Durchschnittsbedingungen in einem genügend großen Raumvolumen Bezug genommen und anerkannt, daß es im kleineren Maßstab Unregelmäßigkeiten geben kann. Obwohl die Homogenität im großen Maßstab ein Schlüssel zum Verständnis der Anfangsbedingungen ist, sind die lokalen Unregelmäßigkeiten ein ebenso wichtiger Hinweis darauf, wie das Universum vor langer Zeit allmählich von der Homogenität abwich, und offenbar auch auf das endgültige Schicksal des Kosmos. Untersuchungen dieser Unregelmäßigkeiten bieten Einblicke in den Anfang wie das Ende der Raumzeit, in die ersten und die letzten Sekunden.

### *Das Universum zusammenschnüren*

Schon ein flüchtiger Blick in den Nachthimmel macht deutlich, daß die Sterne nicht gleichmäßig im Raum verteilt, sondern in Haufen gruppiert sind. Das breite Lichtband der Milchstraße ist die augenfälligste Ansammlung. Wie schon in Kapitel 4 erwähnt, bilden etwa 100 Milliarden Sterne – einschließlich der Sonne – die Milchstraße, ein radförmiges Gebilde, dessen sichtbarer Teil einen Durchmesser von ungefähr 100000 Lichtjahren hat. Denken wir daran, daß diese Galaxie selbst nur Teil einer Gruppe von Galaxien ist, die einen Haufen bilden, während der Haufen seinerseits Teil eines Superhaufens aus vielen tausend Galaxien ist. Weitreichende Teleskope enthüllen, daß dieses hierarchische Haufenmuster im gesamten Kosmos herrscht.

Der Ursprung dieses kosmischen Aufbaus ist eines der großen Geheimnisse der modernen Wissenschaft. Warum ist die Materie nicht gleichmäßig über das Universum verteilt? Was war die Ursache, daß sie sich in ganz bestimmten Regionen des Alls angesammelt hat?

Es ist natürlich verlockend, diesen Aufbau aus seinen Anfangsbedingungen zu erklären – daß das Universum so entstanden sei und daß ihm die Haufenbildung bei seiner Entstehung mitgegeben wurde. Doch diese Möglichkeit wird durch Untersuchungen der kosmischen Hintergrundstrahlung ausgeschlossen, jener Wärmestrahlung, die vom Urknall übriggeblieben ist. Winzige Temperaturschwankungen der Strahlung weisen auf Unregelmäßigkeiten hin, die in dem heißen Gas herrschten, das das Universum eine Million Jahre nach dem Urknall füllte. Diese Zeit, die inzwischen über zehn Milliarden Jahre her ist, geht der Entstehung der Galaxien voraus. Die Forschungsergebnisse belegen, daß das Universum zu jener Zeit erstaunlich homogen und noch ohne eindeutige Anzeichen für eine großangelegte Struktur war. Gerade die erfolgreiche Erklärung durch das Inflationsszenario, warum das so sein müßte, vergrößert noch das Rätsel, wie sich Unregelmäßigkeiten in der Größe von Haufen und Superhaufen nach der ersten Million Jahre im Universum bilden konnten.

Trotz der Homogenität der kosmischen Materie in der Urphase hätte die Schwerkraft auch kleine zufällige Unregelmäßigkeiten ständig wachsen lassen, nachdem die Inflation vorüber war. Sobald eine Region überschüssige Materie anzuhäufen beginnt, erhöht sich ihre Anziehungskraft, und sie zieht in einem eskalierenden Prozeß noch mehr Materie aus ihrer Umgebung an. Auf diese Weise hätte sich jede anfängliche Abweichung in der Dichte verstärkt. Doch der innere Zuwachs an Materie erfolgt innerhalb der Gesamtexpansion des Universums, die dem entgegenwirkt. Auch wenn die Schwerkraft das Strukturwachstum fördert, ist die Wachstumsgeschwindigkeit im expandierenden Universum doch sehr gering – zu gering letztlich, um die jetzige Haufenbildung von Materie als Produkt rein zufälliger Schwankungen in der Dichte innerhalb eines anfänglich völlig homogenen Universums zu erklären.

Als einziger Ausweg aus dieser Sackgasse ist anzunehmen, daß irgend etwas den Wachstumsmechanismus ausgelöst hat, daß es urzeitliche galaktische »Keime« gab, um die sich Materie sammeln konnte. Lange fanden sich die Kosmologen mit der Annahme ab, daß die erforderlichen Dichtestörungen zu Beginn einfach da waren, daß das Universum *so geschaffen wurde*. Das liefert natürlich keine Erklärung, sondern besagt nur, daß die Dinge so sind, wie sie sind, weil sie so waren, wie sie waren. In jüngster Zeit hat sich jedoch die Möglichkeit ergeben, eine physikalische Erklärung für die Störungen der Dichte zu liefern, eine Erklärung auf der

Grundlage von Prozessen, die in den ersten Sekundenbruchteilen abgelaufen sind. Erinnern wir uns, daß die Inflationsperiode nur so lange dauert, wie der Quantenzustand des Universums dem angeregten Vakuumzustand entspricht. Sobald dieser zum »normalen« Vakuum zerfallen ist, hört die Inflation auf. Aber der Zerfallsprozeß unterliegt Fluktuationen wie alle Quantenprozesse und in Übereinstimmung mit der Heisenbergschen Unschärferelation. Das hieße, daß die Inflation nicht überall gleichzeitig aufgehört hätte; einige Regionen des Universums hätten ihre Ausdehnung eher eingestellt als andere. Die Regionen, die sich am längsten aufgebläht hätten, wären am ausgedehntesten und hätten demzufolge eine geringere Dichte als die Regionen, die ihre Aufblähphase eher beendet hatten. Das Ergebnis dieser Abweichungen ist also die Ursache von Unregelmäßigkeiten in der Dichte des postinflationären Universums. Die Inflation hat demnach die erstaunliche Doppelwirkung, alle vorher vorhandenen Unregelmäßigkeiten auszulöschen und dem Universum die eigenen Unregelmäßigkeiten aufzuprägen. Außerdem zeigt sich, daß diese Quantenunregelmäßigkeiten die richtige allgemeine Form haben, im großen Maßstab die Struktur zu erklären, die wir heute sehen. Wenn diese Theorie das wirkliche Universum gut darstellt, bedeutet das, daß mikroskopische Quantenfluktuationen, die mit der Quantenunbestimmtheit entstanden, am gesamten Himmel ausgeprägt zu finden sind – daß die Galaxien Überreste »gefrorener« Fluktuationen aus der ersten $10^{-32}$sten Sekunde sind.

Trotz ihres Reizes ist die Quantenfluktuationstheorie nicht unproblematisch. Viele Berechnungen weisen zum Beispiel darauf hin, daß die Dichteschwankungen in Wirklichkeit zu groß wären, um zu den heute im Universum beobachteten Unregelmäßigkeiten zu passen. Es gibt jedoch eine Konkurrenztheorie, die auch zu erklären sucht, was das Wachstum der Galaxien ausgelöst hat. Sie beruft sich ebenfalls auf die allerersten Phasen des Universums, als das Quantenvakuum nach seiner angeregten Phase zerfiel. Die Theorie stellt eine enge Analogie her zwischen diesem Phasenübergang und dem Einsetzen des Ferromagnetismus. Wird ein Eisenmagnet über einen bestimmten kritischen Punkt, den sogenannten Curie-Punkt, erhitzt, verliert er seinen Magnetismus. Wenn er abkühlt, macht das Eisen einen abrupten Übergang in seine magnetische Phase durch. Dieser Phasenübergang erfolgt jedoch nicht überall auf die gleiche Weise. Das Eisen wird vielmehr in verschiedene Domänen unterteilt, die alle ihr eigenes, in eine bestimmte Richtung ausgerichtetes Magnetfeld haben. So hat man auch vermutet, das abkühlende Universum hätte eine Domänenstruktur besessen, in der die mit verschiedenen Naturkräften verbundenen Felder unterschiedliche Formen angenommen hätten.

Interessant ist die Situation an den Grenzflächen zwischen diesen Domänen, weil die Felder auf beiden Seiten der Grenze im allgemeinen nicht zueinander passen. Das Ergebnis könnte eine Art Verschiebung sein, und unter bestimmten Umständen könnten die Felder am Ende auf irgendeine Art verknotet sein. In Kapitel 2 haben wir geschildert, wie ein derartiger topologischer Defekt entstehen kann. Eine Folge dieser mangelnden Übereinstimmungen sind eine Reihe dünner Röhren. Außerhalb eines solchen Röhrchens wäre der übliche leere Raum, der dem normalen Quantenvakuum entspräche, wie wir es heute beobachten. Aber im Röhrchen bliebe der Quantenzustand in seiner angeregten urzeitlichen Phase gefangen und könnte den Phasenübergang nicht mitmachen, der überall sonst in den ersten Sekundenbruchteilen erfolgte. Das Ergebnis ist ein sogenannter String. Falls es sie gibt, sind Strings Zeitkapseln, die vom Entstehungsvorgang übriggeblieben sind. Sie bestehen nicht aus Materie; es sind im wesentlichen Röhren aus Feldenergie. In diesen Röhren bleibt das Universum in dem Zustand eingefroren, in dem es sich ganze $10^{-35}$ Sekunden nach dem Anfang befand.

Strings sollen einige ausgefallene Eigenschaften haben. In der beliebtesten Version der Theorie dürfen die Strings keine Enden haben, müssen also entweder unendlich lang sein und sich durch das ganze Universum erstrecken oder geschlossene Schleifen bilden. Die Feldenergie ist in den Strings so konzentriert, daß ein nur ein Kilometer langer String normalerweise soviel wie die Erde wiegen kann. Aber die Bedeutung all dessen wird erst richtig klar, wenn man feststellt, wie dünn dieser String wäre. Er ist unvorstellbar dünn – eine Million Billiarde Billiardstel Zentimeter dick. Um zu ermessen, was das heißt, muß man sich einen String vorstellen, der sich durch das sichtbare Universum erstreckt, also zehn Milliarden Lichtjahre lang ist. Ein solcher String ließe sich in einem einzigen Atom zu einer Kugel zusammenrollen, und dann wäre immer noch Platz. Diese subatomare Stringkugel würde dann $10^{44}$ Tonnen wiegen – soviel wie ein Superhaufen Galaxien!

Eine weitere seltsame Eigenschaft der Strings ist die, daß ein gerader String trotz der enormen Masse pro Längeneinheit normalerweise überhaupt keine Gravitation auf ein benachbartes Objekt ausübt. Wie schon erwähnt, sind kosmische Strings im wesentlichen energiereicher leerer Raum, Röhren, in die bestimmte Kraftfelder gepreßt werden. Diese Felder besitzen nicht nur sehr viel Energie (und damit Schwerkraft), sie üben auch einen gewaltigen Druck aus. Die Besonderheit dieses speziellen Felddrucks – der gleiche ursprüngliche Felddruck, der die Inflation antreibt, aber jetzt in der Röhre gefangen ist – besteht darin, daß er negativ ist, so daß das Feld zu schrumpfen und nicht zu wachsen versucht. Das bedeutet, daß die Strings einer enormen Spannung ausgesetzt sind, die versucht, sie zusammenzuziehen. Es bedeutet auch, wie wir schon bei der Darstellung der Inflationskraft erklärt haben, daß sich zum negativen Druck in den Strings Antischwerkraft gesellt. In einem geraden String hebt die Antischwerkraft des Drucks die Schwerkraft der Energie in der Röhre genau auf, so daß keine Gravitationskraft nach außen wirkt.

Das heißt jedoch nicht, daß die Strings überhaupt keine Gravitationseffekte ausüben. Der String erzeugt zwar keine Krümmung der Raumzeit in seiner Umgebung, hat aber eine eindeutige Wirkung auf die Geometrie des Raums, eine Wirkung, die folgendermaßen veranschaulicht werden kann: Stellen Sie sich einen Beobachter vor, der dem ganzen Kreis eines solchen Strings folgen würde. Aufgrund unserer Erfahrungen würden wir unterstellen, daß der Trip auf diesem Kreis 360° einschließt. Würde dieser Beobachter jedoch nachmessen, würde er feststellen, daß er in Wirklichkeit weniger als 360° zurückgelegt hat.

Um das zu verstehen, stellen Sie sich vor, Sie schneiden aus einer flachen Scheibe einen Keil und kleben die Kanten der entstandenen Lücke wieder zusammen (Abbildung 28). Das flache Stück Papier hat jetzt die Form eines Kegels, und obwohl der Umfang der ehemaligen Scheibe immer noch kreisförmig ist, ist er doch jetzt geringer als vorher. Im Falle des Strings stellt das Blatt Papier einen Schnitt durch den Raum senkrecht zum String dar,

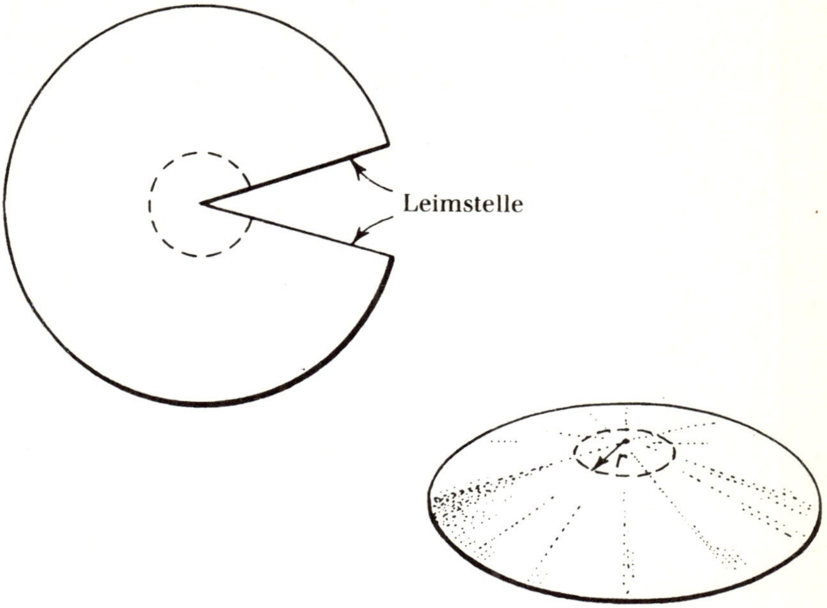


*Abb. 28 Schneidet man aus einer flachen Scheibe einen Keil und klebt die Kanten des Keils zusammen, wird aus der Scheibe ein Kegel. Der Kegel hat die Eigenschaft, daß der Umfang eines Kreises um die Kegelspitze weniger als 2 Pi beträgt. Der Raum senkrecht zu einem geraden String hätte eine solche »kegelförmige« Geometrie.*

wobei die Kegelspitze dem Schnittpunkt des Blattes mit dem String entspricht. Der Effekt besteht darin, daß der String einen Keil aus dem Raum schneidet und den Raum »konisch« macht.

Dieser Defizitwinkel hat eindeutige Auswirkungen. Zwei Lichtstrahlen zum Beispiel, die am Anfang parallel laufen und den String zu beiden Seiten passieren, können abgelenkt werden, so daß sie sich schneiden. Der String wirkt somit etwa wie eine Zylinderlinse. Liegt ein String zwischen dem Beobachter und einem Objekt, zum Beispiel einer Galaxie oder einem Quasar, kann der Beobachter das Objekt doppelt sehen (Abbildung 29). Bei typischen Strings beträgt die Winkelverschiebung nur wenige Bogensekunden. Astronomen haben jedoch interessanterweise viele dicht beieinanderliegende Quasarenpaare entdeckt, deren beide Lichtspektren identisch sind, und sie haben daraus geschlossen, daß es sich um zwei Bilder desselben Objekts handeln muß, das durch

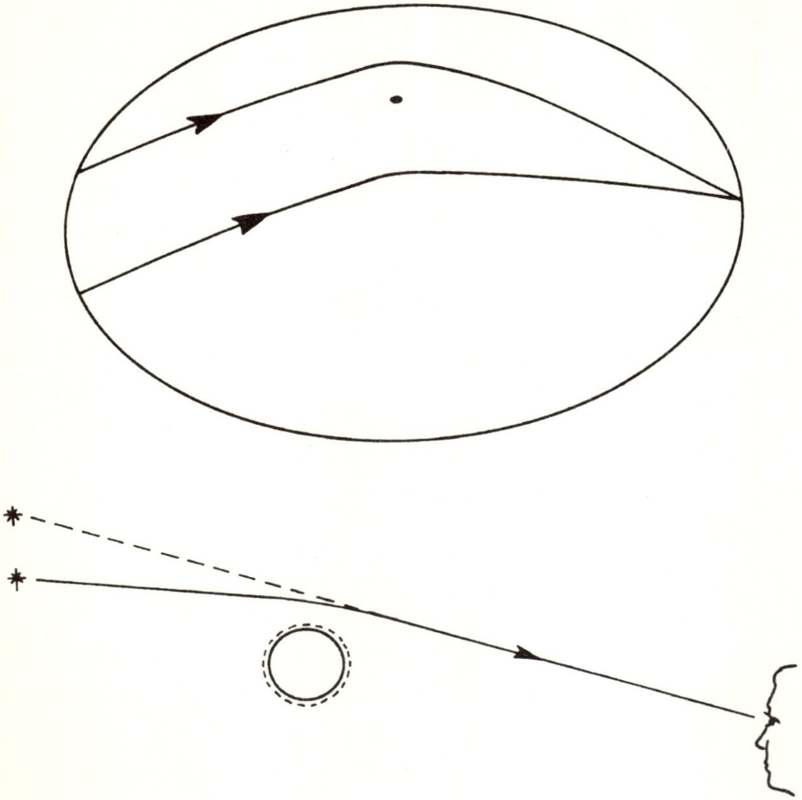

*Abb. 29 Lichtstrahlen im kosmischen Raum, die am Anfang parallel laufen, können wie mit einer Linse gebündelt werden. Ein Beobachter kann daher eine Lichtquelle auf der anderen Seite eines kosmischen Strings doppelt sehen, nicht nur einmal.*

irgendeine Gravitationslinse gesehen wird. Unglücklicherweise können Doppelbilder auch durch eine Verzerrung im Raum erzeugt werden, die durch die Gravitation einer Galaxie oder eines Schwarzen Lochs hervorgerufen wurde, so daß man nicht beweisen kann, daß Strings die Ursache sind. Eine genauere Untersuchung derartiger Mehrfachbilder könnte allerdings die Wirkungen der Strings und den Einfluß von Galaxien auseinanderhalten. Wenn zum Beispiel ein String quer vor einem ausgedehnten Objekt wie einer Galaxie liegt, müßte eines der Bilder, die wir sehen, eine scharf abgeflachte Kante aufweisen.

Weitere beobachtbare Effekte treten auf, wenn man die Bewegung des Strings quer zur Sichtlinie berücksichtigt. Das Licht von fernen astronomischen Objekten wird durch die Expansion des Universums zum roten Ende des Spektrums verschoben, und das Ausmaß dieser Rotverschiebung liefert einen Wert für die relative Geschwindigkeit, mit der die Objekte sich von uns entfernen. Wenn ein String zwischen uns und dem Objekt vorbeizieht, erfährt die Rotverschiebung, die wir sehen, eine plötzliche Veränderung. Eine ähnliche Wirkung wird auf die kosmische Hintergrundstrahlung ausgeübt: Stringbewegungen erzeugen abrupte Veränderungen der Temperatur auf beiden Seiten des Strings, von der Erde aus gesehen. Derartige Temperaturschwankungen könnten in näherer Zukunft aufgespürt werden.

Auch wenn ein gerader String keine Gravitation ausübt, verhält sich eine Stringschleife aus der Entfernung mehr oder weniger wie ein normaler Klumpen Materie. Auf diese Stringschleifen setzen die Kosmologen als eine mögliche Erklärung der »Keime«, die das Wachstum der Galaxien und anderer großräumiger Strukturen im Universum auslösten. Aber würde man damit rechnen, daß sich im jungen Universum so viele Stringschleifen gebildet haben? Nach mathematischen Analysen hätten sich Strings in großer Zahl gebildet, die sich willkürlich und nahezu mit Lichtgeschwindigkeit bewegen. Das hätte bestimmt ein kompliziertes Durcheinander sich kreuzender Strings ergeben. Wenn zwei Strings sich kreuzen, wechselwirken die Felder in ihnen normalerweise so, daß die beiden Röhren sich neu verbinden und jedes Ende eines Strings sich mit seinem ehemaligen Nachbarn verbindet (Abbildung 30). Das bedeutet, daß wiederholtes Verwickeln und Sichkreuzen dahin tendieren, geschlossene Schleifen zu erzeugen. Es hat den Anschein, daß es in der ersten Sekunde des Universums tatsächlich eine Überfülle derartiger Schleifen gegeben hat.

In der unermeßlich langen Zeit, die folgte, expandierte das Universum gewaltig. Die Schleifen hätten sich auseinandergezogen und auch verlangsamt, bis sie in bezug auf die gasförmige kosmische Materie mehr oder weniger zur Ruhe gekommen wären. In diesem ruhigeren Zustand hätten sie dann angefangen, Materie einzusammeln und Galaxien zu bilden. Viele Theoretiker sind davon überzeugt, daß Strings eine entscheidende Rolle beim Gesamtaufbau des Universums gespielt und daß sich einige Strings bis heute im Universum gehalten haben. Hier erhebt sich die Frage,

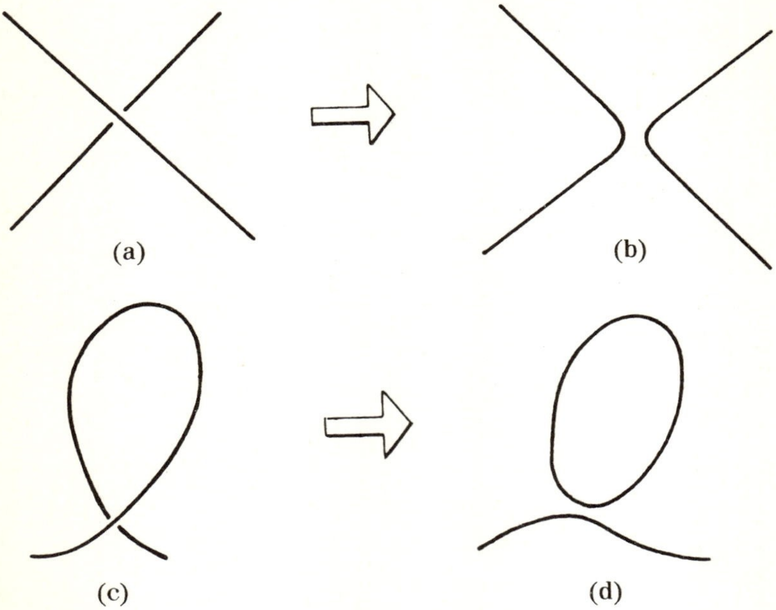


*Abb. 30 Wenn kosmische Strings sich kreuzen, tendieren sie dazu, sich wie angegeben neu zu verbinden, wobei sich die Stränge vertauschen. Das bedeutet, daß ein mit sich selbst wechselwirkender String häufig eine abgetrennte geschlossene Schleife abwirft.*

ob sie irgendwie aufgespürt werden können. Eine Möglichkeit haben wir bereits erwähnt: den eigenartigen Effekt der Doppelbilder. Aber wo sollten wir danach suchen?

Man könnte zunächst meinen, wir sollten am besten im Zentrum einer Galaxie wie unserer Milchstraße nach einer Schleife aus kosmischen Strings suchen. Aber nicht alle Urschleifen – das heißt, nur wenige – werden überlebt haben. Das Schicksal einer Schleife hängt von ihrer Dynamik ab. Die Stringspannung wird versuchen, die Schleifen schrumpfen zu lassen, doch dem widersetzen sich die Impulse verschiedener Stringabschnitte, die sich unter Umständen sehr schnell bewegen. Computersimulationen lassen vermuten, daß eine Schleife, wenn sie sich bildet, sich wie wild windet. Diese Schlängelbewegung führt zu einem raschen Energieverlust der Schleife, und zwar in Form einer ziemlich exotischen Strahlung, den sogenannten Gravitationswellen.

## *Der gekräuselte Raum*

Ein so massereiches Objekt wie die Sonne bewirkt eine Krümmung der Raumzeit in ihrer Umgebung. Wenn die Sonne sich bewegt, bewegen sich die Raum- und die Zeitkrümmung mit. Andere Objekte in den Tiefen des Universums, die zum Teil weit mehr Masse als die Sonne aufweisen, haben ihre eigenen Raum- und Zeitkrümmungen. Stoßen zwei Objekte zusammen, werden ihre Raum- und Zeitkrümmungen zerstört und können Wogen in das umliegende Universum entsenden. Diese Wogen sind Gravitationswellen.

Einstein hat die Existenz von Gravitationswellen 1916 theoretisch begründet, aber trotz jahrzehntelanger Bemühungen sind sie bis heute nicht experimentell nachgewiesen worden. Dennoch sind die Physiker sehr zuversichtlich, daß es sie gibt. Ihre schwer faßbare Natur geht auf die Schwäche der Gravitation zurück, so daß selbst sehr starke Gravitationswellen mitten durch uns hindurchgehen könnten, ohne eine spürbare Wirkung hervorzurufen.

Nicht nur der Zusammenprall von Objekten erzeugt Gravitationswellen. Der Theorie nach müßten die meisten bewegten Massen irgendeine Gravitationsstrahlung aussenden. Zu den üblichen Quellen im Universum könnten explodierende oder kollabierende Sterne gehören, die Umlaufbewegung von Doppelsternen oder das Sichwinden eines Strings. Die bei diesen Prozessen freigesetzte Strahlung breitet sich mit Lichtgeschwindigkeit aus und könnte im Prinzip aus dem gesamten beobachtbaren Universums zu uns gelangen.

Wie könnten also Gravitationswellen aufgespürt werden? Eine Radiowelle verrät sich dadurch, daß sie elektrisch geladene Teilchen (wie die Elektronen im Metall eines Funkmasts) schnell hin und her bewegt. Aber da die Schwerkraft auf alles wirkt, nicht nur auf geladene Teilchen, könnte ein Gerät zum Aufspüren von Gravitationsstrahlung im Grunde aus allem bestehen. Weil die Schwerkraft eine so ungewöhnlich schwache Kraft ist, ist Materie für Gravitationswellen leider beinahe durchlässig. Die meisten davon durchdringen die Erde ungehindert. Man wird Detektoren von bisher unerreichter Empfindlichkeit brauchen, will man ihren Durchtritt jemals registrieren.

Solche Detektoren werden inzwischen entworfen und gebaut. Der erste Detektor, den Joseph Weber von der University of Maryland in den sechziger Jahren baute, bestand aus einem mehrere Meter langen Aluminiumzylinder, der an einem dünnen Draht in einer Vakuumkammer hing. Der Durchtritt einer Gravitationswelle ruft in dem Zylinder eine winzige Schwingung hervor. Auf den Zylinder waren empfindliche elektrische Sensoren geklebt, die diese Bewegungen aufnehmen sollten. Ein Erfolg wird davon abhängen, ob man Längenänderungen von wirklich aberwitziger Winzigkeit registrieren kann. Um etwa die Empfindlichkeit zu erreichen, die man zum Aufspüren von Schüben der Gravitationswellen beispielsweise einmal pro Monat braucht, müssen Änderungen der Stablänge von ganzen $10^{-20}$ Zentimeter festgestellt werden. Das ist so, als wollte man eine Veränderung der Entfernung Erde-Sonne in der Größenordnung des Durchmessers eines einzelnen Atoms messen oder eine Veränderung der Entfernung zum nächsten Stern (4⅓ Lichtjahre entfernt), die weniger als der Durchmesser eines menschlichen Haars beträgt: Es scheint unmöglich, doch die Wissenschaftler sehen es nicht so. Man braucht zudem nicht nur hochtechnisierte Meßverfahren; hinzu kommt das Problem anderer Bewegungen (einschließlich seismischer Schwingungen und selbst von Erschütterungen, die durch die Wärme im Zylinder verursacht werden), die die Auswirkungen der Gravitationswellen überdecken können. All diese äußeren Einflüsse müssen unterdrückt werden.

Die Physiker horchten auf, als Weber Anfang der siebziger Jahre den Nachweis häufiger Aktivitätsschübe erbrachte, die er auf gravitative Störungen zurückführte, die das Meßgerät passiert hätten. Andere Wissenschaftler beeilten sich, ähnliche Detektoren zu entwickeln, ohne jedoch eine Gravitationsstrahlung registrieren zu können. Inzwischen hat man die Detektoren fast bis auf den absoluten Nullpunkt abgekühlt, um das thermische Rauschen auszuschließen, und die Meßempfindlichkeit ist gestiegen, aber noch immer liegt kein eindeutiger Beweis vor. Die meisten Wissenschaftler meinen, daß die Schwingungen, die Weber vor etwa zwanzig Jahren registriert hat, gar nicht durch Gravitationswellen verursacht worden seien.

Unterdessen haben sich einige Forschergruppen anderen

Detektorentwürfen zugewandt. Eine der vielversprechendsten Methoden arbeitet mit Lasern und feinstabgestimmten Lichtstrahlen, die von mehreren Spiegeln reflektiert werden. Diese hängen in evakuierten Röhren, damit die Luft keine Störungen verursachen kann. Wenn eine Woge aus dem All vorbeihuscht, kommt es zu winzigen Veränderungen der Spiegelabstände, die im Prinzip durch einen genauen Vergleich des zwischen den Spiegeln hin- und hergeworfenen Lichts festgestellt werden können. Obwohl die Wissenschaftler Fortschritte bei der Entwicklung der erforderlichen höchstempfindlichen Verfahren und der Ausschaltung der äußeren Störungen machen, wird es wahrscheinlich noch einige Jahre dauern, bis die langgesuchten Gravitationswellen endlich entdeckt werden. Die Zuversicht der Forscher, daß ihre Arbeit nicht umsonst ist, hat starken Auftrieb dadurch erhalten, daß ein Team der University of Massachusetts in Amherst die Wirkungen von Gravitationswellen im All entdeckt hat. Mit dem riesigen Radioteleskop in Arecibo/Puerto Rico hat das Team mehrere Jahre lang die Bewegung eines ungewöhnlichen Systems erforscht, des sogenannten PSR 1913 + 16. Es ist ein Doppelsternsystem – zwei Sterne, die einander umkreisen. Aber das System weist eine Besonderheit auf. Beide Sterne sind zu Kugeln kollabiert, die nicht größer als eine Stadt auf der Erde sind, obwohl jeder Stern mehr Materie enthält als unsere Sonne. Diese enorme Verdichtung bewirkt, daß die Dichte der Materie in den Sternen ein enormes Niveau erreicht. Ein Teelöffel dieser Materie würde eine Milliarde Tonnen wiegen! Unter diesen Bedingungen sind selbst die Atome zermalmt, so daß diese kollabierten Sterne hauptsächlich aus Neutronen bestehen.

Man nimmt an, daß Neutronensterne bei der Explosion von Supernovae entstehen, wenn der Kern eines massiven Sterns unter dem eigenen Gewicht implodiert. Nach dem Entstehen würden sie sich wahrscheinlich zuerst mit einer wahnsinnigen Geschwindigkeit drehen, vielleicht mehrere hundert Mal pro Sekunde. Die meisten Sterne haben ein Magnetfeld, und wenn ein Stern kollabiert, wird das Feld zusammengepreßt und enorm verstärkt. Ein typischer Neutronenstern hat demnach ein Magnetfeld, das viele Milliarden Male stärker als das der Erde ist. Wenn der Stern rotiert, rotiert das Magnetfeld mit, und das unheimliche Objekt wird zu einem starken kosmischen Dynamo. Geladene Teilchen in der

Umgebung des Neutronensterns, wie Elektronen, werden vom Magnetfeld eingefangen und fast mit Lichtgeschwindigkeit herumgewirbelt. Das zwingt sie, ein starkes elektromagnetisches Strahlenbündel auszusenden, unter anderem Licht- und Radiowellen. Mit der Rotation des Sterns rotiert auch das Strahlenbündel, wie der Lichtstrahl eines Leuchtturms. Für einen Beobachter auf der fernen Erde besteht die Wirkung darin, daß jedesmal ein plötzlicher Licht- oder Radiowellenimpuls auftritt, wenn das Strahlenbündel über unseren Planeten streicht.

Rhythmische Radiopulse dieser Art wurden erstmals Ende der sechziger Jahre entdeckt. Inzwischen sind viele derartige Objekte bekannt, die man Pulsare getauft hat. Aber PSR 1913 + 16 ist eines von nur einer Handvoll Systemen, bei denen ein Pulsar einen anderen Neutronenstern umkreist; deshalb wird er als Doppelstern-Pulsar bezeichnet.

Diese zufällige Anordnung bietet eine einmalige Gelegenheit, die Wirkungen der Gravitationsstrahlung in Aktion zu sehen. Die Umlaufzeit dieses Doppelstern-Pulsars – die Zeit, die ein Stern für die einmalige Umrundung seines Begleiters braucht – beträgt nur acht Stunden, was bedeutet, daß die Sterne sich mit hoher Geschwindigkeit in einem intensiven Gravitationsfeld bewegen. Diese umeinander rasenden Sterne sind deshalb eine starke Quelle von Gravitationswellen, und sowie die Wellen in das All entschwinden, entziehen sie dem System Energie. Die Folge ist, daß die Umlaufbahn langsam enger wird und die Neutronensterne sich spiralförmig aufeinanderzubewegen. Irgendwann werden sie aufeinanderprallen und verschmelzen. Bis dahin bieten die regelmäßigen Radiopulse dieses Systems ein ideales Mittel, die Abnahme der Umlaufbahn zu verfolgen. Der Pulsar ist tatsächlich eine phantastisch genaue Uhr, und so wie sich die »Uhr« im Gravitationsfeld ihres Begleitsterns bewegt, verändern sich die Radioblips ein wenig aufgrund der Wirkungen der Gravitation auf die Zeit. Dank der mehrjährigen Überwachung der Impulse waren die Astronomen in der Lage, die Umlaufbahn mathematisch genau zu beschreiben. Als diese Beschreibung unmißverständliche Anzeichen für eine Abnahme der Umlaufbahn erkennen ließ, gerieten die Wissenschaftler in helle Aufregung, denn erstmals war es möglich, Einsteins jahrzehntealte Vorhersage zu überprüfen, nach der

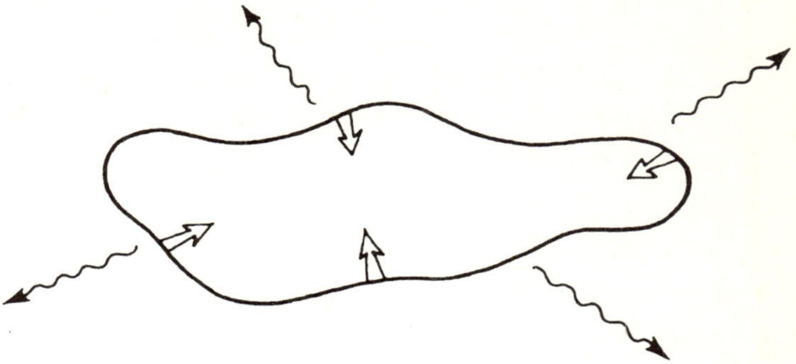

*Abb. 31 Eine Schleife sich schlängelnder Strings ist eine starke Quelle von Gravitationswellen. Da die Wellen vom String abstrahlen, entziehen sie ihm Energie, und die Schleife muß deshalb schrumpfen.*

ein solches System Gravitationswellen erzeugt – eine Vorhersage, die gemacht wurde, als noch niemand wußte, daß es überhaupt Neutronensterne gibt. Heute wissen wir, daß das Tempo, mit dem die Umlaufbahn des Doppelstern-Pulsars abnimmt, genau mit der Vorhersage aus Einsteins allgemeiner Relativitätstheorie übereinstimmt. Es scheint klar zu sein, daß, auch wenn auf der Erde noch keine Gravitationswellen entdeckt worden sind, wir doch wenigstens Zeugen ihrer Aussendung irgendwo in der Milchstraße werden.[2]

Genau wie rotierende Neutronensterne Gravitationsstrahlung erzeugen, müßte das auch ein bewegter String tun (Abbildung 31). Im Falle einer Schleife sich schlängelnder Strings entweichen die Gravitationswellen in den Raum und rufen zwei Wirkungen hervor, von denen eine ziemlich ungewöhnlich ist. Die Strahlung wird nicht gleichmäßig im Umkreis der Schleife emittiert, sondern dahin tendieren, in bestimmte Richtungen konzentriert abzustrahlen, je nach Form und Geschwindigkeit der verschiedenen Schlei-

2 Ein Wort der Warnung: Wissenschaftler benutzen den Ausdruck »Gravitationswellen« auch für Strömungsmuster in den Ozeanen oder der Erdatmosphäre (oder im Wasser in Ihrer Badewanne). Der Begriff ist zwar der gleiche, das beschriebene Phänomen aber ein völlig anderes. Sollten Sie in der Zeitung jemals etwas über die Messung von Gravitationswellen in der Erdatmosphäre lesen, so handelt es sich nicht um einen neuen Triumph der allgemeinen Relativität!

fenfragmente. Der mit der Strahlung fortgetragene Impuls wirkt sich auf die Schleife aus und beschleunigt sie in die entgegengesetzte Richtung, fast wie eine Rakete. Man schätzt, daß Stringschleifen durch den Raketeneffekt bis auf zehn Prozent der Lichtgeschwindigkeit beschleunigt werden können. Falls also solche Schleifen tatsächlich die Keime der Galaxien darstellten, sind sie dank diesem Prozeß wahrscheinlich längst den Zentren der Galaxien entflohen.

Als zweites bewirkt der Energieverlust durch Gravitationsstrahlung eine Abschwächung der Schlängelbewegungen der Schleife, was der Spannung im String ermöglicht, sie schrumpfen zu lassen. Am Ende würde eine sich zusammenziehende Stringschleife total wegschrumpfen oder vielleicht zu einem Schwarzen Loch werden. So oder so, es ist unwahrscheinlich, daß viele Schleifen sich bis in unsere Zeit in den Zentren der Galaxien gehalten haben.

Die Gesamtwirkung der von unzähligen ursprünglichen Stringschleifen emittierten Gravitationswellen bestünde darin, daß das ganze Universum mit einem Gewirr von Wogen erfüllt wäre, wie die Oberfläche eines Sees, die durch Windböen aufgerauht wird. Diese Gravitationswellen hätten zum Teil eine enorme Wellenlänge, die zwischen Gipfel und Tal viele Lichtjahre betragen könnte, worin die enorme Anfangsgröße einiger Schleifen zum Ausdruck käme. Diese Hintergrundwogen im All stören unter anderem die Gleichmäßigkeit der Pulsarpulse – diesmal nicht wegen der Emission irgendwelcher Gravitationswellen der Pulsare selbst, sondern weil der Raum zwischen einem bestimmten Pulsar und der Erde sich kräuselt, während der Puls ihn auf seinem Weg zu uns durcheilt.

Je schneller ein Pulsar rotiert, desto anfälliger sind seine Pulse für diesen Effekt. Einige Pulsare drehen sich so schnell, daß die Signale im Abstand von nur gut einer tausendstel Sekunde aufeinanderfolgen. Diese »Millisekundenpulsare« werden inzwischen intensiv nach Anzeichen für Gravitationswellen erforscht, die aus einer früheren Zeit übriggeblieben sind, in der es noch von sich schlängelnden Stringschleifen wimmelte.

## *Schreckliche Begegnung: String trifft Schwarzes Loch*

Weil es absolut unzulässig ist, daß ein String reißt, ergibt sich die interessante Frage, was mit einem String passiert, der auf ein Schwarzes Loch trifft. Nichts, was in ein Schwarzes Loch gerät, auch nicht der Abschnitt eines kosmischen Strings, kann jemals wieder entkommen, aber das Schwarze Loch kann nicht ein Stück aus dem String herausbeißen, ohne zwei freie Enden zu hinterlassen. Die einzig mögliche Lösung für den String ist, ständig mit dem Loch verbunden zu bleiben. Wenn das geschieht, schluckt das Loch den String wie zwei Spaghetti. Falls ein gerader String in ein Schwarzes Loch gerät, läßt sich nichts über das Tempo sagen, mit dem er verschlungen wird, denn er hat keine Markierungen. Für einen Beobachter sähe es so aus, als würde nichts passieren. Tatsächlich bleibt die Situation statisch: Das Schwarze Loch wird nicht größer, wenn es den String verschlingt. Denn die Antischwerkraft des Innendrucks hebt exakt die mit der Energie verbundene Schwerkraft auf. Unter dem Strich ändert sich also die Schwerkraft des Schwarzen Lochs nicht, wenn es Abschnitte von geraden Strings verschlingt, egal wie lang diese Abschnitte sind.

In der Realität würde es jedoch sehr kompliziert werden, wenn ein String von einem Schwarzen Loch eingefangen würde, und der String wäre sicher nicht vollkommen gerade. Computersimulationen, die Ian Moss und Kollegen an der University of Newcastle upon Tyne durchgeführt haben, zeigen, daß ein String, von dem ein Abschnitt in die Nähe eines Schwarzen Lochs gerät, zunächst einen scharfen Knick oder Zipfel bildet, der auf das Loch weist. Dieser Knick wird dann zu einer offenen Schleife, wie eine einzelne Windung einer Sprungfeder, die wiederum einen anderen Knick ausbilden kann, dann eine Schleife in der Schleife und so weiter. Wenn der String in das Schwarze Loch gerät, sieht er nicht mehr wie eine einzelne Nudel aus, die hochgezogen werden kann, sondern wie ein Teller mit lieblos servierten Spaghetti. Wenn das Loch rotiert (was wahrscheinlich ist), werden die »Spaghetti« mitgerissen, und es wird alles noch verworrener.

Das Interesse am Aufeinandertreffen von Strings und Schwarzen Löchern geht über derartige denkbare astrophysikalische Szenarien hinaus zu den Grundlagen der Physik. Eines der Hauptmerkmale der Schwarzen Löcher, das erstmals von Stephen Hawking untersucht wurde, ist, daß sie ihre Größe nicht verringern können. Genauer gesagt, die Oberfläche eines Schwarzen Lochs kann sich nur vergrößern oder gleich bleiben. Die einzige Ausnahme von diesem Gesetz betrifft die mikroskopisch kleinen Schwarzen Löcher, bei denen Quantenprozesse Gravitationsenergie in echte Teilchen umwandeln können, was zum Verdampfen und schließlich zum Verschwinden des Lochs in einer Explosion aus Energie führt.

Das Flächenvergrößerungsgesetz ist für die Physik unentbehrlich, weil es erlaubt, die Gesetze der Thermodynamik auf Schwarze Löcher anzuwenden. Die Fläche eines Schwarzen Lochs bietet ein Maß für seine Entropie, und wenn ein Schwarzes Loch schrumpfen könnte, würde das auf einen Rückgang der Entropie hinauslaufen und eines der heiligsten Gesetze der Wissenschaft verletzen.

Auf den ersten Blick scheint es tatsächlich so, als würde die Fläche eines Schwarzen Lochs kleiner, wenn ein String hineingerät. Das hat damit zu tun, wie ein String die Geometrie der Raumzeit in seiner unmittelbaren Umgebung durch das Herausschneiden eines Keils verändert (vgl. Abbildung 28). Auf die gleiche Weise würde ein gerader in ein Schwarzes Loch geratender String einen Keil aus der Oberfläche des Lochs schneiden und damit die Fläche des Schwarzen Lochs in offensichtlichem Widerspruch zu dem Grundsatz verkleinern, den wir erwähnt haben. Oder doch nicht? Trotz allem Anschein sind die meisten Theoretiker zuversichtlich, daß das Flächengesetz und die Grundsätze der Thermodynamik, auf die es sich bezieht, nach wie vor befolgt werden. Eine Vermutung geht dahin, der String müsse, wenn er in das Schwarze Loch stürzt, etwas Energie abgeben, die die Masse des Lochs erhöht und damit seinen Radius. Man nimmt an, daß dies die Oberfläche stets mehr als ausreichend vergrößert, um die Fläche auszugleichen, die mit dem Keil verloren geht, den der String ausschneidet.

Bevor wir die Strings verlassen, sollten wir vielleicht noch erwähnen, daß bei ihrer Entstehung physikalische Prozesse beteiligt sind, die mehr oder weniger in der gleichen Epoche wie die Inflation ablaufen. Die entscheidende Frage lautet, ob etwas mehr oder etwas weniger. Hätten sich die Strings vor der Inflation gebildet, wären sie natürlich wie alle anderen Unregelmäßigkeiten auch vertrieben worden – das heißt, die Stringdichte im Universum hätte nach der Inflation praktisch bei Null gelegen, und es gäbe kaum Hoffnung, auch nur einen einzigen String im sichtbaren Universum zu finden. Aus dem Grund werden das Inflationsszenario und die Stringtheorie häufig als unvereinbare Gegensätze betrachtet. Das hat einige Theoretiker jedoch nicht davon abgehalten, einen Mechanismus zu ersinnen, um beide zu haben.

Wie viele der in diesem Kapitel erörterten Gedanken hängen diese Versuche der Theoretiker, beides haben zu wollen, mit Berechnungen der Quantenphysik zusammen. Bisher haben wir die eingehendere Behandlung dieses Themas vermieden, weil es in dem Ruf steht, schwierig und sperrig zu sein. Außerdem sind einige der Vorhersagen ziemlich sonderbar. Damit wir jedoch weiterkommen, müssen wir uns etwas genauer mit der Quantentheorie beschäftigen.

VII

# Verrückte Quanten

Jedesmal, wenn Sie auf eine Uhr mit Leuchtziffern schauen, werden Sie Zeuge eines der seltsamsten Naturprozesse. Das Leuchten wird durch eine Form der Radioaktivität verursacht, die als Alpha-Zerfall bekannt ist. Und seit seiner Entdeckung Ende des 19. Jahrhunderts war klar, daß der Alpha-Zerfall ein äußerst kurioses Phänomen ist.

Ernest Rutherford experimentierte als einer der ersten mit Alpha-Strahlen, wie sie damals hießen, und gab ihnen 1898 auch ihren Namen. 1907 fanden Rutherford und seine Kollegen heraus, daß Alpha-Teilchen in Wirklichkeit Helium-Atome sind, aus denen zwei Elektronen entfernt worden sind; ein solches reduziertes oder Strippingatom nannte man später einen Kern, und heute wissen wir, daß jedes Alpha-Teilchen aus zwei Protonen und zwei Neutronen besteht. Doch erst mehrere Jahre nach der Bestimmung der Alpha-Teilchen mit reduzierten Helium-Atomen entdeckten Rutherford und seine Kollegen die Grundstruktur des Atoms, indem sie Alpha-Teilchen als winzige Geschosse einsetzten.

Bei diesen Experimenten wurden Strahlen aus Alpha-Teilchen auf dünne Goldfolie geschossen. Die meisten Teilchen drangen durch die Folie »wie eine Artilleriegranate durch Seidenpapier«, wie Rutherford es beschrieb, doch ein paar Teilchen wurden in flachem Winkel abgelenkt, als wäre die »Artilleriegranate« von etwas Festem abgeprallt. Rutherford erkannte, daß sich dies erklären ließ, wenn der größte Teil der Masse des Atoms in einem kompakten Kern konzentriert wäre. Er erklärte, jedes Atom bestehe aus einem Schwarm sehr leichter Elektronen, die den Kern in einer diffusen Wolke umgeben. Das Atom ähnele somit in mancher Hinsicht dem Sonnensystem, in dem relativ leichte Planeten um eine zentrale Masseansammlung kreisen – die Sonne; Rutherfords Anregung wurde unter der Bezeichnung Planetenmodell bekannt. Das

Atom wird jedoch nicht von der Gravitation, sondern von elektromagnetischen Kräften zusammengehalten. Jedes Elektron besitzt eine negative Ladungseinheit, während der Kern eine positive Ladung trägt, die numerisch der negativen Ladung der Elektronen in der Wolke gleicht. Wenn dieser Aufbau das Atom richtig beschrieb, so Rutherford, dann würden die Alpha-Teilchen die Elektronenwolke einfach durchdringen und die Elektronen beiseite stoßen, ohne stärker abgelenkt zu werden. Nur Alpha-Teilchen, die zufällig auf einen Kern stießen, würden zur Seite prallen.

Doch dann stand Rutherford vor einem Rätsel. Wenn die Alpha-Teilchen Bruchstücke waren, die etwa aus Urankernen herausgeschleudert worden waren, dann mußte es für jedes von ihnen einen Mechanismus geben, aus dem Mutterkern zu gelangen. Außerhalb des positiv geladenen Kerns würde das positiv geladene Alpha-Teilchen natürlich abgestoßen und sich ganz von dem Atom lösen. Wenn die gleichen Alpha-Teilchen dagegen auf andere Urankerne gerichtet werden, prallen sie einfach ab, werden mit ihrer positiven Ladung durch die positive Ladung des Kerns abgestoßen. Woran liegt es, überlegte Rutherford, daß positiv geladene Teilchen im Kern zusammengehalten werden können, die Alpha-Teilchen aber nicht zurück in die Urankerne gehen? Wenn sie in der Lage sind herauszukommen, sollten sie eigentlich auch in der Lage sein, wieder hineinzukommen.

In den zwanziger Jahren entwickelten Physiker den Gedanken, daß die geladenen Teilchen im Kern durch eine starke Kernkraft zusammengehalten werden, die die elektrische Kraft auf kurze Entfernung übertrifft. Gemeinsam errichten die Kernkraft mit der geringen Reichweite und die (schwächere) elektrische Kraft mit der größeren Reichweite eine unsichtbare Barriere um den Kern. Ein Alpha-Teilchen im Kern wird von der Barriere festgehalten, und ein von außen kommendes Teilchen kann nicht eindringen. Man kann sich das gut veranschaulichen, wenn man sich den Kern als eine Ansammlung von Teilchen im Krater eines erloschenen Vulkans denkt. Wenn sie genügend Energie aufbringen können, um die Kraterwand hinaufzuklettern, können sie über den Rand rollen und entkommen; ähnlich muß ein Teilchen, das von außen kommt, erst den Berg besteigen, bevor es in den Krater fallen kann. Doch das löste immer noch nicht das Rätsel, warum Teilchen, die dem Kern entfliehen konnten, nicht wieder von draußen hineinkamen. Genaue Berechnungen über die Art der Barriere vermehrten die Fragezeichen nur. Es zeigte sich, daß die Teilchen, die man aus dem Urankern entfliehen sah, eigentlich gar nicht genug Energie besaßen, um die Barriere zu überwinden, aber Experimente zeigten, daß selbst Teilchen mit doppelt so viel Energie die Barriere von außen nicht nehmen konnten. Es war, als würden die Alpha-Teilchen durch einen Tunnel entkommen.

Der *Tunneleffekt* wurde 1928 von dem Physiker George Gamow mit Hilfe der neuen Theorie der Quantenmechanik erklärt, die als Reaktion auf eine ganze Reihe ungelöster Fragen zum Atom entwickelt worden war.

### *Der Quantentunnel*

Als Rutherford den »planetarischen« Grundaufbau des Atoms entwarf, hatte er keine Vorstellung davon, wie sich die Elektronen auf festen Bahnen um den Atomkern halten konnten. Die Stabilität dieses Gebildes war tatsächlich von einem Geheimnis umgeben, denn die Gesetze der klassischen Mechanik und des Elektromagnetismus verlangen, daß auf einer Umlaufbahn kreisende geladene Teilchen ständig Energie in Form elektromagnetischer Wellen abstrahlen und schließlich auf immer enger werdenden Bahnen in den Kern trudeln. Nach der klassischen Theorie müßte das Atom kollabieren. In Wirklichkeit ist alles ganz anders. Die Elektronen besetzen, so fand man heraus, nur ganz bestimmte Energieniveaus, die den Umlaufbahnen in verschiedenen festen Abständen vom Kern entsprechen (Abbildung 32). Zweifellos können die Atome elektromagnetische Strahlung aussenden, aber nur in einzelnen und unvermittelten Stößen. Wenn es dazu kommt, springt ein Elektron abrupt von einem Niveau zu einem anderen.

Warum es beim Atom verschiedene Energieniveaus gibt, schien zunächst rätselhaft. Wie kamen sie zustande? Was hielt die Elektronen in ihnen fest? Der dänische Physiker Niels Bohr nahm sich 1912 nach einem Besuch bei Rutherford – der damals an der Universität Manchester arbeitete – der Sache an. Er erarbeitete eine mathematische Formel, die exakt die Energieniveaus des einfachsten, nämlich des Wasserstoffatoms, wiedergab und die Ener-

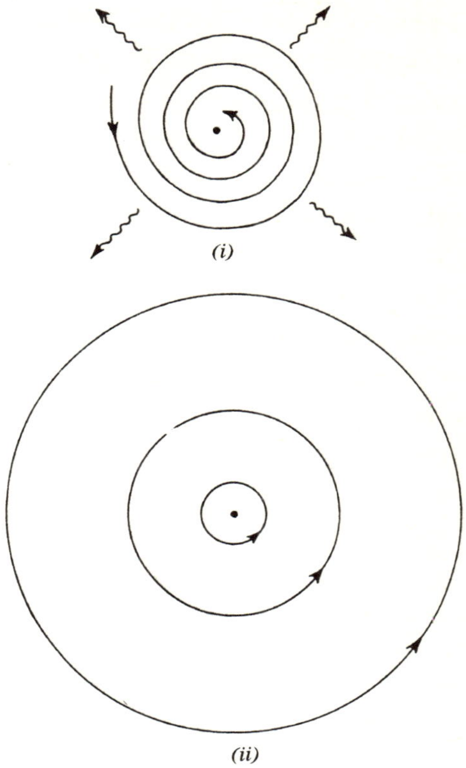


*Abb. 32 (i) Der klassischen Physik zufolge müßte ein Elektron auf einer Bahn um einen Atomkern ununterbrochen elektromagnetische Strahlung emittieren, weil es ständig auf einer Kurvenbahn beschleunigt. Der dabei auftretende Energieverlust bedeutet, daß das Elektron binnen kurzer Zeit auf einer Spiralbahn bis zum Kern fallen würde. (ii) Niels Bohr erklärte, die Elektronen seien auf bestimmte festgelegte (quantisierte) Bahnen um das Atom beschränkt. Ein Elektron kann unvermittelt von einer Umlaufbahn auf eine andere springen, indem es ein Photon mit der genau passenden Wellenlänge aufnimmt oder abgibt.*

giemenge bestimmte, die ein Elektron beim Wechsel der Energieniveaus abgibt oder aufnimmt. Das wurde als ein großer Fortschritt bejubelt, aber niemand wußte, warum die Formel funktionierte.

Ein Schlüsselmerkmal der Bohrschen Formel ist die sogenannte Plancksche Konstante – von Max Planck um die Jahrhundertwende eingeführt, um das Wesen der Wärmestrahlung zu erklären. Auch Einstein hatte 1905 die Plancksche Konstante benutzt, als er den photoelektrischen Effekt erklärte, einen Prozeß, bei dem Licht, das auf eine empfindliche Fläche fällt, einen elektrischen Strom erzeugt. Die Arbeiten von Planck und Einstein hatten ergeben, daß Wärmestrahlung und Licht (ja, alle Formen der elektromagnetischen Strahlung) nicht einfach als elektromagnetische Wellen erklärt werden konnten, sondern daß sie sich unter bestimmten Umständen auch wie ein Strom von Teilchen verhielten, die wir heute Photonen nennen. Die Plancksche Konstante definiert die Energiemenge, die jedes mit einer bestimmten Wellenlänge der Strahlung verbundene Photon trägt. Die Photonen sind eine Art kleiner Energiepäckchen – Quanten. Durch den Nachweis, daß die Plancksche Konstante für seine Energieniveau-Formel notwendig war, schuf Bohr eine Verbindung zwischen den elektromagnetischen Quanten und dem Aufbau von Atomen. Die einzelnen Energieniveaus, die die Elektronen besetzen dürfen, hängen wie die Energie der Photonen von einer Formel mit der Planckschen Konstante ab.

Doch es blieb immer noch das Geheimnis, warum die Energiezustände der Elektronen auf einzelne Niveaus »gequantelt« sind. Eine Antwort zeichnete sich 1924 ab. Ein französischer Student, Louis de Broglie, hatte einen überraschenden Gedanken. Wenn sich Lichtwellen wie Teilchen verhalten können, konnten sich Elektronen – die damals noch von allen als Materieteilchen angesehen wurden – vielleicht wie Wellen verhalten. De Broglie entwickelte diesen Gedanken weiter und entwarf eine einfache Formel, die zeigte, wie die Wellenlänge eines solchen Teilchens mit dem Impuls des Teilchens zusammenhängen kann. Der Impuls ist das Produkt aus Masse und Geschwindigkeit; de Broglie erklärte, daß bei der Umwandlung des Impulses in Wellenlänge wiederum die Plancksche Konstante beteiligt sei.

De Broglie schuf zwar keine detaillierte Theorie der Materiewellen (das leistete später der österreichische Physiker Erwin Schrödinger), aber seine Idee führte zu einem graphischen Modell dafür, daß Elektronen nur bestimmte Energieniveaus um den Kern eines Atoms besetzen. Wenn ein Elektron in irgendeiner Form eine Welle ist, muß, damit die Welle in eine Bahn um den Kern »paßt«, die Bahnlänge einem ganzzahligen Vielfachen der Wellenlänge entsprechen, damit die Welle nach einem Umlauf um den Kern nahtlos wieder anschließen kann. Nur ganz bestimmte Energieniveaus sind zulässig, weil die Wellenmuster nur bei bestimmten Abständen vom Kern problemlos wieder anschließen.

Die Einzelheiten dieses nahtlosen Wellenanschlusses lieferte Schrödinger mit einer Gleichung, die beschrieb, wie Elektronenwellen sich in der Nachbarschaft eines Atomkerns verhalten. Mit der Schrödinger-Gleichung tauchte auch Bohrs Formel für die Energieniveaus des Wasserstoffatoms wieder auf. Dies war ein großer Erfolg für die physikalische Theorie und zugleich der Beginn einer neuen Ära der Physik. In den darauffolgenden Jahren wurde die neue Theorie, die Quantenmechanik, auf zahlreiche Probleme, die mit Elektronen zu tun hatten, angewandt. Die Schrödinger-Gleichung bildet heute die Grundlage der gesamten atomaren, molekularen und Festkörperphysik und großer Bereiche der physikalischen Chemie. Aber ein solcher Erfolg hatte seinen Preis. Wie Schrödinger erkannte (und wie es der Name der neuen Theorie andeutete), bestand dieser darin, Newtons altehrwürdige Gesetze der Mechanik über Bord zu werfen und durch die neue Gleichung für Materiewellen zu ersetzen. Wenn Elektronen sich wie Wellen verhalten können, schien die Annahme logisch, daß dies alle subatomaren Teilchen können, was auch bald experimentell bestätigt wurde. Nachdem der Wellencharakter subatomarer Teilchen nachgewiesen war, wurde klar, daß im Bereich der Atome und Atomkerne einige seltsame Dinge möglich waren. Man stelle sich beispielsweise vor, ein Elektronenstrom trifft auf ein Kraftfeld, etwa eine elektrische Barriere. Wirkt das Kraftfeld abstoßend, müßten die Elektronen nach unserer normalen Erfahrung eigentlich von ihm abgelenkt werden. Wirkt das Kraftfeld dagegen anziehend, würden wir annehmen, daß die Elektronen zu ihm hingezogen werden. Betrachtet man Elektronen nun als Wellen, wird diese gutgläubige Annahme erschüttert. Wie die Scheibe eines Fensters etwas Licht reflektiert, das meiste jedoch durchläßt (so daß man das eigene verschwommene Bild im Fenster erkennen kann), reflektiert auch ein anziehendes Kraftfeld immer einige der Wellen. Das bedeutet, daß einige Elektronen eines Elektronenstroms manchmal von einem anziehenden Bereich abprallen, etwa so, wie wenn ein Golfball, der auf das Loch zurollt, den Rand des Lochs erreicht und dann plötzlich die Richtung ändert, anstatt hineinzufallen.

Bei einem so sonderbaren Verhalten fällt es nicht schwer, eine Erklärung dafür zu finden, wie ein Alpha-Teilchen die Kernkraftbarriere durchtunneln kann. Wie Elektronen folgen auch Alpha-Teilchen einem Wellenmuster. Wir müssen uns dieses Alpha-Teilchen als durch die starke Kraftbarriere in den Kern eingeschlossen vorstellen. Zur Einschließung kommt es, weil eine sich nach außen bewegende Welle dort, wo sie auf die Barriere trifft, zum Innern des Kerns zurückgeworfen wird. Die Welle ist so gefangen, wie Licht in einem mit Spiegeln ausgekleideten Kasten gefangen wäre.

Wenn eine Lichtwelle von einem Spiegel reflektiert wird, prallt sie nicht einfach von der Spiegelfläche ab. Bei normalen Glasspiegeln besteht die Spiegelfläche in Wirklichkeit aus einem dünnen Metallfilm, mit dem die Rückseite der Glasscheibe beschichtet ist. Die Lichtwelle erzeugt, wenn sie reflektiert wird, eine Störung, die ein kurzes Stück in das Metall eindringt. Diese sogenannte abklingende Welle erlischt sehr schnell jenseits der Oberfläche. Wenn der Metallfilm jedoch sehr dünn ist, kann die abklingende Welle mit verminderter Stärke auf der anderen Seite austreten. Beim Austritt nimmt sie ihr Verhalten als normale Lichtwelle wieder auf. Das Licht hat den feinen Metallfilm tatsächlich durchdrungen. Ein hauchdünner Metallfilm ist also lichtdurchlässig. Diese Fähigkeit der Wellen, ein dünnes reflektierendes Hindernis zu überspringen oder zu durchtunneln, gilt ganz allgemein, so zum Beispiel auch für Schallwellen. Im Falle der Wellen aus Alpha-Teilchen bewirkt sie ein minimales »Durchsickern« der Welle durch die Kernkraftbarriere in den Außenbereich. Wie wir noch sehen werden, setzt das voraus, daß ein einzelnes Alpha-Teilchen eine kleine, aber über Null liegende Chance hat, die Barriere zu durchtunneln und zu entweichen. Wenn genügend Zeit zur Verfügung steht, tritt dieser Fall auch ein.

Aber warum kann das Alpha-Teilchen dann nicht zurück in den Kern gelangen? Der Schlüssel zur Antwort liegt in den Worten: »Wenn genügend Zeit zur Verfügung steht«. Die Wahrscheinlichkeit, daß eine Welle eine Barriere durchdringt, ist normalerweise so gering, daß ein einzelnes Alpha-Teilchen unter Umständen Milliarden Jahre zum Durchtunneln braucht. Wir bemerken ein so langsames Phänomen wie den Alpha-Zerfall des Urans nur, weil selbst ein kleines Stück Uran Billiarden Kerne enthält, die alle ein

Alpha-Teilchen haben, das hinauszukommen versucht. Wenn also die Chance für ein Alpha-Teilchen, binnen eines Jahres aus einem Kern zu entkommen, eine Milliarde zu eins beträgt und wir also entweder einen Kern eine Milliarde Jahre oder eine Milliarde Kerne ein Jahr lang beobachten, haben wir eine gute Chance, einen Alpha-Zerfall zu erleben. Beobachten wir 1000 Milliarden Kerne ein Jahr lang, können wir damit rechnen, 1000 Zerfallsprozesse zu beobachten. Um aber tatsächlich den umgekehrten Prozeß zu beobachten, müßte man entweder die Kerne mit Billiarden Alpha-Teilchen bombardieren und darauf hoffen, das eine zu entdecken, das die Barriere durchdringt, oder ein Alpha-Teilchen irgendwie ganz dicht außen auf der Kernbarriere anbringen und dann mehrere Milliarden Jahre warten.

## *Eine unzuverlässige Welt*

Wahrscheinlich noch erstaunlicher als der Tunneleffekt selbst ist es, daß dieser Effekt bei modernen elektronischen Geräten genutzt wird, zum Beispiel bei solchen, die sogenannte Tunneldioden verwenden. Die vielleicht spektakulärste Demonstration des Wellencharakters der Elektronen ist das Phänomen der Supraleitfähigkeit. Wenn elektrischer Strom durch einen normalen Leiter wie Kupferdraht fließt, bewegen sich die Elektronen eher planlos durch die Metallstruktur, treffen häufig auf Unregelmäßigkeiten und werden zerstreut. Daraus ergibt sich der bekannte Effekt des elektrischen Widerstands. Bestimmte Materialien aber verlieren, wenn sie fast bis zum absoluten Nullpunkt (0° K oder etwa -273° C) abgekühlt werden, plötzlich jeden Widerstand und werden supraleitfähig. In einem supraleitfähigen Ring kann Strom fließen, ohne irgendwelche Energie zu verlieren.

Der Schlüssel zu der bemerkenswerten Eigenschaft perfekter Leitfähigkeit liegt in der Wellennatur der Elektronen. Jedes Elektron hat sein eigenes elektromagnetisches Feld, das das Kristallgitter des Materials, in das es eingebettet ist, leicht verzerrt; diese Verzerrung im Gitter aus geladenen Teilchen verformt ihrerseits deren elektromagnetisches Feld und wirkt damit auf die anderen Elektronen ein. Das hat zur Folge, daß die Elektronen, die den Strom durch das Kristallgitter tragen, nur sehr schwache Wechselwirkungen zeigen. Bei normalen Temperaturen übertönen die durch Wärme verursachten Schwingungen des Kristallgitters diesen geringen Effekt; bei sehr niedrigen Temperaturen kommen die thermischen Schwingungen jedoch zum Stillstand, und die Assoziation zwischen den Elektronen tritt in den Vordergrund. Die Assoziation ermöglicht die Paarbindung der Elektronen, die ihre Eigenschaften nachhaltig verändert. Ein Effekt ist, daß viele Elektronenpaare die gleiche Wellenkonfiguration annehmen können, was zur Bildung einer gigantischen elektronischen Superwelle führt. Unter entsprechenden Umständen kann die elektronische Superwelle den Ring eines makroskopischen Supraleiters perfekt umschließen und eine Kreiswelle bilden, die einen festen Energiezustand angenommen hat, aus dem sie nicht vertrieben werden kann, genau[1] wie die stabile Bahn eines Elektrons um einen Atomkern. Supraleiter ähneln damit in mancher Hinsicht makroskopischen Atomen. Wie die meisten Quantensysteme werden sie auf verschiedene Weise praktisch genutzt, vor allem bei der Herstellung sehr starker Magnete für Körperscanner und andere Geräte.

Die Welleneigenschaft der Elektronen wird auch auf vielerlei andere Art genutzt. Das Elektronenmikroskop zum Beispiel ersetzt Lichtwellen durch Elektronen, weil Elektronenwellen eine sehr viel kürzere Wellenlänge haben können als sichtbares Licht und deshalb auch eine weit höhere Auflösung haben. Elektronen- und Neutronenwellen werden zum Auffinden von Fehlern in Metallstrukturen verwendet. Und ein gerichteter Neutronenwellenstrahl kann frequenzmäßig genau abgestimmt werden, damit er mit den natürlichen inneren Frequenzen der Kerne im Zielobjekt schwingt; dieser scheinbar esoterische Trick ermöglicht es unter anderem, die Temperatur einer Turbinenschaufel in einem laufenden Düsentriebwerk zu messen.

Der Welle-Teilchen-Dualismus der Quantenwelt ist jedoch nicht auf atomare und subatomare Phänomene beschränkt. Im Prinzip haben sogar makroskopische Objekte wie Menschen

1 Es sei denn, die Temperatur wird erhöht.

und Planeten ihre individuellen Quantenwellen, die durch de Broglies Wellengleichung determiniert sind. Der Grund, warum wir diese Wellen nie bemerken (warum Menschen zum Beispiel nicht den Stuhl »durchtunneln«, auf dem sie sitzen, und auf den Boden fallen), ist in der Formel selbst enthalten: Die Wellenlänge nimmt proportional zum Impuls ab. Je größer also die Masse des betroffenen Objekts ist, desto kürzer sind die Wellen. Die Welle eines Elektrons in einem Haushaltsgegenstand ist etwa ein Millionstel Zentimeter lang. Eine gewöhnliche Bakterie hätte eine Wellenlänge, die kürzer als der Durchmesser eines Atomkerns wäre, und ein Fußball hat eine Wellenlänge von nur $10^{-32}$ Zentimetern. All diese Objekte können nur eine Barriere durchtunneln, die in der Dicke ihrer jeweiligen Wellenlänge entspricht. Sobald wir zum Menschen oder zu Planeten kommen, werden die Wellen derart kurz, daß man sie praktisch ignorieren kann.

Es sind jedoch weitreichende Grundsatzfragen mit der Tatsache verbunden, daß selbst makroskopische Objekte Materiewellen haben, auch wenn sie noch so kurz sind, und die Wissenschaftler ringen seit Jahrzehnten mit diesen Problemen. Alles geht auf eine grundlegende Frage zurück: Was genau sind die Quantenwellen eigentlich?

Es ist schwer zu begreifen, wie etwas gleichzeitig Welle und Teilchen sein kann, und die Entdeckung des dualen Charakters von Licht wie von Elektronen rief zunächst einige Verwirrung hervor. Als die Physiker anfingen, vom Welle-Teilchen-Dualismus zu sprechen, meinten sie nicht, daß ein Elektron Welle und Teilchen gleichzeitig sei, sondern daß es je nach den Umständen entweder als Welle oder als Teilchen in Erscheinung treten könne.

Bohr erweiterte den Gedanken des Welle-Teilchen-Dualismus zum sogenannten Komplementärprinzip, das anerkennt, daß scheinbar unvereinbare physikalische Eigenschaften komplementär sein können und nicht gegensätzlich sein müssen. Wellen- und Teilchencharakter der Elektronen können somit als komplementäre Aspekte einer einzigen Wirklichkeit angesehen werden wie die beiden Seiten einer Münze. Ein Elektron kann sich manchmal wie eine Welle verhalten und manchmal wie ein Teilchen, aber niemals wie beide gleichzeitig – analog zur Münze, die entweder Zahl *oder* Wappen zeigt.

Wir müssen also der Versuchung widerstehen, Elektronenwellen wie Wellen irgendeines materiellen Stoffs zu betrachten, etwa wie Schall- oder Wasserwellen. Die korrekte Interpretation, die Max Born in den zwanziger Jahren vorschlug, lautet, daß die Wellen ein Maß der Wahrscheinlichkeit sind. Man spricht von Elektronenwellen im gleichen Sinne wie von Kriminalitäts-Wellen. Die Aussage, daß ein Stadtbezirk von einer Verbrechenswelle heimgesucht wird, bedeutet, daß die Wahrscheinlichkeit eines, sagen wir, Einbruchs in einem bestimmten Stadtteil gestiegen ist. Dementsprechend sucht man am besten dort nach einem Elektron, wo die Elektronenwelle am stärksten ist. Die Wahrscheinlichkeit, ein Elektron aufzuspüren, ist hier am größten, aber das Elektron könnte ebensogut woanders sein.

Die Tatsache, daß Elektronenwellen Wahrscheinlichkeitswellen sind, ist ein wesentlicher Bestandteil der Quantenmechanik und ein wichtiges Element der Quantennatur der Wirklichkeit. Sie bedeutet, daß wir nicht mit Bestimmtheit sagen können, was ein Elektron tun wird, nur die Wahrscheinlichkeit kann angegeben werden. Diese elementare Einschränkung bedeutet den Zusammenbruch des Determinismus in der Natur. Sie besagt, daß identische Elektronen in identischen Experimenten sich verschieden verhalten können. Die subatomare Welt birgt somit eine ihr eigene Unbestimmtheit. Diese Unbestimmtheit ist in der *Heisenbergschen Unschärferelation* zusammengefaßt, welche besagt, daß alle beobachtbaren Größen willkürlichen Schwankungen in ihren Werten unterliegen, deren Ausmaß durch die Plancksche Konstante bestimmt ist. Einstein fand den Gedanken der Quantenunschärfe so entsetzlich, daß er ihn mit den Worten abtat: »Gott würfelt nicht mit dem Universum!« und bis an sein Lebensende nach dem deterministischen Uhrwerk suchte, das, wie er glaubte, hinter der scheinbar planlosen Welt der Quantenmechanik verborgen sein mußte. Man hat dieses Uhrwerk nicht gefunden – es scheint, daß Gott doch würfelt.

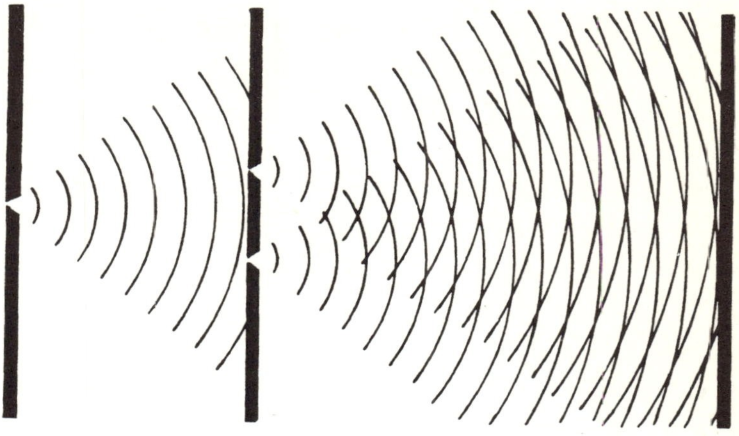

*Abb. 33 In Youngs Experiment dringt Licht einer punktförmigen Lichtquelle (ein kleines Loch in der ersten Schirmwand) durch zwei nebeneinanderliegende Spalte (in der zweiten Schirmwand) und erzeugt ein Bild (auf der dritten Schirmwand). Das Bild besteht aus abwechselnd hellen und dunklen Streifen, den sogenannten Interferenzstreifen.*

Bohr mißbilligte die Frage von Wissenschaftlern, was ein Elektron wirklich sei – Welle oder Teilchen –, indem er die Frage selbst als sinnlos verwarf. Um ein Elektron zu beobachten, muß man Messungen an ihm durchführen, und zwar in einem Experiment (»die Münze werfen«). Experimente zum Nachweis von Wellen messen immer den Wellenaspekt des Elektrons, Experimente zum Nachweis von Teilchen stets den Teilchenaspekt. Mit keinem Experiment kann man beide Aspekte gleichzeitig messen, und so können wir nie eine Mischung aus Welle und Teilchen sehen.

Ein klassisches Beispiel liefert ein berühmtes Experiment, das Anfang des 19. Jahrhunderts erstmals Thomas Young in England durchführte. Young arbeitete bei seinem Experiment mit Licht, inzwischen hat man aber auch ein entsprechendes Experiment mit Elektronen durchgeführt. Im ursprünglichen Experiment scheint eine punktförmige Lichtquelle auf zwei dicht beieinander liegende Spalte in einer Schirmwand; das Bild des Lichts, das durch die Spalte fällt, wird auf einer zweiten Schirmwand sichtbar (Abbildung 33). Man könnte meinen, daß das Bild aus zwei sich überlappenden Lichtflecken besteht. In Wirklichkeit setzt es sich aus einer Reihe heller und dunkler Streifen zusammen, den sogenannten Interferenzstreifen oder -ringen.

Daß bei Youngs Experiment Interferenzstreifen auftauchen, ist ein klarer Beweis für die Wellennatur des Lichts. Zur Interferenz von Wellen kommt es bei jedem Wellensystem, sobald zwei (oder mehr) Wellen zusammentreffen und sich überlagern. Wo die Wellen im Gleichschritt auftreten, verstärken sie sich; wo sie nicht im Gleichschritt sind, löschen sie sich aus. In Youngs Experiment überschneidet sich die Lichtwelle aus dem einen Spalt mit der aus dem anderen Spalt und erzeugt helle und dunkle Streifen, da die beiden Wellen sich abwechselnd verstärken und auslöschen. Wichtig ist dabei, zu erkennen, daß, wenn einer der beiden Spalte abgedeckt wird, das Streifenmuster verschwindet.

Widersprüchliche Nebentöne tauchen auf, wenn man nun das Licht als aus Teilchen bestehend betrachtet – aus Photonen. Es ist möglich, die Lichtquelle so abzuschwächen, daß nur noch jeweils ein Photon durch das Spaltsystem dringt, und über einen langen Zeitraum die kumulative Wirkung der vielen Photone festzuhalten, die eins nach dem andern auf die zweite Schirmwand treffen. Jedes Photon trifft auf den Schirm und hinterläßt einen Punkt auf einer Fotoplatte. In dem entsprechenden Elektronenexperiment werden einzelne Elektronen durch ein System mit zwei Spalten geschossen, wobei die Schirmwand eine empfindliche Fläche ähnlich der eines Fernsehbildschirms ist. Das Auftreffen jedes Elektrons hinterläßt auf dem Schirm einen Lichtpunkt, und ein Video vom Aufbau der Lichtpunkte zeigt, wie ein Muster entsteht, wenn immer mehr Elektronen durch das Spaltsystem dringen.

Erinnern wir uns, daß man wegen der dem System eigenen Unbestimmtheit nicht im voraus genau wissen kann, wo ein bestimmtes Photon oder Elektron auf den Schirm trifft. Aber die kumulative Wirkung vieler »Würfe mit dem Quantenwürfel« sorgt für eine durchschnittliche Verteilung und ein ausgewogenes Muster. Dieses Muster zeigt darüber hinaus die *gleichen* Interferenzstreifen, wie man sie mit einer starken

Quelle erhält. Und das ist nun das Rätsel. Jedes Teilchen, ob Photon oder Elektron, kann jeweils einzeln durch einen der Spalte dringen. Und jedes Teilchen verhält sich, wie der Aufbau der Punkte auf der Schirmwand zeigt, beim Auftreffen wie ein *Teilchen* und trifft den Schirm nur an einer Stelle. Wie kann nun ein einzelnes Teilchen, das nur durch einen der Spalte dringen kann, von der Existenz des anderen Spalts »wissen« und sein Verhalten entsprechend anpassen? Könnte es sein, daß eine Welle »von irgend etwas« durch die beiden Spalte dringt, um erst dann zu einem Teilchen zusammenzufallen, wenn seine Lage vom Schirm gemessen wird? Das ist sicher zu verschwörerisch, denn die Elektronen oder Photonen müßten von unseren Absichten wissen. Und woher »weiß« jedes einzelne Teilchen, was die anderen machen, so daß es entscheiden kann, wohin es in dem Interferenzmuster gehört, das sich im Verlauf des Experiments aus Tausenden oder Millionen einzelner Teilchen aufbaut? Dies ist ein eindeutiger Beweis für die holistische Natur der Quantensysteme, in denen das Verhalten einzelner Teilchen in ein Muster geformt wird durch etwas, das sich in den Kategorien des beschränkten newtonschen Paradigmas nicht erklären läßt.

Bohr hat die Situation ganz klar ausgedrückt. Angenommen, wir versuchen die Teilchennatur der Photonen dadurch zu enthüllen, daß wir jedes Photon so lange einkreisen, bis wir sagen können, durch welchen der Spalte es gedrungen ist. Dann besteht das Ergebnis dieser aufwendigen Bemühungen darin, daß wir das Interferenzmuster zu verwischen, welches das Merkmal des Wellenaspekts ist. Wenn wir also das Experiment derart ausbauen, daß an jedem der beiden Spalte ein Zähler sitzt, der den Durchtritt jedes Photons durch einen der Spalte registriert, bedeutet dieser Schritt nur, daß wir (gemäß der Heisenbergschen Unschärferelation) eine weitere Unbestimmtheit in das Verhalten der Teilchen einführen. Diese Unbestimmtheit ist gerade so groß, daß sie das Interferenzmuster verwischt und statt dessen zwei sich überschneidende Lichtkleckse hinterläßt, so wie wir es bei Teilchen vermuten würden, die ohne Interferenz durch einen der Spalte dringen. Indem wir den Teilchenaspekt des Welle-Teilchen-Dualismus herausstellen, zerstören wir also den Wellenaspekt. Wir müssen uns daher mit zwei getrennten Experimenten abfinden, von denen das eine den Wellenaspekt und das andere den Teilchenaspekt erklärt. Die Ergebnisse des Experiments hängen vom Gesamtaufbau des Experiments ab, den Apparaturen und dem Licht (oder den Elektronen), und nicht nur von der Natur des Lichts selbst. Diesem Gedanken widersetzt sich vielleicht der gesunde Menschenverstand – aber halten wir uns vor Augen, daß dieser gesunde Menschenverstand auf der Erfahrung mit Objekten beruht, die sehr viel größer als Photonen oder Atome sind, und es gibt keinen Grund, warum er ein guter Wegweiser für Vorgänge auf der atomaren Ebene sein sollte.

### *Die Erschaffung der Wirklichkeit*

Als ob dies alles noch nicht verwirrend genug wäre, fügte John Wheeler von der University of Texas in Austin noch einen weiteren Aspekt hinzu. Er wies darauf hin, daß die holistische Natur der Wirklichkeit sich nicht nur durch den Raum erstreckt, sondern auch durch die Zeit. Wheeler zeigte, wie eine Entscheidung darüber, welcher der beiden komplementären Aspekte der Wirklichkeit – Welle oder Teilchen – mit den Doppelspaltexperimenten aufgedeckt werden soll, aufgeschoben werden kann, bis das Photon (oder Elektron) bereits durch die Spalte gedrungen ist. Es ist möglich, von der Schirmwand aus »zurückzublicken«, um festzustellen, durch welchen Spalt jedes Teilchen gekommen ist, oder man zieht es vor, nicht zurückzublicken und das Interferenzmuster sich wie üblich entwickeln zu lassen. Die Entscheidung des Experimentators, ob er zu der Zeit, wo die Teilchen auf die Schirmwand treffen, zurückblickt oder nicht, bestimmt, ob das Licht sich in einem früheren Augenblick wie ein Teilchen oder eine Welle verhalten hat oder nicht, zu dem Zeitpunkt nämlich, wo es durch die erste Schirmwand des Systems gedrungen ist.

Wheeler nannte diese Anordnung Delayed-Choice-Experiment, also Experiment der verzögerten Entscheidung. Praktisch wurde es von Caroll Alley an der University of Maryland durchgeführt, wobei Wheelers Vorstellungen rundum bestätigt wurden.

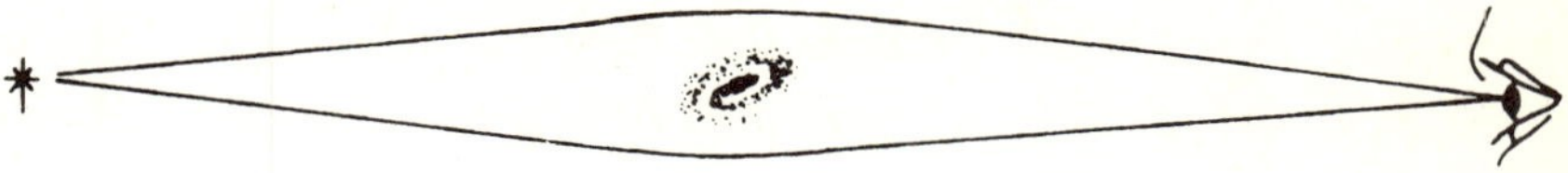

*Abb. 34 Ein großes Objekt wie eine Galaxie oder gar ein Schwarzes Loch kann wie eine Riesenlinse wirken. Licht von einer fernen Quelle wird durch die gravitative Raumkrümmung im Umfeld des Objekts gebeugt. Dieser Effekt, der im großen Maßstab der Beugung der von den Sternen kommenden Lichtstrahlen durch die Sonne entspricht (Abbildung 16), kann Mehrfachbilder der fernen Quelle erzeugen wie die, die durch die Wirkung eines Strings erzeugt werden (Abbildung 29).*

Die Versuchsanordnung umfaßte unter anderem ein System aus Laserstrahlen auf einer Laborbank, und obwohl die »Entscheidung« in diesem Fall nur um einige milliardstel Sekunden verzögert wurde, war damit ein wichtiges Prinzip als Tatsache nachgewiesen. Wheeler hat dieses Prinzip auf den Extremfall übertragen, wo die Natur eine Art kosmisches Zwei-Spalt-System eingerichtet hat. Die Gravitation eines Schwarzen Lochs, einer Galaxie oder sogar eines Strings kann Licht wie eine Linse beugen und bündeln (Kapitel 6). Abbildung 34 zeigt, wie ein fernes astronomisches Objekt bewirken kann, daß zwei sich durch den Weltraum fortpflanzende Lichtstrahlen zusammenlaufen. Man könnte sich vorstellen, daß eine ferne Lichtquelle, etwa ein Quasar, Photonen aussendet, die ein im Weg befindliches Objekt passieren und auf der Erde gebündelt werden. Die beiden Wege am Objekt vorbei spielen dann die Rolle der beiden Spalte. Ein Wissenschaftler auf der Erde könnte im Prinzip die beiden Lichtstrahlen mit einem Interferenzexperiment zusammenführen. Baute man nun die »Delayed-Choice«-Einrichtung auf, würde die Entscheidung des Quasarlichts die Natur jenes Lichts beeinflussen – und zwar nicht einige milliardstel Sekunden später, sondern *einige Milliarden Jahre* vorher! Mit andern Worten, die Quantennatur der Wirklichkeit schließt nichtörtliche Effekte ein, die grundsätzlich quer durch das Universum wirken und Ewigkeiten zurückreichen können.

Man muß jedoch wissen, daß das Delayed-Choice-Experiment nicht die Möglichkeit bietet, Informationen in die Vergangenheit zu schicken. Man könnte zum Beispiel mit dem Experiment nicht einem anderen Forscher Signale übermitteln, der vor mehreren Milliarden Jahren in der Nähe des fernen Quasars war; jeder Versuch dieses fernen Forschers, den Zustand des passierenden Quasarlichts zu untersuchen und dabei die Signale aus der Zukunft lesen zu wollen, würde unweigerlich den Quantenzustand stören und gerade das Signal vernichten, das der auf der Erde sitzende Wissenschaftler aus der Zukunft zurückzusenden sucht. Dennoch veranschaulicht das Delayed-Choice-Experiment, daß die Quantenwelt eine Art Holismus besitzt, der sowohl über die Zeit als auch über den Raum hinausgeht, fast so, als wüßten die Teilchen-Wellen im voraus, welche Entscheidung der Beobachter trifft.

Der alarmierendste Aspekt dieser Untersuchungen ist wohl, daß der Beobachter offenbar eine zentrale Rolle bei der Festlegung der Natur der Wirklichkeit auf der Quantenebene spielt. Das hat lange Zeit sowohl die Physiker als auch die Philosophen beschäftigt. In der Vorquanten-Ära der Physik nahm jeder an, daß die Welt »da draußen« sich in einem festgefügten Zustand befindet, unabhängig davon, ob oder wie er beobachtet wird. Der Beobachtungsvorgang würde zugegebenermaßen in diese Wirklichkeit eindringen, denn wir können nichts beobachten, ohne in einem gewissen Maß mit ihm in Wechselwirkung zu treten. Es wurde jedoch stets angenommen, diese Wechselwirkung sei rein zufällig und könne entweder beliebig klein gehalten oder aber ganz kontrolliert durchgeführt werden, so daß sie genau kalkulierbar ist. Die Quantenphysik entwirft aber ein Bild von der Wirklichkeit, in dem Beobachter und Beobachtetes untrennbar miteinander verbunden sind. Die Auswirkungen der Beobachtung sind für die zum Vorschein gebrachte Wirklichkeit fundamental und können weder reduziert noch einfach ersetzt werden.

Wenn also der Beobachtungsvorgang ein solches Schlüsselelement bei der Schaffung der Quantenwirklichkeit ist, müssen wir uns fragen, was eigentlich geschieht, wenn ein Elektron oder Photon beobachtet wird. Wie schon erwähnt, ist die Wellennatur der makroskopischen Objekte im Alltagsleben im allgemeinen unerheblich. Es sieht jedoch so aus, als ob während einer Quantenmessung die Welleneigenschaften des Meßgeräts und sogar die des Beobachters nicht vernachlässigt werden dürfen.

Die Rolle des Beobachters wird durch das sogenannte Meßpa-

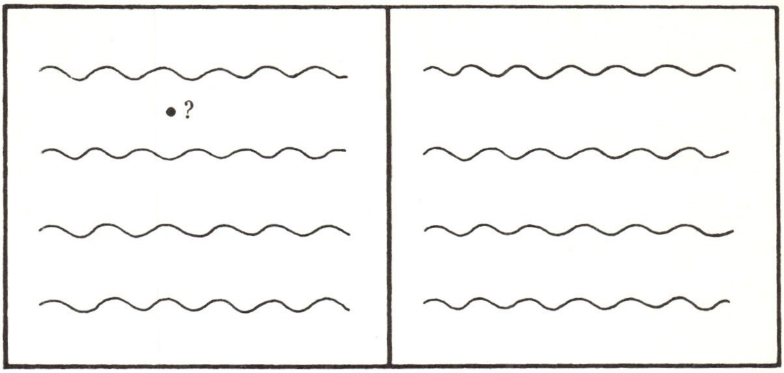

*Abb. 35 Ein Elektron wird in einen Kasten gesetzt, in den dann eine Trennwand eingeführt wird. Nach der Quantenmechanik nimmt die dem Elektron zugeordnete Welle beide Hälften des Kastens ein, was die Möglichkeit widerspiegelt, daß sich das Elektron auf beiden Seiten befinden kann. Unser »Verstand« sagt uns jedoch, daß das Elektron, da es ein Teilchen ist, entweder auf der einen oder der anderen Seite der Trennwand sein muß.*

radoxon hervorgehoben. Stellen wir uns für die Argumentation vor, daß die einem Elektron zugeordnete Welle in einen Kasten gesperrt wird und daß das Teilchen sich ebenso wahrscheinlich irgendwo in dem Kasten befindet. Nun wird eine Trennwand in den Kasten geschoben, die ihn in zwei gleiche Hälften teilt (Abbildung 35). Nach den Quantenregeln existiert die Welle nach wie vor in beiden Kastenhälften, was die Tatsache widerspiegelt, daß wir, wenn wir nach dem Elektron suchen, es mit gleicher Wahrscheinlichkeit auf beiden Seiten der Trennwand finden. Der gesunde Menschenverstand würde jedoch nur die Möglichkeit zulassen, daß das Elektron sich entweder in der einen oder in der anderen Hälfte des Kastens befindet. Nehmen wir nun an, jemand schaut in den Kasten und entdeckt das Elektron in einer bestimmten Hälfte. Natürlich muß die Wahrscheinlichkeitswelle sofort aus der anderen Kastenhälfte verschwinden, denn die ist jetzt, wie wir mit Sicherheit wissen, leer.

Das Merkwürdige an dieser plötzlichen Umformung der Welle – oft auch »der Kollaps der Wellenfunktion« genannt – ist, daß sie vom Verhalten des Beobachters abzuhängen scheint. Wenn niemand hinsieht, kollabiert die Welle auch nie. Das Verhalten eines

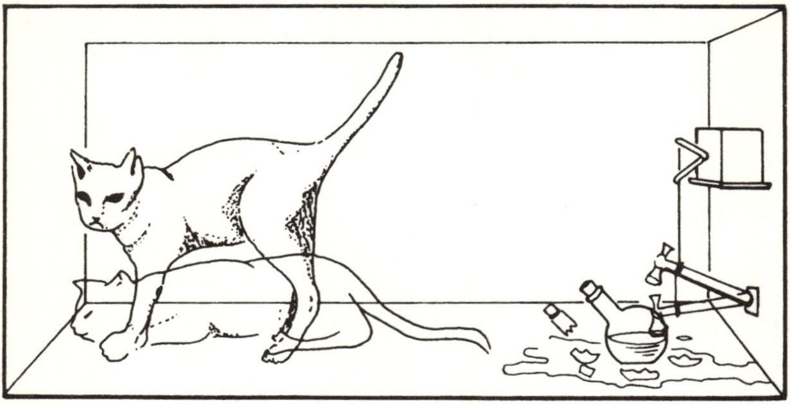

*Abb. 36 Eine schematische Darstellung des Experiments von Schrödinger mit der geisterhaften Überlagerung von lebender und toter Katze. (Katzenfreunde mögen bitte daran denken, daß dies nur ein Gedankenexperiment ist!)*

Teilchens, etwa eines Elektrons, scheint also zu schwanken, je nachdem, ob es beobachtet wird oder nicht. Das ist für Physiker höchst bedenklich, für andere Menschen dagegen wohl kaum von Belang – wen interessiert schon, was ein Elektron macht, wenn wir es nicht beobachten? Doch die Frage reicht über das Elektron hinaus. Wenn auch makroskopischen Objekten Wellen zugeordnet sind, dann scheint die unabhängige Wirklichkeit *aller* Objekte in den Quanten-Schmelztiegel zu kommen.

Viele Physiker fühlen sich sehr unwohl bei dem Gedanken, daß große Systeme Welleneigenschaften besitzen, die sich auf das Ergebnis von Experimenten auswirken. Ein Grund für ihre Sorge ist, daß man sich eine Anordnung vorstellen kann, nach der zwei Wellenformen, die ganz unterschiedliche makroskopische Zustände darstellen, einander überlagern und interferieren. Das berühmteste Beispiel dafür hat sich Schrödinger einfallen lassen: Eine Katze ist in einen Kasten gesperrt,[2] der ein Fläschchen Zyanid und einen Hammer, der über dem Fläschchen hängt, enthält (Abbildung 36). Eine kleine radioaktive Quelle ist so angebracht, daß, wenn nach einer gewissen Zeit ein Alpha-Teilchen entweicht, es von einem Geigerzähler erfaßt wird, was wiederum das Fallen des

2 Hypothetisch, beeilen wir uns hinzuzufügen!

Hammers auslöst, der das Fläschchen zerschlägt, so daß die Katze stirbt. Das Szenario bietet eine einprägsame Darstellung der widersprüchlichen Natur der Quantenwirklichkeit.

Vorstellbar ist eine Situation, in der nach gegebener Zeit die Welle des Alpha-Teilchens sich teilweise im Atomkern befindet und teilweise nach draußen getunnelt hat. Das könnte etwa der gleich großen Wahrscheinlichkeit entsprechen, daß das Alpha-Teilchen vom Kern ausgeschleust worden ist oder noch nicht. Nun können die übrigen Sachen im Kasten – Geigerzähler, Hammer, Gift und die Katze selbst – ebenfalls als eine Quantenwelle behandelt werden. Es sind daher zwei Möglichkeiten denkbar: Im einen Fall zerfällt das Atom, der Hammer saust nieder, und die Katze stirbt. Im anderen Fall, der genauso wahrscheinlich ist, geschieht nichts dergleichen, und die Katze bleibt am Leben. Die Quantenwelle muß alle Möglichkeiten in sich vereinigen, und die richtige Quantenbeschreibung des Gesamtinhalts des Kastens muß demnach aus zwei sich überlagernden und interferierenden Wellenzügen bestehen, von denen einer einer lebenden Katze entspricht, der andere einer toten. In diesem gespenstischen Zwitterzustand kann die Katze nicht als eindeutig tot oder lebendig angesehen werden, sondern auf irgendwie merkwürdige Weise als beides. Heißt das, wir können das Experiment durchführen und eine lebende-tote Katze schaffen? Nein: Wenn der Experimentator den Kasten öffnet, findet er die Katze entweder lebendig oder tot vor. Es ist so, als hielte die Natur ihr Urteil über das Schicksal des armen Geschöpfs zurück, bis jemand nachschaut. Aber damit liegt auch die Frage auf der Hand: *Was geschieht im Kasten, wenn niemand hineinsieht?*

Aus Szenarien wie diesem wird klar, daß die auf makroskopische Objekte – insbesondere denkende Beobachter – angewandten Welleneigenschaften der Materie durchaus ernste Fragen über das Wesen der Wirklichkeit und die Beziehung zwischen dem Beobachter und der physischen Welt aufwerfen. Das Katzen-Szenario ist bewußt erdacht, um die widersprüchliche Natur der sonderbaren Quantenwelt auf etwas dramatische Weise hervorzulocken, doch das gleiche Grundphänomen ereignet sich jedesmal, wenn ein Alpha-Teilchen von einem Atomkern emittiert wird, und es ist eifrig am Wirken in der radioaktiven Bemalung der Zeiger Ihres Leuchtzifferblatts.

Es gibt noch keine allgemeine Übereinkunft, wie man Paradoxa wie die Schrödinger-Katze auflöst. Einige Physiker meinen, die Quantenmechanik werde an so großen und komplexen Systemen wie Katzen scheitern. Eine andere Fraktion meint, die Quantenphysik könne uns nichts über einzelne Alpha-Teilchen oder Katzen sagen, sondern lediglich über die Statistik der Ansammlung identischer Systeme, das heißt: Wenn wir das gleiche Experiment mit tausend Katzen in identischen Kästen durchführen würden, fände man einen bestimmten Anteil der Katzen (durch die Quantenregeln bestimmt) lebend vor, den Rest tot. Aber damit wird schlicht der Frage ausgewichen, was mit jeder einzelnen Katze passiert.

Der vielleicht aufregendste Versuch, Sinn in diese Quantenüberlagerungen zu bringen, ist die Theorie der unendlich vielen Universen (oder alternativen Geschichten). Im Zusammenhang mit dem Katzen-Experiment besagt sie, daß das gesamte Universum sich in zwei koexistente oder parallele Wirklichkeiten aufteilt, die eine mit einer lebenden Katze und die andere mit einer toten. Auch wenn es wie Science-fiction klingen mag, die Theorie der unendlich vielen Universen steht ganz im Einklang mit den Regeln der Quantenmechanik und wird von verschiedenen führenden theoretischen Physikern unterstützt. Wir werden uns diese Theorie gleich näher ansehen.

Die Theorie der parallelen Welten entwickelte sich, wie wir gesehen haben, aus dem grundlegenden Paradoxon des Wesens der Wirklichkeit – bezogen auf die Welt des Atoms. Aufgrund des Welle-Teilchen-Dualismus von Gebilden wie Elektronen ist es nicht möglich, ihnen präzise bestimmte Eigenschaften zuzuschreiben, etwa eine genau definierbare Bahn durch den Raum, an die wir im Zusammenhang mit makroskopischen Objekten wie einem Geschoß oder einem Planeten auf seiner Umlaufbahn denken. Wenn sich also ein Elektron von A nach B bewegt, wird seine Bahn durch die Quantenunbestimmtheit unscharf, wie es die Heisenbergsche Unschärferelation beschreibt. In einer Form besagt dieses Prinzip, daß man nicht *gleichzeitig* Ort und Impuls eines Quantenteilchens feststellen kann. Es geht aber noch weiter und besagt, daß ein Quantenteilchen nicht gleichzeitig einen eindeutigen Impuls und einen eindeutigen Ort besitzt. Wenn man versucht, den

Ort genau zu bestimmen, gehen Informationen über den Impuls verloren und umgekehrt. Zwischen diesen beiden Sachverhalten besteht ein nicht reduzierbarer Zusammenhang. Man kann jeden Sachverhalt einzeln so genau bestimmen, wie man möchte, aber immer nur auf Kosten des anderen.

Wir sind bei der Erörterung des Quantenchaos, der Natur des Vakuums und des Ursprungs der Zeit auf die Unschärferelation gestoßen. Es ist die gleiche Unschärfe, die auch Energie und Zeit tangiert und uns sagt, daß virtuelle Teilchen ganz kurz aus dem absoluten Nichts auftauchen und wieder verschwinden können. Eine solche Quantenunschärfe ist nicht nur eine Folge menschlicher Unzulänglichkeit. Sie ist eine *immanente* Eigenschaft der Natur. Wie genau und stark unsere Meßinstrumente auch sein mögen, wir können Quantenunschärfe nicht überwinden.

Der Kompromiß zwischen Ort und Impuls ist ein weiteres Beispiel für das Wirken der Quantenkomplementarität. Sie weist eine enge Beziehung zur Welle-Teilchen-Komplementarität auf. Die einem Elektron zugeordnete Welle ist von Natur aus etwas Gestrecktes und nicht punktförmig lokalisierbar, auch wenn sie Informationen über den Impuls des Elektrons verschlüsselt. Das einem Elektron zugeordnete Teilchen ist dagegen seiner Anlage nach punktförmig ganz genau lokalisierbar; aber eine zu einem Punkt kollabierte Welle enthält keine Informationen über den Impuls des Elektrons. Man stelle den Ort eines Elektrons fest, und man weiß nicht (*und auch das Elektron weiß es nicht*), wie es sich bewegt; man stelle den Impuls eines Elektrons fest, und weder wir noch das Elektron selbst wissen, wo es sich befindet.

## *Einsteins Dilemma*

In den frühen Tagen der Quantentheorie teilten diese seltsamen Forschungsergebnisse die Physiker in zwei Lager. Da waren einmal jene – an der Spitze Niels Bohr –, die die Theorie und ihre Folgerungen vorbehaltlos akzeptierten und darauf beharrten, daß die Mikrowelt von Natur aus indeterministisch sei. Und schließlich gab es die anderen – allen voran Einstein –, die erklärten, die Quantenmechanik könne nicht als eine überzeugende Theorie angesehen werden, wenn sie derart unsinnige Behauptungen aufstellt. Einstein hoffte, daß hinter der sonderbaren Quantenwelt eine Wirklichkeit konkreter Objekte und Kräfte verborgen sei, die sich im Einklang mit den traditionelleren Vorstellungen von Ursache und Wirkung bewegte. Er nahm an, die Unschärfe der Quantensysteme sei irgendwie das Ergebnis unzureichender Beobachtungen; unsere Meßinstrumente seien einfach nicht fein genug, die komplizierten Einzelheiten der Variablen, die das scheinbar unstete Verhalten der subatomaren Teilchen bestimmen, zu enthüllen. Bohr war der Meinung, es gebe keine Ursachen für dieses Chaos, und das alte newtonsche Uhrwerk-Universum, das sich nach einem vorgegebenen Muster entfalte, sei ein für allemal passé. Statt starren Gesetzen von Ursache und Wirkung, erklärte Bohr, unterliege die Materie den Gesetzen des Zufalls. Die Naturprozesse seien weniger ein Billard- als vielmehr ein Roulettespiel.

Die frühen Diskussionen über die Quantenwirklichkeit drehten sich oft um bestimmte Gedankenexperimente wie das der Schrödinger-Katze. Einstein hoffte, ein Szenario zu finden, in dem die Regeln der Quantenmechanik zu etwas Widersprüchlichem oder Absurdem führen würden. Er dachte sich Situationen aus, die Bohrs Position scheinbar erschütterten, um dann zu erleben, daß Bohr einen Ausweg fand. Schließlich gab Einstein den Versuch auf, die Widersprüchlichkeit der Quantenmechanik nachzuweisen, und konzentrierte sich statt dessen auf den Nachweis ihrer Unvollständigkeit. Einstein hätte vielleicht widerstrebend eingeräumt, daß die Quantenmechanik wahr ist, aber er hätte nie zugegeben, daß sie die *ganze* Wahrheit ist.

Der Vorwurf der Unvollständigkeit zielte auf die Quantenunschärfe. Einstein wollte glauben, daß etwa ein Elektron wirklich beides hat: einen eindeutigen Ort und zugleich einen eindeutigen Impuls, selbst wenn bei den einschlägigen Experimenten die Kenntnisse der einen Seite unter Umständen die Versuche vereitelten, auch etwas über die andere Seite zu erfahren. Er versuchte nachzuweisen, daß Elemente der Wirklichkeit gleichzeitig *beiden* komplementären Eigenschaften zugeordnet werden könnten. In seinem besten Ansatz, den er mit seinen Kollegen Nathan Rosen und Boris Podolsky formulierte, versuchte er Informationen über den Ort und den Impuls eines Teilchens zu erhalten, indem er ein Komplizenteilchen verwendete. Wenn ein zweites Teilchen von dem interessierenden Teilchen abprallte, hielt der Komplize einige Informationen über Ort und Bewegung des ersten Teilchens fest, so wie die abprallenden Billardkugeln bei einer Abweichung Informationen über Geschwindigkeit und Richtung des Stoßballs tragen. Man beobachte eines von zwei in eine Kollision verwickelten Teilchen, und man kann etwas über das andere Teilchen folgern, indem man die Kollision mathematisch rekonstruiert.

Angenommen, überlegte Einstein, zwei Teilchen A und B kollidieren und fliegen weit auseinander. Jetzt können wir den Ort oder den Impuls von B messen. Messen wir ersteren, können wir aus den Gesetzen, nach denen eine Kollision abläuft, auf den Ort von A schließen. Aber wir können ebensogut den Impuls von B messen und daraus auf den Impuls von A schließen. Einstein meinte, eine Messung des Ortes von B könne zwar den Impuls dieses Teilchens beeinträchtigen (oder umgekehrt), aber die Messungen von B könnten unmöglich das Teilchen A berühren, das zum Zeitpunkt der Messung schon weit weg sein könne. Zumindest könne kein physikalischer Einfluß der Messungen von B das Teilchen A in weniger Zeit erreichen, als das Licht für den Weg von B zu A braucht – die absolute Geschwindigkeitsgrenze aus Einsteins Relativitätstheorie. Einstein schien sicher, daß der Zustand des Teilchens A im Augenblick der Messung von B unverändert bleiben müsse.

Das schien die Frage zu beantworten, denn wenn der Wissenschaftler sich entschloß, *entweder* den Ort *oder* den Impuls von B zu messen und daraus *entweder* auf den Ort *oder* den Impuls von A zu schließen, und das in beiden Fällen, ohne A zu stören, dann mußte A zum Zeitpunkt der Messung sicherlich schon beide »Elemente der Wirklichkeit« besitzen. Man konnte sich durchaus vorstellen, den Impuls von A mit diesem indirekten Verfahren zu messen (also den Impuls von B zu messen und daraus auf den von A zu schließen), und *im selben Augenblick* direkt den Ort von A zu bestimmen, wodurch man genaue Werte für beide Größen gleichzeitig erhielt. Es ist also grundsätzlich möglich, so Einstein, gleichzeitig Ort und Impuls des Teilchens A festzustellen. Einstein sah die einzige Möglichkeit, die Quantenunschärfe über die Lücke zwischen den Teilchen zu retten, darin, daß sie durch eine, wie er es nannte, Geisterkraft über die Entfernung miteinander verbunden wären, die schneller als das Licht ist und damit die Schranken seiner eigenen Relativitätstheorie durchbricht.

Obwohl Bohr seine Position gegen diesen beachtlichen Angriff verteidigte, blieb der Fall bis in die sechziger Jahre ein reines Gedankenexperiment. Dann erweiterte John Bell von CERN das Einstein-Podolsky-Rosen-Experiment auf Zwei-Teilchen-Prozesse und entwarf allgemeine Regeln, denen all diese Systeme folgen müssen, wenn sie sich an Einsteins »allgemeinverständliches« Bild der Wirklichkeit halten wollen. Bell entdeckte, daß diese Regeln eine mathematische Einschränkung enthalten, die inzwischen auch als Bellsche Ungleichung bekannt ist. Zum erstenmal wurde es möglich, an einen echten Labortest dieser Überlegungen zu denken. Wenn die Experimente ergäben, daß Bells Ungleichung befolgt wird, wäre bewiesen, daß Einstein recht hat; würde die Ungleichung jedoch verletzt, wäre es der Beweis, daß Einstein unrecht hat. Auf der Basis von Bells Arbeit wurden einige sorgfältige Experimente durchgeführt; diese gipfelten 1982 in einem exakten Test der Bellschen Ungleichung durch Alain Aspect von der Universität Paris. Aspect maß in seinem Experiment gleichzeitig entgegengesetzt gerichtete Photonenpaare, die in einem Ereignis vom selben Atom emittiert wurden und damit übereinstimmende Eigenschaften besaßen. Das Ergebnis: Einstein hatte unrecht. Dies ist seitdem experimentell wiederholt bestätigt worden. Aber was bedeutet es?

Angenommen, man schließt eine Informationsübertragung mit mehr als Lichtgeschwindigkeit aus, bedeutet das folgendes: Sobald zwei Teilchen in Interaktion getreten sind, bleiben sie irgendwie verbunden, sind Bestandteil desselben unteilbaren Systems. Diese Eigenschaft der »Nichtlokalität« hat weitreichende Auswirkungen. Wir können uns das Universum als ein gewaltiges Netz wechselwirkender Teilchen denken, und jede Verknüpfung bindet die beteiligten Teilchen an jeweils ein Quantensystem. In gewisser Hinsicht kann das gesamte Universum als ein einziges Quantensystem betrachtet werden. Obwohl der Kosmos in der Wirklichkeit zu komplex ist, als daß wir diesen subtilen Zusammenhang – außer in speziellen Experimenten wie denen von Aspect – bemerken würden, hat die Quantenbeschreibung des Universums doch einen ausgeprägten holistischen Beigeschmack.

Das Experiment Aspects machte die Hoffnung Einsteins zunichte, daß die Quantenunschärfe und der Indeterminismus auf eine Grundlage verborgen wirkender Kräfte zurückgeführt werden könnten. Wir müssen uns damit abfinden, daß in der Natur eine innere, irreduzible Unschärfe existiert. Ein Elektron oder ein anderes Quantenteilchen hat im allgemeinen keinen klar umrissenen Ort oder Bewegung, solange der Ort oder die Bewegung nicht wirklich gemessen wird. Der Meßvorgang veranlaßt die Unschärfe, einem klaren und eindeutigen Ergebnis zu weichen. Diese Kombination aus Unschärfe und dem Kollaps der Quantenwelle bei einer Messung ist es, die zu dem Paradoxon von der Katze im Kasten führt. Bisher haben wir allerdings erst eine ganz simple Version dieses Rätsels betrachtet. Was geschieht, wenn wir das, was wir daraus gelernt haben, auf das Universum insgesamt anwenden?

Allein die Vorstellung einer Überlagerung von Lebende-Katze- und Tote-Katze-Zuständen, die darauf wartet, aufgelöst zu werden, wenn jemand in den Kasten schaut, scheint absurd, weil die Katze vermutlich selbst weiß, ob sie tot oder lebendig ist. Begründet dieses Wissen nicht eine Beobachtung, die so oder so zu einem Kollaps der Quantenwelle in einen eindeutigen Zustand führt? Es ist doch wohl nicht notwendig, daß alle Quantenbeobachtungen vom Menschen durchgeführt werden müssen, bevor man sagen kann, daß sie einen eindeutigen Zustand der Wirklichkeit erzeugen? Aber wenn eine Katze diese Aufgabe übernehmen kann, wie sieht es dann mit einer Ameise aus? Oder einer Bakterie? Oder können wir überhaupt auf die lebende Komponente im Experiment verzichten und alles einem Computer überlassen oder gar einer Kamera?

Was jedoch die Welt außerhalb des Kastens angeht, können wir das ganze Laboratorium einfach als einen größeren Kasten betrachten. Ob der Forscher in den Kasten geschaut und das Schicksal der Katze bestimmt hat, kann ein Kollege, der im Laborraum nebenan arbeitet, nicht wissen. Kollabiert die Quantenwelle des ganzen Labors erst, wenn der Kollege die Tür öffnet und fragt, was die Katze macht? Das bringt uns natürlich in eine unendliche Rückwärtsbewegung. Jedes Quantensystem kann durch ein anderes System von außen zu einem Kollaps in einen eindeutigen Zustand gebracht werden, aber dann geht das größere System in einen indeterminierten Zustand über und muß durch ein anderes

System von außen zu einem Kollaps in die Wirklichkeit gebracht werden und so fort.

Verschiedene Lösungsvorschläge sind gemacht worden, um aus dieser Sackgasse herauszukommen. Einer höchst spekulativen Ansicht zufolge ist es notwendig, irgendwann den Verstand heranzuziehen und zu argumentieren, daß die Kette der Rückwärtsbewegung (ähnlich der Rückwärtsbewegung in Dunnes Theorie der Serienzeit) endet, wenn das Ergebnis der Messungen jemandem bewußt wird. Das verleiht der Welt ein höchst subjektives Element, denn es zwingt uns zu der Annahme, daß ohne Beobachtung die sichtbare Welt in einem klarumrissenen Sinne nicht existiert. Es ist so, als würden wir durch unsere Beobachtung die sichtbare Welt überhaupt erst erschaffen, nicht nur erforschen.

Viele Physiker sind bereit, die endlose Rückwärtsbewegung zu ignorieren, denn sie sagen sich: Wie groß mein Labor auch sein mag, es gibt immer noch genug Universum außerhalb davon, das den Inhalt des Labors zum Kollaps in die konkrete Wirklichkeit veranlassen kann. Die Kosmologen haben diese Möglichkeit nicht. Ihr Laboratorium ist das Universum selbst, und es gibt nichts außerhalb des Universums, das es beobachten kann.

### *Unendlich viele Wirklichkeiten*

An dieser Stelle scheint sich uns die Interpretation von Mehrfachwelten von selbst aufzudrängen. Innerhalb der seriösen Physik, nicht der Science-fiction, kam der Gedanke 1957 mit der Arbeit des Amerikaners Hugh Everett auf. Andere haben ihn inzwischen weitergedacht. Wie bereits angemerkt, löst die Theorie der Mehrfachuniversen das Katzen-Paradoxon durch die Annahme auf, daß sich das Universum in zwei Kopien teilt und beide Hälften dann parallel existieren. Es spricht also nichts dagegen, die Quantenmechanik auf das gesamte Universum anzuwenden, wenn wir bereit sind, uns mit dem ziemlich phantastischen Gedanken zu befassen, daß sich das ganze Universum permanent in zahllose Kopien teilt: jede in einem leicht veränderten Zustand, für jedes denkbare Ergebnis jeder denkbaren Quantenwechselwirkung eine Kopie. Die Theorie Everetts läßt an eine Art Mehrfachwirklichkeit denken, in der eine unendliche Zahl ganzer Universen nebeneinander existiert. So bizarr dies scheinen mag, der tatsächlich beteiligte mathematische Formalismus ist mit der normalen Quantenmechanik identisch. Das Neue dieser Theorie betrifft ausschließlich die *Interpretation* der Werte, die in den Gleichungen erscheinen.

Ein naheliegender Einwand gegen die Theorie der unendlich vielen Universen ist der, daß unsere Erfahrung nur eine Wirklichkeit, nur ein Universum, kennt. Wo sind all die anderen? Um die Antwort auf diese Frage zu verstehen, müssen wir den Gedanken der Raumzeit aufnehmen, über den wir schon gesprochen haben. Wenn das Universum sich in viele Kopien teilt, entstehen dadurch nicht nur viele Duplikate materieller Objekte, sondern ebenso von Raum und Zeit. Das heißt, jedes »neue« Universum entsteht mit seinem eigenen Raum und eigener Zeit. Die anderen Welten sind daher nicht »da draußen« in einem alltäglichen Sinn des Begriffs. Sie können durch unseren eigenen Raum und unsere Zeit nicht erreicht werden. Sie sind vielmehr selbst vollständige Raumzeiten. Wenn wir fragen, »wo« etwas ist, nehmen wir normalerweise an, daß der Gegenstand sich in einer bestimmten Entfernung und Richtung von unserem Standort befindet. Aber die Universen Everetts sind überhaupt nicht »in« unserem Universum. Sie liegen in keiner bestimmten Entfernung oder Richtung von uns.

Es fällt vielleicht schwer, sich das auszumalen. Aber die Tatsache, daß wir viele verschiedene Raumzeiten nicht wahrnehmen können, schließt natürlich nicht ihre Existenz aus. Wir können die anderen Universen immer noch mathematisch beschreiben. Trotzdem sind irgendwelche Bilder hilfreich. Eine Möglichkeit ist, die vielen Universen als »aufgestapelt« zu betrachten, wie die Seiten eines Buchs, das auf einem Tisch liegt. In dieser Sammlung zweidimensionaler Blätter stellt jede Seite ein ganzes Universum dar, Raumzeit plus Materie. Die Form jedes Universums unterscheidet sich jeweils leicht von seinen Nachbarn, je nach den darin verwirklichten verschiedenen Quantenalternativen. Wenn wir im Stapel weiter nach unten kommen, weg von der Seite, die wir als unseren Bezugspunkt ausgewählt haben, wachsen die Unterschiede an.

Gelegentlich wird das Modell der Mehrfachuniversen auch durch die Zweige eines Baumes dargestellt. Der Stamm verkörpert ein bestimmtes Universum, das wir als Bezugsgröße nehmen; er treibt dann Äste und Zweige in allen Quantenalternativen. Wir können uns einen waagerechten Schnitt durch diese vielen Äste und Zweige in irgendeinem Augenblick vorstellen, der eine ganze Sammlung leicht verschiedener Universen schneidet, die aus dem Original »gewachsen« sind. Und im allgemeinen ist der Stamm selbst nur ein Ast eines noch durchdachteren Baumes, der in die Unendlichkeit reicht.

Wenn jemand erstmals von der Theorie der unendlich vielen Universen hört, wendet er häufig ein, sie könne nicht stimmen, weil wir vom Stattfinden einer solchen Aufteilung nichts bemerken. Ein wichtiges Merkmal der Theorie ist jedoch, daß menschliche Beobachter keine besondere Rolle spielen, sie werden selbst geteilt wie alles andere auch. Wenn sich im Katzen-Experiment das Universum in zwei Kopien teilt, von denen eine eine tote Katze, die andere eine lebende Katze enthält, enthält jedes »neue« Universum auch eine Kopie des Forschers. Jede Kopie des Forschers schaut in den Kasten, um sich vom Schicksal der Katze zu überzeugen. Der eine Forscher im einen Universum sieht eine lebende Katze; der andere in der anderen Welt sieht eine tote Katze. Jeder der Forscher glaubt fälschlicherweise, daß sein Universum einmalig ist und daß die von ihm wahrgenommene Wirklichkeit beim Öffnen des Kastens (tote Katze oder lebende Katze) die einzige Wirklichkeit ist.

Wenn wir die Theorie unendlich vieler Welten logisch zu Ende denken, kommen wir zu der Annahme, daß jeder Mensch in jeder Sekunde unzählige Male geteilt wird, wobei jede Kopie ein etwas anderes Universum bewohnt. Notwendigerweise nimmt jede Kopie nur *ein* Universum wahr und ist sich nur *eines* Selbst bewußt.

Es gibt noch einen etwas anderen Ansatz zu dieser Theorie, der ohne konkrete Teilung auskommt. In dieser Fassung existiert immer die gleiche Zahl (unendlich viele) paralleler Wirklichkeiten, aber zu einem gegebenen Zeitpunkt sind viele Kopien genau identisch. Für das Katzen-Experiment könnte man sich zum Beispiel vorstellen, daß vor dem Experiment zwei Universen nebeneinander bestehen, die jedoch absolut nicht zu unterscheiden sind. Zu dem Zeitpunkt, da das Experiment mit der Katze durchgeführt wird, entwickeln sich diese beiden Welten in eine, in der die Katze am Leben bleibt, und in die andere, in der die Katze stirbt. Aus dieser Perspektive gibt es, während Sie diese Worte lesen, viele identische Kopien von Ihnen, die identische Universen bewohnen (und noch andere Kopien, die in leicht veränderten Universen leben). In der Zukunft hören jedoch einige dieser Kopien auf, identisch zu sein, da sich ihre jeweiligen Universen gemäß den unterschiedlichen Quantenentscheidungen verschieden entwickeln. Wir können dies etwa so veranschaulichen, daß wir uns vorstellen, daß von den unendlich vielen Versionen des »Sie«, während Sie diese Worte lesen – alle mit identischer Vergangenheit –, einige weiterlesen, andere das Buch beiseite legen, um sich schnell eine Tasse Kaffee zu machen, wieder andere merken, daß die Sonne scheint, und sich entschließen, an dem Tag überhaupt nicht mehr zu lesen – und so weiter.[3] Noch etwas subtiler: Unendlich viele von Ihnen werden infolge einer geringen Quantenfluktuation beim Satzcomputer, den unsere Druckerei benutzt, feststellen, daß, sagen wir, das vierte Wort des nächsten Kapitels falsch gedruckt ist, die übrigen dagegen nicht, weil diese Quantenfluktuation in ihrem Universum nicht erfolgt ist.

Natürlich kommt die Frage auf, ob es irgendwie möglich ist, in diese anderen Welten zu reisen oder wenigstens mit ihnen zu kommunizieren. Die Antwort lautet: Bei normalem Verlauf der Ereignisse nicht. Wir können leider keine parallelen Wirklichkeiten bemühen, um Geister, übersinnliche Wahrnehmungen oder Ufos zu erklären. Das Entscheidende an Everetts Theorie ist tatsächlich, daß die verschiedenen Zweige der Universen physisch getrennte, alternative Wirklichkeiten sind. Das ist notwendig, um das Paradoxon der Quantenmessung aufzulösen und zu vermeiden, daß wir das Gefühl bekommen, geteilt zu sein.

Aber wie unsere obigen Beispiele klarmachen, liegt eine Messung, wie wir sie unter normalen Umständen verstehen, dann vor, wenn wir irgendeine makroskopische Veränderung erkennen, etwa das Klicken eines Geigerzählers oder die Stellung eines Zeigers an einem Meßinstrument (oder den Gesundheitszustand einer Katze). Unser Gehirn registriert diese Ereignisse sehr genau, weil

3 Es wäre schön, unser Buch in den vielen Welten unendlich mal zu verkaufen – aber der Haken ist natürlich der, daß es unendlich viele von uns gibt, die das Buch schreiben, und wir alle müssen uns das Honorar teilen!

der Apparat und vermutlich auch unsere Gehirnzellen makroskopische Systeme sind, für die die Quanteneffekte vernachlässigt werden können. Es ist trotzdem möglich, sich ein denkendes Individuum vorzustellen, dessen sinnliche Wahrnehmung und Gedächtnis auf der Quantenebene arbeiten. Tatsächlich erforschen Computerwissenschaftler im Moment die Möglichkeit, Schaltvorrichtungen in molekularer Größenordnung einzusetzen, [illegible] eiter gehende Miniaturisierung zu erreichen als bei [illegible] gen Computergeneration. Der britische Physiker David Deutsch hat vor diesem Hintergrund ein bemerkenswertes Experiment vorgeschlagen, das tatsächlich in Ansätzen die Herstellung irgendeines Kontakts zwischen parallelen Welten zu ermöglichen scheint.

Bei dem Deutsch-Experiment soll ein (natürliches oder künstliches) Quantengehirn ein normales Doppelversuch-Quantenexperiment durchführen. Das Gehirn soll etwa beobachten, ob ein Elektron nach links oder rechts von einem festen Ziel abprallt. Nach der Theorie der Mehrfachuniversen gibt es ein Universum mit einem nach links abprallenden Elektron und ein anderes mit einem nach rechts abprallenden Elektron.

Wenn nun, wie von uns beobachtet, zwei Universen sich teilen oder unterschiedlich entwickeln, tun sie das irreversibel. Wir können auf makroskopischer Ebene keine nachfolgenden Entwicklungen der Art wahrnehmen, daß die Universen sich wieder vereinen oder wieder identisch werden. Ein Ereignis wie der Tod einer Katze ist eindeutig ein unwiderrufliches Vorkommnis. Auf der atomaren Ebene ist durchaus denkbar, daß Veränderungen zurückgenommen werden. Man kann ohne weiteres ein atomares Experiment ersinnen, bei dem ein Quantenteilchen eine Doppelwahl-Erfahrung macht, der Zustand des Teilchens jedoch nachher in seine Ausgangsform zurückkehrt.

Kurz gesagt, auf atomarer Ebene können Welten bei sorgfältigem Vorgehen gespalten und wieder zusammengefügt werden. Diese vorübergehenden Zwischenzustände werden von uns nicht als eigene Alternativen gesehen, denn sobald wir versuchen, sie zu beobachten, führen wir irreversible makroskopische Einflüsse ein, die die Welten ständig spalten. Ein Quantengehirn würde die Zwischenwirklichkeit registrieren, ohne das Wiederverschmelzen der vorübergehend gespaltenen Welten zu verhindern. Während der vorübergehenden Spaltung würde sich das Gehirn wirklich in zwei Kopien teilen, die jedoch nach dem Experiment wieder verschmelzen. Jede Kopie würde eine andere Erinnerung an das Verhalten des Elektrons haben, das beobachtet wurde. Das wieder zusammengefügte Gehirn wäre deshalb mit einer doppelten Erinnerung ausgestattet. Es könnte uns sagen, welche Ereignisse in *beiden* denkbaren Welten ähnlich waren. Auf diese vereinfachte Art könnten wir wirklich einige Informationen über mehr als nur eine einzige Wirklichkeit erhalten.

Das angeregte Deutsch-Experiment hängt vom Bestehen einer Intelligenz auf Quantenebene ab, und auch wenn solche Gedanken von einigen Experten für künstliche Intelligenz ernst genommen werden, sind sich doch alle einig, daß noch viel Zeit vergehen wird, bevor wir damit rechnen können, so ein Ding zu bauen. Bis dahin ist es interessant zu fragen, ob es irgendeinen indirekten Beweis für die Existenz einer Mehrfachwirklichkeit gibt.

## *Kosmische Zufälle*

In den letzten Jahren zeigten sich immer mehr Physiker und Astronomen beeindruckt, daß das von uns wahrgenommene Universum offenbar von einer bemerkenswerten Vielfalt anscheinend glücklicher Zufälle erfüllt ist. Ein paar Beispiele werden genügen, eine Vorstellung von dem zu geben, was gemeint ist (mehr darüber in unseren Büchern ›The Accidental Universe‹ und ›Cosmic Coincidences‹).

Einer der aufregendsten Zufälle betrifft die Stabilität der Atomkerne. Erinnern wir uns an die Diskussion über den Alpha-Zerfall, mit dem wir unsere eingehendere Beschäftigung mit der sonderbaren Quantenwelt begonnen haben. Die Atomkerne werden, wie wir sahen, von starken Kernkräften zusammengehalten. Die Stabilität des Kerns beruht auf einem Wettbewerb zwischen den starken Kernkräften, der elektromagnetischen Kraft und den mit dem Tunneln zusammenhängenden Quanteneffekten. Es gibt einen ziemlich engen Bereich möglicher Kernstrukturen, in dem diese konkurrierenden Einflüsse sich auf stabile Art ausgleichen.

Um ein spezifisches Beispiel nach Freeman Dyson zu nehmen:

Wäre die Kraft nur um einige Prozente stärker, könnten sich zwei Protonen in stabiler Form zusammentun und die wechselseitige Abstoßung ihrer jeweils positiven Ladung überwinden, und das sogar ohne das dämpfende Vorhandensein eines oder zweier Neutronen. Würde sich ein solches Doppelproton bilden, zerfiele eines der Protonen bald zu einem Neutron, und das Doppelproton wandelte sich in ein Deuteron um – einen Deuteriumkern. Deuterium ist ein wichtiger Kernbrennstoff, so daß ein derartiger Vorfall die Kernprozesse, die im Kern der Sonne und anderer Sterne ablaufen, stören und zum explosiven Verbrauch des gesamten Kernbrennstoffs im Universum führen würde. Das alles hätte sich schon beim Urknall abgespielt und dem Universum die freien Protonen genommen und damit auch das Element Wasserstoff, denn der Kern eines Wasserstoffatoms besteht aus einem einzigen Proton. Ohne Wasserstoff, das den größten Teil der sichtbaren kosmischen Materie ausmacht, gäbe es keine stabilen Sterne wie die Sonne und kein Wasser im Universum. Unter diesen Umständen könnte Leben, wie wir es kennen, nicht entstehen.

Genauso dramatisch wären die Folgen, wenn die Kernkraft im Vergleich zur elektrischen Kraft etwas schwächer wäre, denn dann könnte das Element Deuterium (dessen Kern aus einem Proton und einem Neutron besteht) nicht existieren. Deuterium spielt eine unentbehrliche Rolle in der Kette der Kernreaktionen, die die Sonne und Sterne brennen läßt. Ähnlich empfindliche Gleichgewichte gelten auch bei anderen Naturkräften.

Der Astrophysiker Brandon Carter hat nachgewiesen, daß die Struktur der Sterne sehr stark vom exakten Verhältnis der Gravitation zu den elektromagnetischen Kräften abhängt. Unsere Sonne ist ein mittelgroßer, orangefarbener Stern, und die Bedingungen, die ein Leben auf der Erde ermöglichen, hängen vom Grundzustand der Sonne ab. Würden diese Kräfte sich jedoch in ihrer relativen Stärke nur ein wenig ändern, wären alle Sterne entweder Blaue Riesen oder Weiße Zwerge, je nachdem, wohin sich die Waagschale der Kräfte geneigt hätte. Sterne wie unsere Sonne, die offenbar besonders geeignet sind, günstige Bedingungen für das Entstehen von Leben zu schaffen, würden nicht existieren.

Diese und viele ähnliche scheinbare ›Zufälle‹ haben einige Wissenschaftler zu der Überzeugung kommen lassen, daß der Aufbau des Universums, das wir wahrnehmen, äußerst sensibel selbst gegenüber kleinsten Veränderungen der grundlegenden Parameter der Natur ist. Es ist, als wäre die kunstvolle Ordnung des Kosmos ein Ergebnis einer hochsensiblen Feinabstimmung. Vor allem die Existenz des Lebens und damit die intelligenter Beobachter ist besonders anfällig für die Präzisions-»Anpassung« unserer physikalischen Bedingungen.

Für manche Menschen ist die höchst zufällige Anordnung der physikalischen Welt, die allein die für die Existenz menschlicher Beobachter notwendigen speziellen Bedingungen bietet, eine Bestätigung ihres Glaubens an einen Schöpfer. Andere verweisen dagegen auf die Theorie der Mehrfachuniversen als eine natürliche Erklärung für die kosmischen Zufälle. Wenn wirklich eine unendliche Vielfalt von Universen besteht, von denen jedes eine etwas andere kosmische Möglichkeit realisiert, muß jedes Universum, wie bemerkenswert oder unwahrscheinlich es sein mag, irgendwo in dieser Vielfalt vorkommen. Es ist dann keine Überraschung, daß das Universum (oder die Universen), das wir wahrnehmen, so bemerkenswert ist, denn nur in einem Kosmos, in dem die für das Leben notwendigen Bedingungen entstanden sind, wird es Beobachter geben, die über die Bedeutung all dessen nachdenken.

Falls diese Gedanken richtig sind, bedeutet dies, daß die überwältigende Mehrheit der übrigen Universen unwirtlich ist und nicht beobachtet wird. Nur in einem extrem kleinen Bereich möglicher Welten – wenige Seiten in dem unendlichen kosmischen Buch – treffen die vielen Zufallsereignisse zusammen, die für die Entstehung des Lebens erforderlich sind, und so ist nur ein winziger Bruchteil des gesamten Stapels von Universen wirklich erkennbar.

Dieser Argumentationstyp, auch als anthropisches Prinzip bekannt, wurde in Kapitel 2 in Zusammenhang mit den Gesetzen der Physik allgemein kurz abgehandelt. Er kann nur einen zufälligen Beweis für die Existenz paralleler Universen liefern, aber viele Wissenschaftler halten sie für die bessere Hypothese gegenüber dem Glauben an eine übernatürliche Schöpfung. Bis wir ein Quantensuperhirn bauen können, sind die kosmischen Zufälle das beste Argument, das wir haben, daß irgendwo – nicht überall – ein Heer anderer, mit uns identischer Autoren Bücher schreiben, die mit diesem Buch identisch sind, die von einem Heer identischer Leser gelesen werden, die alle ihr paralleles Leben auf ein etwas anderes Schicksal hin leben – und sich jetzt über die Existenz all ihrer Kopien wundern.

Weitere Spekulationen in dieser Richtung sind sinnlos, solange keine Quantenintelligenz existiert. Wir, ausgerüstet mit einem tieferen Verständnis für Quantenprozesse (und die sonderbare Quantenwelt), können uns derweil intensiver mit dem modernen Verständnis von Raum und Zeit befassen.

VIII

# Das kosmische Netzwerk

Der Mythos von der Materie baut auf der Fiktion auf, das physikalische Universum bestehe aus nichts anderem als einer Ansammlung inerter Teilchen, die wie Zahnräder in einer deterministischen Maschine einander ziehen und schieben. Wir haben gesehen, wie die verschiedenen Zweige der neueren Physik diesem Gedanken auf ihre Weise ein Ende gemacht haben. Gerade die Quantenphysik entzieht jeder einfachen, mechanistischen Vorstellung den Boden. Wir haben diskutiert, wie die Quanten-Nichtlokalität uns verbietet, selbst weit voneinander entfernte Teilchen als unabhängige Teile zu betrachten. Wenn die Quantenmechanik erweitert wird, so daß sie auch die Feldvorstellung umfaßt – ein Zweig der Physik, der als Quantenfeldtheorie bekannt ist –, bringt sie ein Wunderland rätselhafter Vorgänge mit sich, etwa virtuelle Teilchen und das aktive Vakuum. Selbst die scheinbar unerschütterliche gewöhnliche Materie schmilzt dahin zu einer Laune immaterieller Energiemuster.

Die Quantenfeldtheorie zeichnet das Bild eines Universums, das kreuz und quer mit einem Netz von Wechselwirkungen überzogen ist, die den Kosmos zu einer Einheit verweben. Wie wir erklärt haben, erkennen die Physiker die Existenz von vier grundlegenden Kräften an: Elektromagnetismus, Gravitation sowie die schwachen und die starken Kernkräfte. Drei dieser Kräfte können mit Hilfe der Quantenfeldtheorie genau als Teil des kosmischen Netzes beschrieben werden. Doch die Gravitation hat sich hartnäkkig allen Bemühungen der Theoretiker widersetzt, sich in diese Form gießen zu lassen. Das gilt weithin als ein sehr ernster Mangel unserer Naturbeschreibung. Wie wir gesehen haben, ist die Gravitation in der allgemeinen Relativitätstheorie eng mit der geometrischen Struktur der Raumzeit verbunden und bildet als solche eine der beiden Säulen der Physik des 20. Jahrhunderts. Die andere

Säule ist die Quantenmechanik. Tatsache ist jedoch, daß die Vereinigung dieser beiden bedeutenden Theorien nicht gelingen will.

Man kann diese Schwierigkeit nicht einfach mit einem Achselzucken abtun, denn die Quantenmechanik fordert mit jeder Faser, daß die ganze Natur den Quantenregeln folgt. Täte sie es nicht, könnten wir Gravitationsexperimente ersinnen, die uns in die Lage versetzen würden, beispielsweise die Heisenbergsche Unschärferelation zu verletzen. In den letzten Jahren hat die Physiker jedoch immer stärker die Aussicht gereizt, die Gravitation in ein ganz neues Gewand zu stecken, das es ermöglicht, nicht nur eine widerspruchsfreie Quantenbeschreibung zu finden, sondern auch die Gravitationskraft mit den anderen drei Naturkräften zu verbinden, um eine einheitliche Superkraft zu schaffen und so ein wirklich integriertes kosmisches Netz zu liefern.

### *Photonen als Wegweiser*

Um in die Schwierigkeiten, eine Quantentheorie der Gravitation zu schaffen, ein wenig Licht zu bringen, ist zunächst ein erneuter Blick auf den einfacheren Fall des Elektromagnetismus, die archetypische Quantenfeldtheorie, hilfreich. Man kann sich ein geladenes Teilchen, etwa ein Elektron, das die Quelle eines elektromagnetischen Feldes ist, als Materiepunkt in der Mitte eines Feldes unsichtbarer elektromagnetischer Energie vorstellen. Diese Energie umgibt es wie ein Hof, der sich in den Raum erstreckt. Wenn ein anderes Elektron dem ersten nahekommt, spürt es das Feld und erfährt eine abstoßende Kraft. Es ist, als sende das Feld des einen Elektrons eine Botschaft aus: »Hier bin ich, also verschwinde.«

Die Botschaft bewegt sich durch das Feld in Form einer Störung, die eine mechanische Wirkung ausübt – auf das empfangende Teilchen (Aktion) ebenso wie auf das übertragende Teilchen (Reaktion). So wirken elektrisch geladene Teilchen im leeren Raum aufeinander ein. Und natürlich werden im klassischen Bild dieses Prozesses die Botschaften, die alle geladenen Teilchen mit einem Netz von Aktion und Reaktion verbinden, durch Kräuselungen im elektromagnetischen Feld übertragen, also durch elektromagnetische Wellen.

Die Quantentheorie bewahrt zwar den Grundgedanken des

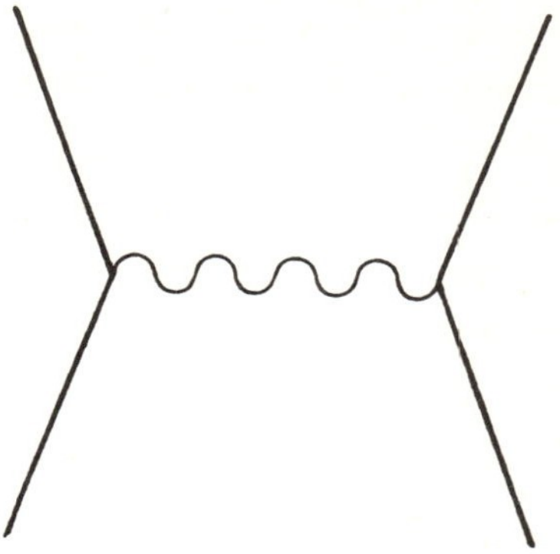

*Abb. 37 Zwei Elektronen wechselwirken, indem sie ein virtuelles Photon austauschen. Das Photon (gewellte Linie) fungiert als »Bote«, der die elektromagnetische Kraft zwischen den beiden Elektronen übermittelt. Das Ergebnis ist, daß die beiden Elektronen zur Streuung veranlaßt werden.*

Feldes, aber die Details werden radikal verändert. Elektromagnetische Störungen können, wie wir gesehen haben, nur in einzelnen Päckchen oder Quanten, den Photonen, emittiert oder aufgenommen werden, und deshalb müssen wir uns die Störung im elektromagnetischen Feld, die die Wechselwirkung übermittelt, als etwas vorstellen, das den Austausch von Photonen einschließt. Diese Photonen übermitteln in Wirklichkeit die Botschaften zwischen Elektronen und anderen geladenen Teilchen. Statt uns vorzustellen, daß das Feld eines Elektrons ständig die Bahn eines anderen stört, müssen wir uns ausmalen, daß das erste Elektron ein Photon aussendet, das dann von dem anderen aufgenommen wird (Abbildung 37). Es ist, als schösse man mit Kanonenkugeln durch den Raum; das erste Elektron prallt als Reaktion zurück, während das zweite durch den Stoß abgelenkt wird. Die Störung erfolgt daher abrupt. Ein Beobachter würde das Ergebnis so sehen, daß ein Elektron vom anderen wegfliegt, und daraus schließen, daß ihre elektrische Ladung eine Abstoßung hervorgerufen hat.

Obwohl die mathematische Beschreibung dieses Streuprozesses abrupte Veränderungen beinhaltet, lassen sie sich in einem Experiment nicht wirklich feststellen, und auch der Durchgang des Photons kann nicht direkt beobachtet werden. Das liegt an der Quantenunschärfe subatomarer Systeme gemäß der Heisenberg-

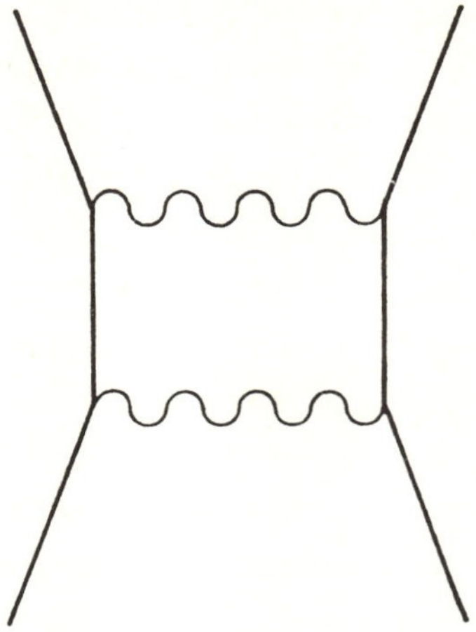

*Abb. 38 Es besteht eine geringe Wahrscheinlichkeit, daß zwei Elektronen wechselwirken, indem sie zwei oder mehr Photonen austauschen. Solche Prozesse führen zu kleinen Korrekturen bei der Berechnung der Streuwirkung von Elektronen.*

schen Unschärferelation. Man kann Elektronen keine eindeutige Bahn im Raum zuordnen, und selbst die Zeitordnung, in der das Photon emittiert und aufgenommen wird, ist ungenau. Die Botenphotonen haben damit eine Art geisterhafte, flüchtige Existenz. Um sie von den dauerhaften Photonen zu unterscheiden, die wir direkt visuell wahrnehmen, werden die Botenphotonen als »virtuell« bezeichnet. Wir sind schon in Kapitel 5 auf virtuelle Photonen und andere virtuelle Teilchen gestoßen, wo wir ihren Einfluß auf die Natur des Vakuums erörtert haben; sie spielen in der Quantenwelt aber noch eine andere Rolle.

Wir haben den Prozeß der Elektronenstreuung zwar anhand des Austauschs eines einzelnen Photons zwischen zwei geladenen Teilchen beschrieben, aber es ist auch möglich, daß zwei oder mehr Photonen ausgetauscht werden (Abbildung 38). Der Austausch von zwei Photonen hat eine schwächere Wirkung auf den physikalischen Gesamtprozeß als der eines Photons; der Austausch von drei Photonen ist noch schwächer und so weiter.

Obwohl die Details beim Photonenaustausch nie beobachtet werden können, erlaubt die vollständige mathematische Abhandlung dieser Gedanken doch klare Voraussagen über Dinge, die beobachtet werden *können*, wie etwa der durchschnittliche Streuwinkel, wenn zwei Elektronenstrahlen aufeinanderprallen. In dieser Hinsicht war die virtuelle Photonenbeschreibung der elektromagnetischen Kraft ein erstaunlicher Erfolg. Die Einzelheiten wurden in den vierziger Jahren erarbeitet und erhielten den Namen Quantenelektrodynamik, kurz: QED. Die Theorie erlaubt Berechnungen, die einige wirklich winzige und subtile Effekte voraussagen, so die minimale Verschiebung der Energieniveaus der Elektronen in Atomen, die durch das Vorhandensein von Botenphotonen hervorgerufen wird. Bei einigen dieser Effekte muß der Einfluß des Austauschs mehrerer Photonen berücksichtigt werden. Die Effekte sind durch einfallsreiche Experimente mit erstaunlicher Genauigkeit bestätigt worden – die jüngsten Experimente sind bis auf ein Zehnmilliardstel genau und fügen sich nahtlos in die Theorie ein. Diese verblüffenden Erfolge haben zu der Behauptung geführt, die QED sei die erfolgreichste quantitative Theorie der Wissenschaft.

### *Ein Netz von Boten*

Was wir normalerweise für leeren Raum halten, wird in Wahrheit kontinuierlich von einem unablässigen Strom von Botenteilchen, wie virtuellen Photonen, durchkreuzt. Die Geschwindigkeit, mit der der Botenverkehr erfolgt, hängt von der Stärke der betreffenden Kraft ab. Starke Kräfte sind die Quelle für starken Verkehr, schwache Kräfte für entsprechend schwächeren. Gäbe es nicht das endlose Netz des Botenverkehrs, hätten sich die Materieteilchen vollkommen vergessen; es gäbe überhaupt keine Wechselwirkung. Jedes Teilchen würde einfach auf seiner Bahn durch den Raum fliegen, niemals abweichen und wäre in jeder Hinsicht allein im Universum. Zusammengesetzte Objekte könnten nicht existieren, weil keine Kraft vorhanden wäre, die sie zusammenhält.

Der hinter der QED stehende Grundgedanke – der Austausch von Botenteilchen – ist mit Erfolg auf die Quantenbeschreibung der beiden Kernkräfte erweitert worden. Diese Kräfte haben die ihnen zugeordneten Felder, die sich analog zu den Photonen anhand von Botenteilchen beschreiben lassen. Im Fall der schwachen Kraft wurden die beteiligten Teilchen, obwohl von der Theorie längst vorausgesagt, erst 1983 entdeckt und geheimnisvoll als

W- und Z-Teilchen bezeichnet. Der Fall der starken Kernkraft ist etwas komplizierter. Wir wissen heute, daß die Kernteilchen (Protonen und Neutronen) zusammengesetzte Objekte sind, die jeweils aus drei kleineren Einheiten bestehen, den sogenannten Quarks. Die Quarks werden von einer sehr starken Kraft zusammengehalten, die nicht weniger als acht Botenteilchen einsetzt, Gluonen genannt. Die Kraft, die Neutronen und Protonen in den Kernen zusammenhält, ist ein schwächerer Rest dieser sehr starken zwischen den Quarks wirkenden Gluonenkraft.

Das Vorhandensein ähnlicher Beschreibungen für alle drei Kräfte – die elektromagnetische, die schwache und die starke Kraft – anhand des Austauschs von Botenteilchen hat den Glauben gestärkt, daß man eine gemeinsame, einheitliche Beschreibung der Kräfte finden könnte. Die Physiker glauben inzwischen, daß die elektromagnetische und die schwache Kraft die beiden Seiten einer gemeinsamen »elektroschwachen« Kraft sind. Nach diesem Erfolg scheint die Verschmelzung der elektroschwachen und der starken Kraft zu einer »großen vereinheitlichten Kraft« durchaus möglich, und auch wenn es dafür noch keine unumstößlichen experimentellen Beweise gibt, bestehen bereits die Großen Vereinheitlichten Theorien, die all diese Kräfte in eine gemeinsame Form gießen.

Doch davon bleibt die Gravitation ausgeschlossen. Um sie in den Schoß der Familie zurückzuholen und die vereinheitlichte Theorie einer Superkraft aufzustellen, ist es notwendig, eine Quantenbeschreibung der Gravitation zu liefern. Wie erwähnt, begann die Quantentheorie mit der Entdeckung, daß elektromagnetische Wellen in einzelnen Quanten oder Photonen auftreten; daher scheint die Annahme sinnvoll, daß Gravitationswellen in ähnlicher Weise mit Quanten zusammenhängen. Sie werden als Gravitonen bezeichnet. Bisher sind Gravitonen aber noch vollkommen hypothetische Teilchen. Wahrscheinlich wird man ihre Wirkung nie direkt beobachten können, und so müssen wir uns darauf verlassen, daß die Theorie uns Auskunft über ihre Eigenschaften gibt. Wie in Kapitel 6 erwähnt, pflanzen sich Gravitationswellen mit Lichtgeschwindigkeit fort, so daß auch Gravitonen – wie die Photonen – sich mit Lichtgeschwindigkeit bewegen müssen. Aber damit endet auch schon ihre Ähnlichkeit mit den Photonen. Der Hauptunterschied liegt in der schwachen Wechselwirkung der Gravitonen mit der Materie.

Ein Gravitonenstrahl mit der gleichen Energie und Wellenlänge wie ein Hochleistungslaser (also ein Photonenstrahl) würde fast ungehindert durch die Erde dringen und dabei nicht einmal ein Prozent seiner Energie verlieren. Ein zweiter Unterschied zu den Photonen besteht darin, daß Gravitonen mit Materieteilchen zwar nur schwach wechselwirken, untereinander jedoch genauso stark wechselwirken. Photonen dagegen, die stark auf geladene Teilchen reagieren, wechselwirken untereinander nicht. Zwei Photonenstrahlen durchdringen sich, ohne sich zu verändern, während Gravitonen an anderen Gravitonen streuen. Bildlich könnte man sagen, daß Photonen blind für andere Photonen sind, Gravitonen jedoch alle Teilchen sehen und auf sie reagieren, einschließlich anderer Gravitonen.

Diese Eigenschaft der Selbstwechselwirkung ist die eigentliche Schwierigkeit, der man bei den Versuchen begegnet, eine Quantengravitationstheorie zu formulieren. Zwei Gravitonen können beispielsweise ein drittes Graviton unter sich austauschen, selbst während die ursprünglichen Gravitonen zwischen Materieteilchen ausgetauscht werden. Kommt jedoch der Austausch mehrerer Gravitonen ins Spiel, wird es furchtbar kompliziert, was verständlich wird, wenn wir uns noch einmal die Auswirkungen der Heisenbergschen Unschärferelation vor Augen führen.

Die Quantenunschärfe läßt zu, daß ein Botenteilchen für kurze Zeit entsteht und sofort wieder verschwindet. In der Quantenmechanik ist die Unschärfe etwas ganz Präzises, und die Energie des kurzlebigen Quants wird durch die Dauer seiner Existenz bestimmt und umgekehrt – kürzer existierende Quanten können mehr Energie als länger existierende haben, so daß das Produkt aus Energie und Zeit immer unter der von den Quantenregeln gesetzten Grenze liegt.

Aufgrund der Quantenunschärfe können wir uns ein Teilchen, etwa ein Elektron, vorstellen, das von einer Wolke virtueller Photonen umgeben ist, die es umschwirren wie Bienen einen Bienenstock. Jedes vom Elektron emittierte Photon wird schnell wieder absorbiert. Die dem Elektron näheren Photonen dürfen zunehmend energetischer sein, weil sie sich nicht sehr weit von zu Hause fortwagen und daher nur die kürzeste Zeit zu existieren brauchen. Stellen wir uns nun das Elektron vor, eingetaucht in ein gleißendes

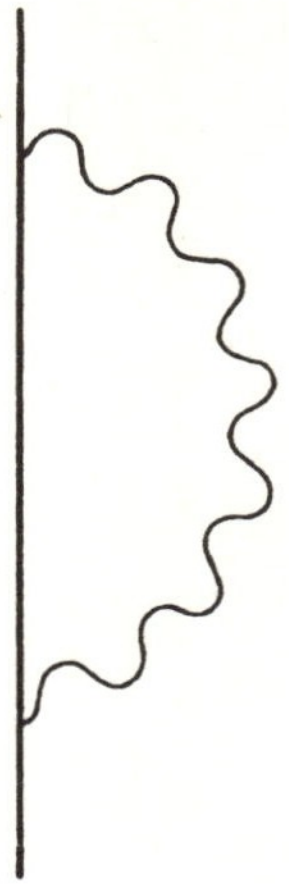

*Abb. 39* *Ein einzelnes Elektron kann virtuelle Photonen emittieren und wieder absorbieren. Diese Prozesse tragen zur Energie und damit zur Masse des Elektrons bei. Unangenehmerweise deuten einfache Berechnungen darauf hin, daß diese »Massekorrektur« unendlich ist. Diese Art der Darstellung (Abbildung 37–39) ist als Feynman-Diagramm bekannt.*

Bad vergänglicher Quantenenergie, die in der Nähe des Elektrons stark ist, aber mit wachsender Entfernung abnimmt. Dieses unruhige, gärende Brodeln virtueller Teilchen ist in Wirklichkeit genau das elektrische Feld des Elektrons, beschrieben in der Quantensprache. Wenn ein anderes Elektron in das Getümmel eintaucht, kann es eines der Begleitphotonen des ersten Elektrons absorbieren, wobei der Austausch eine Kraft erzeugt, wie wir bereits erläutert haben. Aber wenn kein Elektron (oder ein anderes geladenes Teilchen) da ist, können die flüchtigen Photonen nirgendwohin gehen als zurück zum alten Elektron. So wirkt jedes Elektron durch die eigene Photonenwolke auf sich selbst ein (Abbildung 39).

Die Energie dieser Photonenaktivität im Umkreis eines Elektrons kann berechnet werden. Das Ergebnis erweist sich –beunruhigenderweise – als unendlich. Der Grund für dieses scheinbar absurde Ergebnis ist jedoch leicht zu verstehen: Es gibt keine Grenze dafür, eine wie kurze Strecke ein virtuelles Photon zurücklegen kann, und damit auch keine Grenze dafür, wie energetisch es sein kann. Der Beitrag der ungebundenen Energie aller nahen Photonen zur Gesamtfeldstärke ist unendlich.

*Die Aufhebung der Unendlichkeit*

Auf den ersten Blick läßt dieses ungewöhnliche Ergebnis vermuten, daß die ganze Theorie Unsinn ist. Doch dem ist nicht so. Weil wir niemals ein Elektron von seinen Begleitphotonen trennen können (wir können seine elektrische Ladung nicht einfach »abschalten«), gibt es keine Möglichkeit, diese unendliche Energie jemals zu isolieren und zu beobachten. Was wir im Laboratorium in Wirklichkeit beobachten und was jedes andere Teilchen im Universum »sieht«, ist die gemeinsame Energie des Elektrons plus der seines Photonengefolges, und diese ist endlich. Der unendlichen Selbstenergie des Elektrons kann man, auch wenn sie ein unangenehmes Merkmal der Theorie ist, faktisch ausweichen, indem man einfach beide Seiten der entsprechenden Gleichung durch einen unendlichen Betrag teilt. In der Schule hat man uns zwar vor einem solchen Schritt gewarnt, aber wenn er mathematisch konsequent durchgeführt wird, erhält man annehmbare Ergebnisse. Um dieser noch etwas dubiosen Methode mehr Seriosität zu verleihen, erhielt sie einen wohlklingenden Namen: Renormierung.

Kehren wir zur Quantengravitation zurück, wo die Situation zwar ähnlich ist, aber schlimmer. Die gleichen unendliche Größen tauchen auch hier auf, sobald ein Quantenfeldprozeß in einer geschlossenen Schleife abläuft. Weil Gravitonen aufeinander einwirken können, können Gravitonenschleifen weit verwickelter sein, Schleifen in Schleifen, eingenistet wie Räder in Rädern, und wir müssen annehmen, daß jedes Materieteilchen von einem unendlich komplexen Geflecht aus Gravitonenschleifen umgeben ist. Jede Schleifenebene fügt der Berechnung eine neue unendliche Größe hinzu, so daß sich, wenn wir immer komplexere Prozesse ins Auge fassen, die unendlichen Größen ohne Ende häufen.

In der QED bestand der entscheidende Trick darin, beide Seiten einer Gleichung durch eine unendliche Größe zu teilen. Diese Operation hat Erfolg, weil sie nur einmal durchgeführt werden muß. Bei der Quantengravitation muß der entsprechende Vorgang dagegen unendlich viele Male wiederholt werden. Das bedeutet praktisch, daß fast jede Berechnung, die sich der Quantengravitationstheorie bedient, auf diese Weise ein unendliches Ergebnis erhält. Die Theorie hat keine Aussagekraft, und niemand weiß, wie man aussagefähige Größen aus den Gleichungen gewinnen kann.

Das Problem der Unendlichkeiten ist seit Jahrzehnten bekannt; in jüngster Zeit hat es jedoch bestimmte Anzeichen gegeben, daß vielleicht ein Weg gefunden wurde. Der erste Hinweis stammte nicht aus Untersuchungen der Schwerkraft, sondern aus der Theorie der schwachen Kraft. Die Quantentheorie dieser Kraft hatte ebenfalls viele Jahre mit unendlichen Größen zu kämpfen, die ähnlich entstanden und die man nicht in den Griff bekam. Sie war lediglich als Beschreibung der einfachsten Arten von Wechselwirkungen brauchbar. Ende der sechziger Jahre entdeckten Steven Weinberg und Abdus Salam jedoch unabhängig voneinander einen Lösungsweg für das Problem. Ihr Ansatz war im wesentlichen eine Berufung auf die *Symmetrie.*

Die Symmetrie spielt in der physikalischen Theorie seit langem eine wichtige Rolle und fungiert häufig als ein mathematischer Wegweiser, wenn die Gangart rauher wird. Aus Gründen, die wir noch nicht verstehen (die aber vielleicht mit den kosmischen Zufällen zusammenhängen, die unser Universum zu einer dem Leben zuträglichen Heimat machen), paßt sich die Natur Grundsätzen an, die die verschiedensten Formen der Symmetrie beinhalten. In den grundlegenden Prozessen zum Beispiel wären die Gesetze, die die Wechselwirkungen zwischen Teilchen bestimmen, in einem »Spiegeluniversum«, in dem Links- und Rechtsgängigkeit vertauscht wären, unverändert. Und diese Gesetze blieben auch unverändert, wenn Vergangenheit und Zukunft vertauscht würden. Es gibt zwar Ausnahmen für diese Regeln (eine Ausnahme erlaubt die überschüssige Erzeugung eines Materieteilchens auf jede Milliarde Materie-Antimaterie-Paare beim Urknall), aber alles in allem sind die Gesetze der Physik spiegel- und zeitumkehrsymmetrisch.

Die meisten für die Physiker interessanten Symmetrien sind abstrakterer Natur; bei ihnen geht es nicht um geometrische Vorstellungen, die auf wirklichen Raum oder Zeit bezogen sind. Trotzdem spielen sie immer noch eine entscheidende Rolle. Abstrakte Symmetrien sind nicht immer schwer vorstellbar – es gibt zum Beispiel Symmetrien zwischen Männlich und Weiblich, zwischen positiver und negativer elektrischer Ladung und zwischen dem Nord- und Südpol eines Magneten. Das sind abstrakte Symmetrien, die eine einfache Beziehung zwischen physikalisch unterschiedlichen Einheiten herstellen. Durch die Anwendung abstrakter Symmetrien auf subatomare Teilchen waren die Physiker auch in der Lage, Muster zu erkennen, die auf den ersten Blick nicht offenkundig sind.

Ein einfaches Beispiel bieten das Proton und das Neutron, das Material aller Atomkerne. Zunächst sind es zwei verschiedene Teilchen. Das Proton hat eine elektrische Ladung; das Neutron hat keine Ladung und ist etwas schwerer. Doch in vielen Kernprozessen verhalten sich Neutronen und Protonen identisch, und die Ladung des Protons ist lediglich ein Etikett, nicht eine zusätzliche physikalische Eigenschaft. Man kann in dem Fall das Neutron und das Proton einfach als zwei Zustände des gleichen Grundobjekts betrachten, die durch eine abstrakte Symmetrie verbunden sind, ähnlich der zwischen Männlich und Weiblich. Dieser Entwicklung folgend, hat man viele subnukleare Teilchen in Familienstrukturen unterteilt, wobei jede Familie im wesentlichen nur einen Objekttyp darstellt, aber mehrere verschiedene Erscheinungsformen besitzt.

Durch die Nutzung einiger abstrakter Symmetrien in der Struktur der schwachen Kraft gelang es Weinberg und Salam, die schwache Kraft mit der elektromagnetischen Kraft zu kombinieren (die eine sehr ähnliche Symmetriestruktur besitzt) und gleichzeitig die Probleme der schwachen Kraft hinsichtlich der unendlichen Größen zu lösen. Diese so ergiebige Goldgrube machte deutlich, daß der Schlüssel zur Lösung derartiger Unendlichkeitsprobleme in der Quantenfeldtheorie darin liegt, soviel Symmetrie wie möglich einzubauen und eine Vereinigung mit sich normal verhaltenden Quantenfeldern anzustreben.

In einem direkten Versuch, die Unendlichkeitsprobleme der Quantengravitation zu lösen, machten sich Theoretiker in den siebziger Jahren an ein umfassendes Programm zur Nutzung der stärksten bisher in der Natur entdeckten Symmetrie, die sehr zutreffend als Supersymmetrie bezeichnet wird und im Spin begründet ist. Fast alle Elementarteilchen besitzen als wesentliche Eigenschaft eine Quantenversion der Rotation, den sogenannten Spin, der nur als ein bestimmtes Vielfaches einer Grundeinheit vorkommt. Aus geschichtlichen Gründen hat der Spin die Grundeinheit 0,5. Das Elektron und das Neutrino zum Beispiel haben jeweils einen Spin von 0,5. Das Photon hat den Spin 1, das Graviton den Spin 2. Teilchen mit einem Spin über 2 sind nicht bekannt, und nach der Theorie sind derartige Objekte unmöglich.

Die Kombination aus Masse und Spin bestimmt in erster Linie die grundlegenden Eigenschaften der verschiedenen Botenteilchen und erklärt die meisten Unterschiede zwischen den vier Naturkräften. Die Masse eines Botenteilchens bestimmt die Reichweite der entsprechenden Kraft: je stärker die Kraft, desto geringer die Reichweite. Ist der Spin des Botenteilchens ganzzahlig (oder 0), muß nach der Theorie die Kraft, die er erzeugt, anziehend sein; bei einem halbzahligen Spin wirkt die Kraft abstoßend.

Die Natur hat sich masselose Botenteilchen mit dem Spin 1 und dem Spin 2 zunutze gemacht. Ohne Masse können diese Boten im gesamten Universum vorkommen. Das Photon ist das masselose Teilchen mit dem Spin 1. Es reicht tatsächlich durch das ganze Universum, und wie elektrische Ladungen stoßen sich zwei positive oder zwei negative Teilchen ab. Das Graviton ist das masselose Teilchen mit dem Spin 2. Auch dieses Teilchen reicht durch das ganze Universum, wirkt aber immer anziehend, wie die Theorie voraussagt. Es scheint keine Kraft zu geben, die einen masselosen Spin-0-Boten nutzt, aber die Theorie kann uns sagen, welche Eigenschaften eine solche Kraft hätte. Es wäre eine weitreichende Anziehungskraft, der Gravitation ähnlich, aber einfacher und ohne die Notwendigkeit der Paarbildung, die allen Materieteilchen eigen ist.

Das Verhalten der Gluonen ist komplizierter. Obwohl alle acht Gluonenarten wie das Photon den Spin 1 haben, können sie untereinander wechselwirken, und diese Wechselwirkungen zwischen verschiedenen Gluonenarten fesseln sie gewissermaßen und schränken ihre Reichweite ein. Die schwache Kraft hat dagegen eine durch die Masse begrenzte Reichweite. Die W- und Z-Teilchen sind jeweils mehr als achtmal so massereich wie das Proton und haben eine Reichweite von weniger als etwa $10^{-15}$ Zentimetern.

Auch wenn einiges an dieser Beschreibung, wenn man sie in Worte faßt, kompliziert klingt, hat die Natur doch eine überraschend eingeschränkte Wahl, wo es um die Eigenschaften der verschiedenen möglichen Kräfte geht. Und wo immer eine Wahlmöglichkeit besteht, die die Mathematik zuläßt, scheint es, als hätte die Natur sich für die einfachste Alternative entschieden, und zwar diejenige, die die mathematische Symmetrie maximiert.

Bevor die Supersymmetrie aufkam, galten Teilchen mit unterschiedlichem Spin als Mitglieder jeweils anderer Familien. Insbesondere alle Teilchen mit ganzzahligem Spin erweisen sich als Kraftträger, Teilchen eines Quantenfelds wie die Photonen und Gravitonen; Teilchen mit halbzahligem Spin wie das Elektron sind immer das, was wir uns in der Alltagssprache als »wirkliche« Materieteilchen denken. Um diesen Unterschied deutlich zu machen, werden erstere kollektiv als »Bosonen« bezeichnet, letztere als »Fermionen«. Keine Asymmetrie konnte klarer sein, und zwischen den Eigenschaften der Bosonen und Fermionen war keine systematische Verbindung bekannt. Die Supersymmetrie änderte all das, indem sie einen mathematischen Weg aufzeigte, Teilchen mit unterschiedlichem Spin in einer einzigen Beschreibung zusammenzufassen. Sie bedeutet, daß man nach physikalischen Gesetzen suchen kann, die die Spin-Barriere überwinden und Teilchen mit unterschiedlichem Spin in einer einzigen Superfamilie mit dicht verwobenen Eigenschaften vereinen. Vor allem deutet sie auf eine verborgene Symmetrie zwischen Kraftträgern und Materieteilchen hin.

Die Supersymmetrie verlangt, daß jeder Teilchen*typ*[1] einen Partner mit entsprechend anderem Spin in der Familie der

1 Nicht jedes einzelne Teilchen!

Feldquanten hat. Da keines der bekannten »Botenteilchen« zu einem der bekannten Materieteilchen paßt, erfordert das die Existenz irgendwelcher Quantenteilchen, die noch nicht entdeckt sind und deren Existenz man bisher auch nicht vermutete. Wir können hier eine grobe Analogie zur Existenz zweier Teilchenfamilien herstellen, die Materie und Antimaterie entsprechen. Die Entdeckung eines spiegelbildlichen Gegenstücks zum Elektron (das Positron oder Antielektron) verlangte, daß es auch ein Antineutron und ein Antiproton geben müsse, damit die Symmetrie erhalten bleibt. In der Supersymmetrie (oder SUSY) muß jeder bekannte Materieteilchen- und Kraftfeldträgertyp einen noch unbekannten Gegenspieler mit einem anderen Spin haben. Die Entdeckung auch nur eines dieser Teilchen würde die Existenz der ganzen neuen Familie (oder mehrerer Familien) bedeuten, und als Zugabe lassen die theoretischen Berechnungen der Eigenschaften dieser neuen Teilchen vermuten, daß einige von ihnen gerade das sein könnten, was erforderlich ist, die dunkle Materie im Universum zu stellen. Bis jetzt hat es jedoch kaum direkte Beweise für einen supersymmetrischen Partner irgendeines der bekannten Teilchen gegeben.

Aber wie soll all dies das Unendlichkeitsproblem der Quantengravitation lösen? Das Graviton, das früher als einziger Übermittler der Gravitation galt, wird, wie die Supersymmetrie fordert, von mehreren Arten schwerkrafttragender Boten begleitet, den sogenannten Gravitinos, die alle einen Spin von 1,5 haben. Die Existenz von Gravitinos verändert das Problem der Unendlichkeiten. Grob gesagt, wirken die Gravitinoschleifen negativ und erzeugen negative Unendlichkeiten, die aufgrund der Symmetriebeziehungen automatisch dahin tendieren, die positiven Unendlichkeiten der Gravitonschleifen aufzuheben. Da wir Gravitonen und Gravitinos in der wirklichen Welt niemals entwirren könnten, müssen wir immer ihre gemeinsame Wirkung berücksichtigen. Das Paket ihrer Wechselwirkungen wird als Superschwerkraft bezeichnet.

## *Unsichtbare Dimensionen*

In den siebziger und frühen achtziger Jahren schien es eine Weile, als zeige die Supersymmetrie den Weg zu einer widerspruchsfreien Gravitationstheorie im Rahmen der Quantenmechanik. Dann entdeckte man, daß die Aufhebung der Unendlichkeit zwar bei Prozessen mit einigen wenigen Schleifen möglich ist, daß sie aber scheitert, wenn viele Schleifen im Spiel sind. Der Rückschlag war allerdings nur von kurzer Dauer, denn man diskutierte bereits einen völlig neuen Problemansatz: die Möglichkeit, daß die Gravitation mit den anderen Naturkräften in einer mathematisch widerspruchsfreien Theorie vereinheitlicht werden könnte, sobald man erkennt, daß vielleicht unsichtbare, zusätzliche Dimensionen des Raums existieren.

Der Gedanke, daß der Raum mehr als drei Dimensionen haben könnte, hat eine lange Geschichte. Schon nachdem die allgemeine Relativitätstheorie entwickelt worden war, zu einer Zeit also, als erst zwei Grundkräfte richtig erkannt waren (die Gravitation und der Elektromagnetismus), fand der deutsche Mathematiker Theodor Kaluza eine Methode, den Elektromagnetismus geometrisch zu beschreiben, so wie Einstein die Gravitation geometrisch beschrieben hatte. Das elektromagnetische Feld konnte, wie Kaluza zeigte, als eine Art Raumkrümmung betrachtet werden, jedoch nicht als Krümmung im normalen dreidimensionalen Raum unserer Wahrnehmungen. Kaluzas Raumkrümmung lag vielmehr in einer hypothetischen *vierten Dimension*, die wir aus irgendeinem Grund im täglichen Leben nicht sehen. Wenn das richtig ist, könnte man sich Radio- und Lichtwellen als Kräuselungen in der vierten Raumdimension vorstellen. Formuliert man Einsteins Gravitationstheorie für vier Raumdimensionen plus einer Zeitdimension (zusammen fünf) um, ergibt sie tatsächlich die einfache (vierdimensionale) Gravitation *und* die Maxwellschen Gleichungen des Elektromagnetismus. Gravitation plus Elektromagnetismus ist also – aus vier Dimensionen gesehen – das gleiche wie die fünfdimensionale Gravitation.

Kaluzas Theorie wurde von dem schwedischen Physiker Oskar Klein aufgegriffen, der eine Erklärung fand, warum wir die vierte Raumdimension nicht bemerken. Es liege daran, argumentierte er,

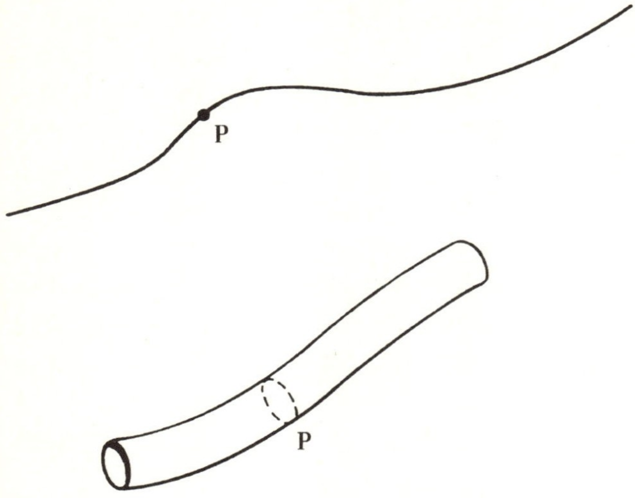


*Abb. 40 Was von weitem wie eine eindimensionale Linie aussieht, erweist sich bei näherem Hinsehen als ein zweidimensionaler Schlauch. Jeder Punkt auf der Linie ist in Wirklichkeit ein kleiner Kreis um den Schlauch herum. Was wir normalerweise für einen Punkt im Raum halten, könnte auf die gleiche Weise einem winzigen Kreis »um« eine vierte Raumdimension »herum« entsprechen.*

daß die zusätzliche Raumdimension »aufgerollt« sei. So wie ein Schlauch von weitem aussieht wie eine eindimensionale Linie, obwohl er in Wirklichkeit ein Zylinder ist, könnte der vierdimensionale Raum in einen Hyperschlauch gewickelt sein (Abbildung 40). Was wir zunächst für ungegliederte Punkte im dreidimensionalen Raum hielten, sind nach Klein in Wirklichkeit winzige Kreise in der vierten Dimension. Die Theorie hat sogar einen natürlichen Umfang für den Kreis parat, der auf dem bekannten Wert der Grundeinheit der elektrischen Ladung basiert. Der Umfang mißt weniger als eine Milliarde Milliardstel der Größe eines Atomkerns, so daß es kaum überrascht, wenn wir die vierte Dimension nicht direkt beobachten können.

Die Kaluza-Klein-Theorie war viele Jahrzehnte lang kaum mehr als eine Kuriosität. Mit der Entdeckung der schwachen und starken Kernkraft schwand die Attraktivität einer Theorie, die die Gravitation mit dem Elektromagnetismus vereinigte, die anderen Kräfte aber draußen ließ. Anfang der achtziger Jahre tauchte schließlich der Gedanke wieder auf, daß vielleicht zusätzliche

Raumdimensionen existieren. In dieser modernen Fassung der Theorie werden alle Naturkräfte auf einen geometrischen Ursprung zurückgeführt. Daß es so lange brauchte, bis die Physiker diese scheinbar logische Entwicklung der Kaluza-Klein-Theorie aufgriffen, hat folgenden Grund: Während die elektromagnetische Kraft für ihre Einbeziehung in dieses System nur eine zusätzliche Dimension braucht, erfordern die schwache und die starke Kraft jeweils mehrere zusätzliche Raumdimensionen, da beide komplizierter sind. Um alle Merkmale aller Kräfte einzubeziehen, sind mindestens zehn Raumdimensionen plus einer Zeitdimension erforderlich.

Das Wuchern zusätzlicher Dimensionen erschwert die Frage, wie sie ganz klein aufgerollt werden können. Es ist wichtig, daß sie tatsächlich aufgerollt werden, damit es keine Konflikte mit den Beobachtungen gibt, aber es gibt viele Möglichkeiten, wie verschiedene Dimensionen auf diese Weise »kompaktiert« werden können. Zwei Raumdimensionen können zum Beispiel entweder in eine Kugel oder in einen Torus kompaktiert werden. Bei mehr Dimensionen gibt es auch mehr Möglichkeiten, die um so schwerer zu veranschaulichen sind, je mehr die Zahl der Dimensionen zunimmt. In einem vielversprechenden Modell mit insgesamt elf Dimensionen wurde die normale vierdimensionale Raumzeit durch sieben Dimensionen ergänzt, die in das siebendimensionale Äquivalent einer Kugel kompaktiert wurden. Das ist eine der einfachsten und symmetrischsten Konfigurationen, die möglich ist. Die siebendimensionale Kugel erlangte große Beliebtheit bei den Theoretikern, weil sie einige einmalige geometrische Eigenschaften besitzt, die zum Teil schon vor Jahrzehnten von Mathematikern entdeckt wurden – lange bevor jede physikalische Bedeutung eines solchen Gebildes für die wirkliche Welt erörtert wurde.

Es ergab sich, daß die Superschwerkraft wie selbstverständlich in diese Ordnung der Dinge paßte. Die ökonomischste Beschreibung der Superschwerkraft mit mathematischen Methoden benötigt genau elf Dimensionen. Das heißt, was in vier Dimensionen ein ziemlich verworrener Komplex von Symmetrien zu sein scheint, reduziert sich in der Mathematik von elf Dimensionen auf eine einzige einfache und natürliche Symmetrie. Ob man also bei der allgemeinen Relativität und der Beschreibung der Kräfte als Krümmung der Raumzeit begann oder bei der Quantentheorie und der Beschreibung der Kräfte in Kategorien von Botenteilchen, man gelangte offenbar zur selben Symmetrie in elf Dimensionen.

So zwingend und elegant diese Gedanken schienen, der Teufel der mathematischen Inkonsistenz lauerte immer noch direkt unter der Oberfläche der Theorie. Eine Schwierigkeit betraf die Vorstellung vom Eigendrehimpuls. Um Teilchen mit Spin in Einklang mit der Theorie zu bringen, müssen Raum und Zeit zusammen eine gerade Anzahl Dimensionen haben – elf ist aber eine ungerade Zahl. Während die Theoretiker noch mit diesem Fall rangen, kam ein anderer vielversprechender Gedanke auf, der die beiden beliebten Vorstellungen von der Supersymmetrie und den höheren Dimensionen zusammenfaßte – und noch einiges mehr.

### *Sind Strings die Lösung?*

Die Hauptschwierigkeit bei allen Versuchen, eine vereinheitlichte Quantenbeschreibung der Naturkräfte zu liefern, liegt bei den Unendlichkeiten, die stets die Voraussagekraft der Theorie zu untergraben drohen. Diese Unendlichkeiten ergeben sich, wie wir wissen, aus der Tatsache, daß Botenteilchen mit höherer Energie sich dichter um die Materieteilchen sammeln. Unendliche Größen ergeben sich, weil es keine Grenze dafür gibt, wie nah die Boten dem Materieteilchen sein können, das ihre Quelle ist. Weil die Quellenteilchen nach der Standardtheorie mathematische Punkte von der Größe Null sind, bedeutet dies, daß es auch für die Energie der am nächsten liegenden Botenteilchen keine Grenze gibt. Wenn jedoch das Quellenteilchen nicht wirklich ein punktartiges Gebilde von der Größe Null wäre, sondern auf irgendeine Weise vergrößert würde, tauchte das Problem der Unendlichkeiten überhaupt nicht auf.

Versuche, Teilchen – etwa Elektronen – wie kleine Kugeln zu behandeln statt wie mathematische Punkte, gibt es schon seit fast hundert Jahren. Diese frühen Ideen hatten keinen Erfolg, weil sie nicht mit der Relativitätstheorie vereinbar waren. Neu an jüngeren Überlegungen ist, daß die Teilchen im Raum in nur einer Dimension erweitert werden. Es sind keine Punktteilchen, auch keine Materieklumpen, sondern unendlich feine *Strings*.

Diese Strings sollen die elementaren Bausteine des Universums sein und die Vorstellung der alten Teilchen ersetzen, aber insoweit den Teilchen ähneln, als sie sich umherbewegen können. Allerdings haben sie ein weit vielfältigeres dynamisches Repertoire, weil sie sich sowohl schlängeln als auch physisch im Raum bewegen können.

Anfang der siebziger Jahre hatten die Theoretiker nur mäßigen Erfolg mit · einem Verhaltensmodell der Kernmaterie auf der Grundlage von Strings. Es schien in vieler Hinsicht, als verhielten sich die Kernteilchen wie rotierende Stringabschnitte. Aber es gab auch Schwierigkeiten. Berechnungen ließen zum Beispiel vermuten, daß die entsprechenden Strings sich im Widerspruch zur Relativitätstheorie schneller als das Licht fortbewegen können. Eine Zeitlang schien die String-Theorie tot. Was sie dennoch rettete, war die Einbeziehung der Supersymmetrie. Die sich daraus ergebenden »Superstrings« verhielten sich richtig.

Doch jetzt tauchte eine andere Schwierigkeit auf. Die mathematische Vorschrift schloß für diese sich richtig verhaltenden Strings offenbar die Beschreibung einer Teilchenklasse ein, die keinen Platz in der bekannten Nuklearfamilie hatte: ein Spin-2–Teilchen, das keine Masse hat und sich daher mit Lichtgeschwindigkeit bewegt. Das entsprach nicht dem Teilchentyp, wie er bei Nuklearprozessen vorkommt; neben der Beschreibung der vertrauten Teilchen und Kräfte versuchte die Stringtheorie etwas völlig Unerwartetes zu beschreiben, das die Theoretiker gar nicht in die Gleichungen hatten einbauen wollen. Aber ein masseloses Spin-2–Teilchen ist den Physikern – wenn auch nicht in diesem Zusammenhang – sehr wohl bekannt – das *Graviton.* Die Stringtheorie wurde rasch als eine Gravitationstheorie entwickelt. Als diese schließlich mit den Vorstellungen von der Supersymmetrie kombiniert wurde, kam ein neuartiges Gebilde auf: der Superstring.

Die Superstrings haben einige bemerkenswerte Eigenschaften, die auf ein Ende all der unangenehmen Unendlichkeiten hoffen lassen, die mit den üblichen Teilchentheorien verbunden sind. Bei niedriger Energie bewegen sich die Strings, als ob sie Teilchen wären, und ahmen so all die Eigenschaften nach, die die Standardtheorien seit Jahrzehnten so erfolgreich beschrieben haben. Aber sobald die Energie in Bereiche steigt, wo Gravitationskräfte bedeutsam werden, fangen die Strings an, sich zu winden und verändern damit nachhaltig das Hochenergieverhalten dergestalt, daß die Unendlichkeiten wegfallen.

In einer Theoriefassung bevölkern die Strings eine zehndimensionale Raumzeit, in einer anderen Version sind sechsundzwanzig Dimensionen notwendig. Die zehndimensionale Theorie schließt den Eigendrehimpuls problemlos ein. Wie in der Kaluza-Klein-Theorie werden die zusätzlichen Dimensionen auf eine winzige Größe »kompaktiert«. Obwohl diese zusätzlichen Dimensionen nie direkt »beobachtet« werden können, ist es doch faszinierend, darüber nachzudenken, ob sie nicht vielleicht auf irgendeine Art nachweisbar sind und einen Einfluß auf unsere sichtbare vierdimensionale Raumzeit ausüben. Die Quantenphysik verbindet, wie wir gesehen haben, Entfernung und Energie. Um Entfernungen zu erforschen, die Milliarden milliardenmal kleiner als ein Atomkern sind, braucht man Energie, die eine Milliarde milliardenmal größer als die Kernenergien ist. Der einzige Ort, wo eine derartige Energie konzentriert war, war der Urknall, wo die ganz frühen Prozesse, die das Uruniversum kennzeichneten, vielleicht auch grundlegende Aktivitäten zusätzlicher Dimensionen einschlossen. Eine reizvolle Überlegung ist die, daß am Anfang alle Raumdimensionen die gleiche Grundlage hatten. Die Bewohner des Urkosmos – die subnuklearen Teilchen – haben eine mehrdimensionale Raumzeit »wahrgenommen«. Dann kam es zu einer Veränderung. Drei Raumdimensionen weiteten sich durch die Inflation rapide aus und gründeten das expandierende Universum, das wir heute sehen, während die übrigen Raumdimensionen aus dem Blickfeld verschwanden und sich heute nicht mehr als Raum zeigen, sondern als »innere« Eigenschaften von Teilchen und Kräften. Die Schwerkraft bleibt damit die einzige mit der Geometrie des Raums und der Zeit verbundene Kraft, die wir tatsächlich wahrnehmen, doch strenggenommen sind alle Kräfte und Teilchen ihrem Ursprung nach geometrisch.

Strings bewegen sich nicht frei, können aber miteinander wechselwirken, was dafür sorgt, daß sie sich verbinden oder teilen. Das Verhalten von Stringansammlungen ist äußerst kompliziert, und die Regeln, die ihr Verhalten bestimmen, werden erst ansatzweise verstanden. Strings könnten entweder offen sein und freie Enden haben oder geschlossene Schleifen bilden. Den hoffnungsvollsten Ansatz bieten bisher die Stringschleifen, die offenbar all die Symmetrien besitzen, die schon aus den Großen Vereinheitlichten Theorien kommen (oder in sie eingehen) – den Mathematikern unter dem mysteriösen Kürzel $E_8$ bekannt –, außerdem auch die der Superschwerkraft.

Die ganze Symmetrie dieser Version der Superstringtheorie umfaßt $E_8$ in Wirklichkeit zweimal, und zwar in einem Paket, bei dem die Mathematiker von $E_8$ mal $E_8$ sprechen. Einige Theoretiker meinen, diese Verdoppelung bedeute eine Art zweiter Version des Universums, eine Schattenwelt, die von identischen Kopien der Teilchen bevölkert wird, wie sie in unserem Universum zu Hause sind (Elektronen, Quarks, Neutrinos und so weiter), mit unserer Welt aber nur über die Gravitation in Wechselwirkung treten können.

Das wirft die interessante Frage auf, ob wir tatsächlich die Schattenwelt bemerken würden, die unsere eigene so ganz durchdrungen hat. Es wäre beispielsweise denkbar, mitten durch einen aus Schattenmaterie bestehenden Menschen hindurchzugehen, ohne irgend etwas zu merken, weil die dem menschlichen Körper zugeordnete Gravitationskraft ganz gering ist. Wenn dagegen ein Schattenplanet das Sonnensystem durchqueren würde, könnte das die Erde aus ihrer Umlaufbahn werfen. Die Umstände wären sicher sehr merkwürdig, denn niemand auf der Erde würde etwas von diesem himmlischen Eindringling zu sehen bekommen; es wäre so, als würde eine unsichtbare Riesenhand die Erde beiseite schieben.

Bei einem Blick über unser Sonnensystem hinaus wäre denkbar, daß es dort Schattengalaxien und sogar Schwarze Schattenlöcher gibt. Da letztere jedoch reine Gravitationssysteme sind, wären sie nicht von Schwarzen Löchern zu unterscheiden, die durch den Kollaps normaler Materie entstanden sind. Falls es eine Schattenwelt rings um uns gibt, könnte das helfen, die Existenz eines Teils der dunklen Materie im Universum zu erklären. Doch das sind gewagte Spekulationen im Umfeld der Superstringtheorie. Die Aufregung, die diese Theorie unter den Physikern hervorgerufen hat, hat weniger mit der möglichen Erklärung der dunklen Materie zu tun als vielmehr mit der Erklärung, wie Kräfte zusammenwirken.

## *Vereinigung der Kräfte*

Wir können noch nicht sagen, ob die Superstrings die Physik erneuern und trotzdem die Unendlichkeiten meiden können, die die konventionellen Vereinheitlichungstheorien plagen. Aber die Zeichen stehen bislang gut, selbst wenn wir annehmen können, daß die ausgefalleneren Vorstellungen – wie die Schattenmaterie – wahrscheinlich auf der Strecke bleiben, sobald die Superstringtheorie auf eine sicherere Grundlage gestellt wird. Wie immer diese Frage gelöst wird, auch die etablierten Theorien von Raum und Zeit haben immer noch Platz für einige Merkwürdigkeiten im Quantenkosmos, unter anderem das Verhalten der Botenteilchen des kosmischen Gefüges.

Die Großen Vereinheitlichten Theorien haben mit der Verschmelzung der Identität der verschiedenen Grundkräfte zu tun. Ebenso haben sie mit der Verschmelzung der Identität verschiedener Materiearten zu tun. Die gewöhnlichen Teilchen werden in zwei Klassen unterteilt: Elektronen und Quarks. Hauptunterscheidungsmerkmal zwischen beiden ist, daß nur die Quarks der von den Gluonen ausgehenden starken Kraft unterliegen, während die elektroschwache Kraft auf beide einwirkt. Eine große vereinheit- [illegible] wäre jedoch naturgemäß nicht imstande, zwischen [illegible] Leptonen zu unterscheiden, da sie Eigenschaften [illegible] elektroschwachen Kraft wie auch der Gluonenkraft hat.

Berechnungen lassen vermuten, daß die große vereinheitlichte Kraft von Botenteilchen mit dem geheimnisvollen Namen X getragen wird, die eine enorme Masse besitzen, normalerweise ein millionstel Gramm – enorm deshalb, weil das eine Million milliardenmal ($10^{14}$) die Masse eines Protons ist. Dank der Quantenunschärfe können virtuelle X-Teilchen eine ganz kurze Zeit existieren (erinnern wir uns, daß die Lebensdauer eines virtuellen Teilchens umgekehrt proportional zu seiner Masse ist) und haben deshalb auch nur eine sehr geringe Reichweite. Ein X-Teilchen kann also plötzlich aus dem Nichts auftauchen (sogar innerhalb eines Protons, das nur den $10^{-15}$ten Teil der Masse des X-Teilchens hat, das sich in ihm befindet!) und sofort wieder verschwinden. Dieser Auftritt kann höchstens etwa $10^{-35}$ Sekunden dauern. Das ist so kurz, daß das geisterhafte X-Teilchen nur $10^{-25}$ Zentimeter zurücklegen kann – etwa ein Billionstel des Durchmessers eines Protons –, bevor es die Masseenergie zurückgeben muß, die es vom Quantenvakuum geborgt hat. Da in jedem Proton nur drei Quarks existieren, ist die Wahrscheinlichkeit sehr gering, daß das X-Teilchen während seiner kurzen Lebensdauer auf ein Quark trifft. Ganz selten kann es allerdings passieren, daß sich zwei Quarks einander bis auf $10^{-25}$ Zentimeter nähern, so daß gerade genug Zeit für das X-Teilchen bleibt, den Zwischenraum zu überspringen. Die Wahrscheinlichkeit einer so großen Annäherung ist mit dem zufälligen Zusammenstoß zweier Bienen in einer Flugzeughalle verglichen worden. Damit die Analogie stimmt, sollte man drei Bienen (Quarks) und eine etwa zehn Millionen Kilometer große Flugzeughalle nehmen. Wenn es aber zu einer solchen Annäherung kommt, hat der Austausch des X-Teilchens zwischen den Quarks eine große Wirkung, die darin besteht, daß die beiden Quarks sich in ein Antiquark und ein Positron verwandeln.

Wenn es in einem Proton zu einer solchen Umwandlung kommt, wird das neugeschaffene Positron ausgeschleudert, während das Antiquark zusammen mit dem übrigen dritten Quark im ursprünglichen Proton ein Teilchen bildet, das Pion genannt wird. Nach Sekundenbruchteilen zerfällt das Pion in Photonen. Unter dem Strich bleibt, daß das Proton verschwunden ist und ein Positron und ein Photon hinterlassen hat. Das bedeutet, daß alle Materie instabil ist: Sie kann nicht ewig existieren. Die Großen Vereinheitlichten Theorien, die einen Mechanismus für die Entstehung von Materie liefern, bergen auch den Keim ihres Niedergangs. Jedes Proton im Universum bildet ein Paar mit einem Elektron, das beim ursprünglichen Entstehungsprozeß der Materie erzeugt wurde. Wenn alle Protonen zerfallen sind, wird die gesamte Materie, die jetzt die Sterne und Planeten (und uns) ausmacht, zu gleich vielen Elektronen und Positronen geworden sein. Viele von ihnen werden ihrerseits zusammentreffen und zu weiteren Photonenschauern zerstrahlen, die den endgültigen Tod der Materie verkünden, wie wir sie kennen.[2] Aber machen Sie sich keine unnötigen Sorgen. Diese spezielle Version der

2 Die Neutronen zerfallen, sofern sie nicht in Atomkernen eingeschlossen sind, selbst nach wenigen Minuten Freiheit in ein Proton und ein Elektron, erleiden also das gleiche endgültige Schicksal.

Großen Vereinheitlichten Theorien ist noch nicht nachgewiesen worden, und selbst wenn sie richtig ist – große Annäherungen zwischen Quarks sind so selten, daß das Durchschnittsproton mindestens $10^{32}$ Jahre braucht, bis es zerfällt.

Wie kann ein so seltener Prozeß jemals experimentell beobachtet werden? Wie in Kapitel 7 im Zusammenhang mit dem Alpha-Zerfall erwähnt, besteht die einzige Möglichkeit darin, eine sehr große Zahl Protonen sehr lange zu beobachten. Weil der Protonenzerfall ein quantenmechanischer Prozeß ist, wird es immer eine winzige Wahrscheinlichkeit geben, daß ein bestimmtes Proton in vielleicht einem Jahr zerfällt. Wenn die durchschnittliche Lebensdauer eines Protons $10^{32}$ Jahre beträgt, hat man bei $10^{32}$ Protonen eine gute Chance, einen Zerfall pro Jahr zu entdecken. Anfang der achtziger Jahre behauptete ein indisches Forschungsteam, das einen Eisenstapel von 100 t mit geeigneten Detektoren überwacht hatte, einen Protonenzerfall entdeckt zu haben, aber höchstwahrscheinlich war dies ein Irrtum.

Trotz des noch fehlenden direkten Nachweises des Protonenzerfalls glauben die meisten Physiker, daß die Naturkräfte auf irgendeiner verborgenen Ebene doch einen gemeinsamen Ursprung haben. Alle Fortschritte in der physikalischen Theorie des 20. Jahrhunderts trachteten nach Vereinheitlichung, nach der Herstellung von Verbindungen zwischen bis dahin scheinbar getrennten Aspekten der Wirklichkeit. Es gibt ein wachsendes Empfinden, daß das physikalische Universum eine Einheit bildet, die nicht nur ähnliche Teilchen an verschiedenen Orten verbindet, sondern auch die verschiedenen Teilchen und Kräfte. Letztlich könnte man damit rechnen, daß die gesamte Natur – Teilchen, Kraftfelder, Raum und Zeit sowie der Ursprung des Universums – Teil eines allumfassenden mathematischen Systems ist. Optimisten wie Stephen Hawking glauben, daß diese totale Vereinheitlichung vielleicht sogar schon in Sicht ist. Falls dem so ist, haben ganze drei Jahrhunderte wissenschaftlichen Strebens genügt, Newtons kosmisches Uhrwerk vollständig in ein kosmisches Netzwerk umzuwandeln. Aber Anzeichen dafür, wieviele Geheimnisse des Universums noch gelüftet werden müssen, bietet ein Blick auf das Wirken der gravierendsten Krümmungen von Raum und Zeit: die Schwarzen Löcher.

IX

# Jenseits der unendlichen Zukunft

Die meisten Menschen haben instinktiv Angst vor übergroßen Räumen. Eine Abneigung, welche wir offensichtlich mit unseren Vorfahren teilen, die, entsetzt von der Aussicht einer unendlichen Leere, lieber glaubten, daß das Universum von konzentrischen Schalen begrenzt sei. Selbst der Gedanke an Raum zwischen den Atomen erzeugt Unbehagen. Viele griechische Philosophen reagierten scharf auf die Behauptung der Atomisten, die Welt bestehe aus Teilchen, die sich in einer großen Leere bewegen. Das kommt in dem Satz zum Ausdruck: »Die Natur verabscheut das Leere!« Sogar René Descartes erklärte, ein Vakuum laufe dem Verstand zuwider. Noch bis ins beginnende 20. Jahrhundert verwarf ein Philosoph vom Format eines Ernst Mach die Atomtheorie zugunsten eines materiellen Kontinuums. Es scheint, daß die Vorstellung vom leeren Raum an irgendwelche tiefen atavistischen Ängste rührt, die in der Psyche des Menschen verborgen sind. Kein Wunder also, daß die Menschen mit banger Faszination auf die jüngste Spekulation starren, nach der sie vom leeren Raum *verschluckt* werden könnten.

Eines der meistverkauften wissenschaftlichen Bücher aller Zeiten war John Taylors ›Black Holes‹ (dt. ›Die schwarzen Sonnen‹), das 1974 erschien. Die Vorstellung von Schwarzen Löchern im Weltall hatte unter den Wissenschaftlern seit geraumer Zeit Gestalt angenommen, aber den sinnträchtigen Namen gab man ihnen erst Ende der sechziger Jahre, und die Öffentlichkeit erfuhr sogar erst in den siebziger Jahren von ihnen. Die sonderbaren und unheimlichen Eigenschaften dieser Objekte erregten umgehend Aufmerksamkeit und sorgten dafür, daß der Begriff »Schwarzes Loch« in die Umgangssprache einging. Heute ist es beinahe gang und gäbe, von Schwarzen Löchern zu lesen, die im Zentrum von Galaxien lauern und das Universum zerfressen. Nur ein Vierteljahrhundert zuvor waren das noch wilde Spekulationen.

Schwarze Löcher entstehen, wenn die Schwerkraft, die schwächste der vier Naturkräfte, ungeahnte Dimensionen annimmt. Daß die Schwerkraft ins Grenzenlose wachsen kann, verdankt sie ihrer universellen Anziehung und der großen Reichweite. Alle anderen Kräfte sind selbstbeschränkend: Die Kernkräfte sind auf einen subatomaren Bereich begrenzt, und die elektromagnetischen Kräfte gibt es als anziehende und abstoßende Kraft, die dahin tendieren sich aufzuheben. Aber lädt man einem Objekt immer mehr Materie auf, wächst seine Schwerkraft ins Unermeßliche.

Die Schwerkraft an der Oberfläche eines Objekts hängt nicht nur von seiner Gesamtmasse ab, sondern auch von seiner Größe. Würde die Erde zum Beispiel auf die Hälfte ihres gegenwärtigen Radius zusammengedrückt, würden wir alle das Vierfache wiegen, weil die Gravitation einem quadratischen Reziprozitätsgesetz gehorcht – sie wird um so stärker, je kleiner der Abstand ist. Die größere Gravitation würde es erschweren, sich von einer geschrumpften Erde zu lösen. Bei der gegenwärtigen Größe der Erde muß ein Objekt auf etwa elf Kilometer pro Sekunde beschleunigt werden – die sogenannte Fluchtgeschwindigkeit –, bevor es endgültig in den Weltraum entweicht. Bei einer nur halb so großen Erde wäre die Fluchtgeschwindigkeit um etwa 41 Prozent höher.

## *Gefangenes Licht*

Wenn man die Erde mehr und mehr schrumpfen ließe (bei Beibehaltung ihrer Masse), würden die Gravitation an der Oberfläche und die Fluchtgeschwindigkeit ständig zunehmen. Wenn die komprimierte Erde nur noch die Größe einer Erbse hätte, würde die Fluchtgeschwindigkeit die Lichtgeschwindigkeit erreichen. Das ist die kritische Größe. Sie bedeutet, daß aus einem solchen Objekt kein Licht mehr entweichen könnte, so daß die geschrumpfte Erde definitiv unsichtbar würde. Sie würde für jeden äußeren Beobachter vollkommen schwarz werden. Der Gedanke, daß im Universum Objekte existieren könnten, deren Gravitation so enorm ist, daß sie kein Licht mehr abstrahlen können, wurde interessanterweise schon vor etwa 200 Jahren geäußert: von dem britischen Astronomen und Philosophen John Michell. Der Franzose Pierre Laplace kam unabhängig davon etwas später mit seiner Idee der »schwarzen Sterne«.

Es gibt keinen Grund, zu befürchten, daß die Erde auf die geschilderte Weise schrumpft: Ihre Schwerkraft hat in der Festigkeit ihres Materials ein Gegengewicht. Aber im Fall größerer astronomischer Objekte ist die Lage anders. Sterne wie die Sonne befinden sich in einem immerwährenden Kampf mit der Schwerkraft. Diese Bälle aus Gas stürzen dank eines gewaltigen inneren Drucks nicht unter ihrem eigenen Gewicht zusammen. Der Kern eines Sterns ist mehrere Millionen Grad heiß, und diese Hitze erzeugt einen Druck, der ausreicht, das kolossale Gewicht der darüberliegenden Schichten aus Gas zu stützen. Aber dieser Zustand kann nicht ewig dauern. Die innere Hitze wird durch Kernreaktionen erzeugt, und der Kernbrennstoff wird dem Stern irgendwann ausgehen. Der stützende Druck muß am Ende nachlassen, und der Stern ist der Schwerkraft auf Gedeih und Verderb ausgeliefert.

Was dann geschieht, hängt entscheidend von der Gesamtmasse des Sterns ab. Ein Stern wie die Sonne wird sein Dasein damit beenden, daß er auf die Größe der Erde schrumpft. Er wird zu einem Weißen Zwerg, wie die Astronomen sagen. Daß es solche Sterne gibt, weiß man seit langem: So hat etwa der helle Stern Sirius einen Weißen Zwerg zum Begleiter, der ihn umkreist. Aufgrund der Verdichtung ist die Schwerkraft an der Oberfläche eines Weißen Zwergs ungeheuer groß. Ein Teelöffel der stark verdichteten Materie dort enthielte etwa soviel Materie wie ein Lkw auf der Erde, würde aber im starken Gravitationsfeld des Sterns zehn Millionen Tonnen wiegen. Weiße Zwerge entgehen einer weiteren Verdichtung mit Hilfe quantenmechanischer Effekte. Ihre Elektronen widersetzen sich einer noch höheren Verdichtung aus Gründen, die denen ähneln, die Elektronen in Atomen auf bestimmte Energieniveaus begrenzen und damit verhindern, daß die normalen Atome kollabieren. Es ist eine aufregende Demonstration der Wirkung von Quanteneffekten.

Daß Quanteneffekte einen Stern stabilisieren können, wurde bereits Anfang der dreißiger Jahre erkannt. Damals reiste ein junger indischer Student namens Subrahmanyan Chandrasekhar nach England, um mit dem berühmten Astronomen Sir Arthur Eddington in Cambridge zusammenzuarbeiten. Auf der langen

Schiffsreise nahm er einige Berechnungen vor und stellte folgendes fest: Wenn ein Stern etwa 50 Prozent mehr Masse als die Sonne hätte, würde der stützende Quantendruck der Elektronen versagen, und der Stern würde weiter in sich zusammenstürzen. Er zeigte Eddington die Berechnungen, doch dieser weigerte sich, das zu glauben. Chandresekhar hatte recht; aus schweren Sternen können keine Weißen Zwerge werden.

Die weitere Verdichtung eines Sterns, die eintreten würde, wenn er soviel Masse hätte, daß die Schwerkraft den Widerstand der Elektronen brechen könnte, erfordert eine Umwandlung eben jener Atomkerne, die den größten Teil seiner Masse enthalten. Die zermalmten Atome machen eine Art umgekehrten Beta-Zerfall durch, bei dem Elektronen und Protonen zusammengepreßt werden und Neutronen bilden. Bei dieser Dichte können die Neutronen die gleichen Quanteneffekte einsetzen wie die Elektronen in einem Weißen Zwerg. Solange der Stern nicht zu viel Masse hat, schrumpft er am Ende zusammen und wird zu einem Ball aus dicht gepackten Neutronen, einem überdimensionalen Atomkern gleich. Die enorme Verdichtung bewirkt, daß der ganze Stern vielleicht nur noch so groß wie eine normale Stadt ist, aber mehr Materie enthält als die Sonne.

Das sind die »Neutronensterne«, über die wir schon in Kapitel 6 gesprochen haben. Die Schwerkraft an ihrer Oberfläche ist so groß, daß die Fluchtgeschwindigkeit einen nicht unerheblichen Teil der Lichtgeschwindigkeit beträgt. Wir wissen also durch direkte Beobachtung aus der Tatsache, daß Neutronensterne existieren, daß es im Universum Objekte dicht an der Grenze zum »Schwarzen Stern« gibt, den Michell und Laplace entdeckt haben.

Was ist mit den Sternen, die so viel Masse haben, daß auch die Stütze durch die Neutronen versagt? Die Astronomen sind sich nicht sicher, bei welcher Grenze genau ein Stern weiter zusammenstürzt, und es gibt sogar Vermutungen, daß eine noch kompaktere stabile Materiephase – eine Art Quark-Suppe – möglich sein könnte. Aber eine generelle Grenze für die Masse eines kollabierten Sterns kann aus der Relativitätstheorie abgeleitet werden. Um einen Stern mit einer bestimmten Masse zu stützen, muß das Material seines Kerns eine bestimmte Starrheit besitzen. Je schwerer der Stern, desto starrer muß das Kernmaterial sein. Aber die Starrheit eines Stoffs hängt mit der Geschwindigkeit zusammen, mit der der Schall den Stoff durchdringen kann: Je starrer das Material, desto höher die Schallgeschwindigkeit. Hätte ein statisches kollabiertes Objekt etwa so viel Masse wie drei Sonnen, müßte es so steif sein, daß die Schallgeschwindigkeit die Lichtgeschwindigkeit übersteigen würde. Da die Relativitätstheorie nicht zuläßt, daß eine physikalische Wirkung sich schneller als das Licht ausbreitet, ist ein solcher Zustand unmöglich. Der einzige Ausweg, der dem Stern bleibt, ist der totale Gravitationskollaps.

Wenn ein Objekt mit der Dichte eines Neutronensterns implodiert, verschwindet es in weniger als einer tausendstel Sekunde, so stark ist der Sog seiner Schwerkraft. Die Oberfläche des Sterns unterschreitet rasch den kritischen Radius, der das Licht daran hindert, zu entweichen, und ein ferner Beobachter könnte das Objekt nicht mehr sehen. Michell und Laplace hatten zwar grundsätzlich recht mit der Vermutung, daß Schwarze Sterne möglich sind, sie nahmen jedoch fälschlicherweise an, der nun unsichtbare Stern könne statisch bleiben, von irgendeiner ultrastarken Kraft gestützt. Wir wissen inzwischen aus der Relativitätstheorie, daß keine Kraft des Universums einen Stern vor dem weiteren Kollaps bewahren kann, wenn er einmal das Stadium erreicht hat, in dem das Licht nicht mehr entweichen kann. Der Stern schrumpft also einfach weiter zu einem Nichts und hinterläßt leeren Raum, ein Loch, dort, wo der Stern sich einmal befand. Aber das Loch wird weiter von der Gravitation des einstigen Sterns geprägt, und zwar in Form intensiver Raum- und Zeitkrümmungen. Die Region des Gravitationskollapses erscheint also schwarz und leer – ein Schwarzes Loch.

## *Das Sternen-Aus*

Soviel zur Theorie. Aber was ist mit der wirklichen Welt? Die Astronomen haben Beweise für Weiße Zwerge und Neutronensterne, der Nachweis der Schwarzen Löcher ist jedoch schwieriger. Was wir haben, ist ein plausibles Szenario, nach dem sich Schwarze Löcher bilden könnten. Das Ende eines massiven Sterns erfolgt nicht durch eine umfassende Implosion. Der Ablauf ist etwas komplizierter. Die Kernreaktionen, die einen Stern erhitzen, laufen tief in seinem Innern ab. Wenn der Kernbrennstoff knapp wird, kann der Stern nicht mehr genug Hitze erzeugen, um den inneren Druck auf dem Niveau zu halten, das zum Stützen des Gewichts der darüberliegenden Schichten nötig ist. Als Folge schrumpft der Kern unter der Schwerkraft. Unter bestimmten Umständen kann dieser Schrumpfungsprozeß in Form eines plötzliches Kollapses erfolgen. Implodiert der Kern auf diese Art, setzt er einen Energieschwall frei, teilweise in Gestalt einer Schockwelle, aber auch als intensiven Neutrinopuls (Neutrinos gehören zu den Nebenprodukten der Kernreaktionen, die im Innern des Sterns ablaufen).

Unter normalen Umständen wirken sich Neutrinos fast gar nicht auf Materie aus. Ihre Wechselwirkung ist so schwach, daß sie einfach durch die Materie hindurchgehen. Aber die Materiedichte, die in der von einem kollabierenden Sternenkern ausgehenden Schockwelle erreicht wird, ist so enorm, daß der Fluß der Neutrinos ernstlich behindert wird. Als Folge kommt es zu einem deutlichen Schub nach außen, so daß die äußeren Schichten, während der Kern des Sterns implodiert, durch die freigesetzte Energie in den Weltraum geschleudert werden. Der Stern implodiert und explodiert also gleichzeitig, ein Ereignis, das die Astronomen unter dem Namen Supernova kennen.

Supernova-Explosionen gehören zu den spektakulärsten Ereignissen im Universum. Einige Tage kann der zerborstene Stern es an Helligkeit unter Umständen mit einer ganzen Galaxie aufnehmen, denn die Explosionsenergie wandelt sich in Licht und andere Strahlungsformen um. Eine Supernova in unserer Milchstraße ist im allgemeinen mit bloßem Auge zu erkennen. Ein berühmter Fall ist der »Gaststern« im Sternbild des Stier, den chinesische Astronomen im Jahr 1054 aufzeichneten. Heute zeigen die Teleskope eine zerfetzte Wolke aus expandierendem Gas (wegen ihrer Gestalt als Krebsnebel bekannt) an der Stelle, wo der Gaststern beobachtet wurde. Es sind die Überreste vom Tod eines Sterns, dessen Zeuge die Menschen vor fast tausend Jahren wurden.

Im Durchschnitt erlebt eine Galaxie zwei oder drei Supernovae pro Jahrhundert, wenngleich in unserer Milchstraße seit der Entdeckung des Teleskops noch keine beobachtet wurde. 1987 wurde jedoch eine Supernova in der Großen Magellanschen Wolke gesichtet, einer kleinen Trabantengalaxie der Milchstraße, die von der südlichen Halbkugel zu sehen ist. Das gab den Wissenschaftlern Gelegenheit, ihre Theorien über die Explosionen von Supernovae aus erster Hand zu überprüfen; das Sternenwrack ist vom Tag der Explosion an genau erforscht worden. Besonders wichtig ist dabei, daß an dem Tag, als die Explosion beobachtet wurde, bei drei Experimenten auf der Erde (die eigentlich dem Protonenzerfall galten!) ein Neutrinopuls festgestellt wurde. Es waren eindeutig Neutrinos aus dem Kern des Sterns, und ihre Ankunft auf der Erde gemeinsam mit dem Licht von der Explosion half bei der aufsehenerregenden Bestätigung, daß unsere Vorstellungen über Supernovae im Grunde richtig sind.

Aber welches Schicksal erleidet der implodierende Kern, der einen solchen Ausbruch auslöst? Eine Untersuchung des Krebsnebels zeigt in dessen Zentrum einen schnell blinkenden Pulsar. Der Kern dieses Kamikaze-Sterns hat offenbar ein Ende als Neutronenstern gefunden. Es fällt jedoch leicht zu glauben, daß sich statt dessen ein Schwarzes Loch gebildet haben könnte, und die meisten Astronomen nehmen an, daß ein Teil der Supernovareste tatsächlich in Gestalt Schwarzer Löcher existiert.

Wenn sich ein Schwarzes Loch als ein isolierter Supernovarest bildet, ist es unwahrscheinlich, daß wir ihn von der Erde aus entdecken. Denn schließlich ist er schwarz. Doch viele Sterne gehören zu Doppelsystemen, in denen zwei Sterne umeinander kreisen. Wenn einer davon zu einem Schwarzen Loch kollabiert, sähe es so aus, als ob der andere um nichts kreisen würde. In einigen Fällen kann der Sog, den so ein Schwarzes Loch auf die Oberfläche des verbliebenen Sterns ausübt, Materie aus diesem Stern reißen und in das Loch ziehen. Wenn diese Gase in das Loch hinein wirbeln, entstehen gewaltige Temperaturen, die eine extrem starke Röntgenstrahlung hervorrufen. Ein Doppelsternsystem, das Röntgenstrahlen aussendet und in dem eines der Objekte unsichtbar ist, ist also ein gutes Indiz für ein Schwarzes Loch. Mehrere solcher Systeme sind bekannt. In einem Fall ist es sogar möglich, aufgrund der Orbitaldynamik des sichtbaren Sterns die Masse des unsichtbaren Begleiters zu schätzen (bekannt als System Cygnus X-1) und zu bestätigen, daß sie wahrscheinlich über der erlaubten Grenze für Neutronensterne liegt.

Der Kollaps eines Sterns ist nicht die einzige Möglichkeit, wie sich ein Schwarzes Loch bilden kann. Je mehr Masse vorhanden ist, desto leichter kommt es zu einem Gravitationskollaps. Schwarze Löcher mit der Masse von einer Milliarde Sonnen würden sich zum Beispiel schon dann bilden, wenn die Dichte dieser Materie nur etwa der des Meerwassers auf unserem Planeten entspräche. Es spricht einiges dafür, daß ein Schwarzes Loch mit der Masse etwa einer Million Sonnen im Zentrum der Milchstraße liegt. Auf jeden Fall befindet sich dort ein sonderbares, kompaktes Objekt, das ebenfalls die Quelle intensiven Funkrauschens und anderer Strahlung ist. Andere galaktische Zentren könnten noch mehr massive Schwarze Löcher mit der Materie von einer Milliarde Sonnen beherbergen. Diese Monster verraten ihr Vorhandensein, da Materie aus ihrer Umgebung in sie hineinstürzt und verschlungen wird. Dieses Verschlingen geschieht mit solcher Heftigkeit, daß große Mengen Energie freigesetzt werden, und kann sich dadurch äußern, daß extrem schnelle Jets aus Materie oder sehr starke Strahlenschauer entstehen. Die Galaxie M82 ist ein gutes Beispiel für so ein aktives System, das vielleicht ein riesiges Schwarzes Loch beherbergt.

Eine andere Objektklasse, die quasistellaren Quellen oder Quasare, wird mit gestörten Galaxien in Verbindung gebracht. Schwankungen ihres Lichts zeigen, daß Quasare nur etwa die Größe unseres Sonnensystems haben, aber jeder Quasar strahlt soviel Energie ab wie eine Galaxie mit 100 Milliarden Sternen. Es gibt inzwischen Hinweise darauf, daß Quasare in den Zentren von Galaxien angesiedelt sind und extreme Beispiele für die Art von Aktivität liefern, die wir bei M82 beobachten. Viele Astronomen glauben, daß die eigentlichen Motoren, die diese Objekte antreiben, aus supermassiven Schwarzen Löchern bestehen, die in wirbelnde Gasmaterie eingebettet sind.

Definitionsgemäß können wir niemals in ein Schwarzes Loch blicken. Aber wir können die Theorie nutzen, um darauf zu schließen, wie es für einen Beobachter sein müßte, ein Schwarzes Loch zu betreten und es von innen zu erforschen. Der Schlüssel zum Verständnis der Physik der Schwarzen Löcher ist der sogenannte Ereignishorizont. Das ist, grob gesprochen, die Oberfläche des Lochs. Alle Ereignisse innerhalb des Lochs (innerhalb des Ereignishorizonts) können von außen nicht wahrgenommen werden, weil kein Licht (oder andere Signale) entweichen und Informationen über diese Ereignisse an die Außenwelt übermitteln kann.

Wenn Sie sich plötzlich innerhalb des Ereignishorizonts eines Schwarzen Lochs befänden, könnten Sie nicht nur nie mehr entkommen, wie der Stern, der Ihnen vorausgegangen ist, es wäre Ihnen auch nicht möglich, Ihren Sprung in das Loch zu stoppen. Was passiert, wenn Sie im Zentrum des Lochs ankommen, weiß kein Mensch. Nach der allgemeinen Relativitätstheorie ist dort eine sogenannte ›Singularität‹, eine Raum- und Zeitgrenze, an der der ursprüngliche Stern (und alle im nachhinein in das Loch fallende Materie) auf eine unendliche Dichte zusammengepreßt wird und alle Gesetze der Physik außer Kraft gesetzt werden. Vielleicht bewirken Quanteneffekte, daß die Raumzeit ganz dicht vor dem Zentrum unscharf wird, wobei die Singularität auf der Planck-Skala auf einer Strecke von etwa $10^{-35}$ Meter verwischt. Wir haben noch keine hinlänglich zuverlässige Theorie, um mehr zu wissen. Und es bringt auch nichts, wenn man versucht nachzusehen oder eine automatische Sonde losschickt, die nach Ihnen sucht. Die enorme Schwerkraft des Lochs nimmt grenzenlos zu, wenn man sich dem Zentrum nähert, was zweierlei bewirkt: Würden Sie mit den Füßen voran in das Loch fallen, wären Ihre Füße dem Zentrum näher als Ihr Kopf und würden entsprechend stärker gezerrt als Ihr Kopf, wodurch Ihr Körper in die Länge gezogen würde. Außerdem würden alle Teile Ihres Körpers zum Zentrum des Lochs gezogen, so daß Sie seitlich zusammengedrückt würden. Am Ende dieser »Spaghettisierung« würden Sie zur Nichtexistenz zermalmt (oder sich in Quantenunschärfe verlieren). All das geschähe in Sekundenbruchteilen, bevor Sie die Singularität erreichten, und Sie könnten es demnach nicht beobachten, ohne unwiderruflich integriert zu werden.

## *Wo die Zeit stillsteht*

Ganz anders sähe die Sache jedoch für einen Beobachter aus, der von außen zusähe, wie Sie in das Loch fallen. Erinnern Sie sich: Die Schwerkraft krümmt nicht nur den Raum, sie läßt auch die Zeit langsamer vergehen. In der Nähe eines Neutronensterns ist die Wirkung besonders ausgeprägt und läßt sich in der Pulsarstrahlung leicht feststellen. In dem Maße, wie Sie sich von außen dem Ereignishorizont eines Schwarzen Lochs nähern, verlangsamt sich der Zeitablauf in Ihrer Umgebung immer mehr, wenn ein ferner Beobachter ihn mißt. Der Beobachter jedoch, der durch den Ereignishorizont in das Loch dringt, bemerkt nichts Ungewöhnliches – der Ereignishorizont hat keine lokale Bedeutung –, selbst wenn die Zeitkrümmung an der Grenze unendlich wird. Für einen Beobachter von außen sieht es so aus, als brauchten Sie ewig, um den Ereignishorizont zu erreichen; in gewisser Hinsicht steht die Zeit an der Oberfläche eines Schwarzen Lochs in bezug auf die Zeit, die ein ferner Beobachter erlebt, still. Alles, was Ihnen im Innern des Lochs widerfährt, liegt also jenseits der unendlichen Zukunft, sofern das Universum draußen betroffen ist.

Aus diesem Grund wird eine Reise in ein Schwarzes Loch normalerweise als eine Fahrt ohne Wiederkehr betrachtet. In ein Schwarzes Loch hineinzugehen und wieder herauszukommen würde bedeuten, daß ein ferner Beobachter Sie herauskommen sehen müßte, noch bevor Sie hineingegangen sind. Dieser Schluß sollte nicht überraschen. Weil das Loch Licht gefangenhält, muß alles, was ihm entkommt, schneller als das Licht sein – und eine Reise mit mehr als Lichtgeschwindigkeit kann, wie wir gesehen haben, eine Reise zurück in die Zeit bedeuten.

Wenn also ein Objekt, das in ein Schwarzes Loch fällt, nicht wieder hinaus ins Universum entweichen kann, was wird dann aus ihm? Wie wir erklärt haben, hört jedes Objekt, das auf die Singularität trifft, auf zu bestehen. Eine absolut runde Kugel aus normaler Materie etwa, die zu einem Schwarzen Loch zusammenstürzt, schrumpft auf ihr Zentrum. Die gesamte Materie wird zu einer Singularität zusammengepreßt. Aber was ist, wenn das kollabierende Objekt nicht vollkommen kugelförmig ist? Alle bekannten astronomischen Objekte rotieren mehr oder weniger stark, und wenn ein Objekt schrumpft, nimmt seine Rotationsgeschwindigkeit ab. Es scheint unumgänglich, daß ein zusammenstürzender Stern sich sehr schnell dreht, was eine Ausbuchtung am Äquator bewirkt. Diese Verformung wird zwar nicht verhindern, daß sich eine Singularität bildet, aber es könnte sein, daß etwas von der hineinstürzenden Materie des Sterns sie verfehlt.

Man hat idealisierte mathematische Modelle geladener und

rotierender Löcher untersucht, um herauszufinden, wo die Singularität liegt und wohin die hineinstürzende Materie geht. Die Modelle deuten an, daß das Loch wie eine Art Brücke oder ein Raumzeittunnel wirkt und unser Universum mit einer anderen Raumzeit verbindet, die uns ansonsten absolut unzugänglich ist. Dieses erstaunliche Ergebnis eröffnet die Aussicht auf einen unerschrockenen Weltraumfahrer, der unversehrt durch das Schwarze Loch fliegt, ein anderes Universum betritt und irgendwo jenseits unserer unendlichen Zukunft ankommt. Wenn dies erreichbar wäre, wäre es dem Astronauten nicht möglich, die Reise zum Ausgangspunkt zurückzuverfolgen. Das Eindringen in den Tunnel vom anderen Universum würde unseren wagemutigen Raumfahrer nicht in unser Universum zurückbringen, sondern in ein drittes Universum und endlos so weiter. Ein rotierendes Schwarzes Loch ist mit einer unendlichen Abfolge von Universen verbunden, von denen jedes eine komplette Raumzeit von möglicherweise unendlicher Ausdehnung darstellt und die alle durch das Innere des Schwarzen Lochs miteinander verbunden sind. Der Versuch, daraus irgend etwas Praktisches abzuleiten, ist so desillusionierend, daß wir ihn gern den Science-fiction-Autoren überlassen.

Wie würde das entfernte Ende der Brücke des Schwarzen Lochs für einen Beobachter im anderen Universum aussehen? Nach den einfachsten mathematischen Modellen würde ein Beobachter das Objekt wie eine Quelle nach außen fliegender Materie sehen – die explosive Erschaffung von Materie –, oft als »Weißes Loch« bezeichnet. In unserem Universum wimmelt es von explodierenden Objekten – wie Quasaren –, was zu der Annahme geführt hat, daß es tatsächlich Raumzeittunnel gibt, die durch Schwarze Löcher aus anderen Universen Materie in unseren Raum und unsere Zeit lenken. Doch nur wenige Astrophysiker nehmen dieses Szenario ernst. Sie weisen insbesondere darauf hin, daß die mathematischen Modelle den Einfluß benachbarter Materie und Strahlung vernachlässigen, die durch die Schwerkraft in das Weiße Loch zurückgesaugt und es in ein Schwarzes Loch verwandeln würden. Die einfachen Modelle vernachlässigen auch die Auswirkungen der subatomaren Physik. Anspruchsvollere Modelle, die diese Merkmale berücksichtigen, deuten darauf hin, daß das Innere des Lochs von diesen Störungen derart aufgewühlt wird, daß der Raumzeittunnel zerstört würde und die Brücken, die unser Universum mit anderen hypothetischen Raumzeiten verbinden, folglich blockiert wären. Einmütigkeit herrscht unter den Experten darüber, daß alle Materie, die in ein Schwarzes Loch gelangt, am Ende auf irgendeine Singularität trifft.

Aber was ist, wenn Quanteneffekte die Singularität irgendwie entfernen? Da wir keine vollständige Quantentheorie der Gravitation haben, können wir die Folgen der Quanteneffekte beim Verwischen der Singularität leider nicht genauer im Modell darstellen. Ob sie tatsächlich zur vollständigen Entfernung der Singularität führen, ist ungewiß. Einige Physiker meinen das und behaupten sogar, daß gerade die Vorstellungen von Raum und Zeit unter diesen extremen Umständen keine Anwendung mehr finden. Aber welcher Art die Strukturen sind, die sie ersetzen könnten, darüber wird noch gemutmaßt. Der sicherste Standpunkt ist daher, die Singularität lediglich als einen Zusammenbruch der bekannten Physik zu betrachten, nicht als das Ende aller Physik.

## *Wurmlöcher und Zeitreise*

Die Modelle idealisierter Schwarzer Löcher, die einen Übergang zu anderen Universen erlauben, sind seit über zwanzig Jahren bekannt, und in dieser Zeit wurde überwiegend angenommen, daß die »Tunnel« mathematische Artefakte ohne physikalische Bedeutung seien. In jüngster Zeit hat das Thema jedoch eine eigentümliche Wendung erfahren. Vor einigen Jahren hat der amerikanische Astronom Carl Sagan einen Science-fiction-Roman mit dem Titel ›Contact‹ geschrieben, in dem es um eine technisch hochentwikkelte außerirdische Gemeinschaft geht, die einen Raumtunnel baut, der das schnelle Reisen zwischen zwei weit voneinander entfernten Punkten im Universum ermöglicht. Damit dieser fiktive Tunnel glaubwürdig wirkte, holte Sagan sich Rat bei Kip Thorne, einem Astrophysiker am CalTech und Spezialisten für Schwarze Löcher. Fasziniert von dem Gedanken untersuchte Thorne mit einigen jüngeren Kollegen die physikalischen Möglichkeiten. Das Projekt hatte auch eine ernste Seite. Thorne wollte genauer wissen, welche Einschränkungen der bekannten Physik die Existenz eines solchen Raumtunnels eventuell verbieten könnten.

Frühere Berechnungen, die darauf schließen ließen, daß Tunnel Schwarzer Löcher nicht passierbar seien, erbrachten bestimmte Annahmen über das Wesen der Materie. Vor allem wurde, grob gesagt, angenommen, daß Materie immer Gravitation hervorbringe. Aber wir haben in Kapitel 5 gesehen, daß Quantenprozesse unter bestimmten Umständen auch *Anti-Gravitationseffekte* erzeugen können. Wenn man diese Umstände im Tunnelschlund eines Schwarzen Lochs reproduzierte, war es vielleicht möglich, den »Nichts-geht-mehr«-Theoremen auszuweichen. Der Schlüssel zur Antigravitation liegt darin, auf irgendeine Art einen negativen Druck zu erzeugen. Die Mitglieder der CalTech-Gruppe versuchten es mit dem Casimir-Effekt (siehe Kapitel 5) als einem Beispiel, wie ein negativer Druck und eine wirksame Antischwerkraft erzeugt werden könnten. Sie fordern dazu auf, sich zwei reflektierende Flächen vorzustellen, die extrem dicht nebeneinander liegen. Damit die Flächen als Folge der Casimir-Anziehung nicht einfach zusammenkleben, wird jede Fläche elektrisch so aufgeladen, daß die elektrische Abstoßung die Quantenanziehung exakt ausgleicht. Dieses System soll dann im Schlund eines Raumtunnels liegen.

Die Berechnungen zeigen, daß Einsteins Gravitationsfeldgleichungen mit einer solchen Anordnung befriedigt werden können und daß die so wichtige Antigravitation des Plattensystems ausreicht, der Tendenz des Tunnels zu begegnen, in eine Singularität zu kollabieren. Der Eingang und Ausgang des Tunnels sind nicht mehr ausschließlich Schwarze Löcher, sondern lediglich Bereiche intensiver Gravitation, die ein hypothetischer Beobachter durchqueren und auch sicher wieder verlassen könnte, ohne Gefahr zu laufen, endgültig verschlungen zu werden.

Die einfachste Analogie für das, was sich ereignen könnte, ist, sich eine Reise auf der gekrümmten Erdoberfläche vorzustellen. Nehmen wir an, Sie möchten von London nach Adelaide reisen. Weil die Erdoberfläche gekrümmt ist, könnte man die Reise dadurch abkürzen, daß man ein Loch durch die Erde von einer Stadt zur anderen bohrt. Dann könnten Sie auf geradem Weg reisen und würden eher in Australien ankommen als jemand, der auf dem üblichen Weg mit der gleichen Geschwindigkeit reist wie Sie durch den Tunnel.

Es ist problemlos einzusehen, wie einem Schwarzen Loch zuge-

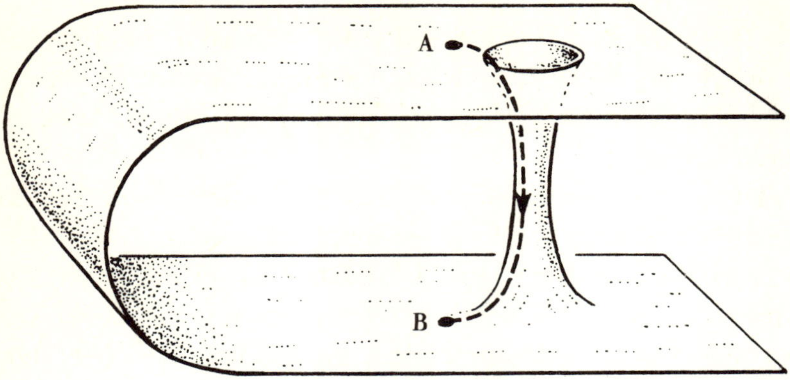


*Abb. 41 Ein Wurmloch, das zwei normalerweise weit auseinanderliegende Regionen im Raum verbindet. Der Weg durch das Wurmloch stellt eine Abkürzung für die Reise von A nach B dar.*

ordnete Tunnel eine ähnliche Aufgabe mit gekrümmter Raumzeit erfüllen könnten (Abbildung 41). Wie üblich stellen wir die Raumzeit mit Hilfe eines zweidimensionalen Blatts dar, wie die Oberfläche eines Stücks Papier. Wir biegen das Blatt zu einem U, so daß sich die beiden Flächen fast berühren und nur durch einen schmalen Spalt über die dritte Dimension getrennt werden. Wenn wir die beiden gegenüberliegenden Teile des Blatts mit einem Rohr durch die dritte Dimension verbinden könnten, wäre es möglich, durch den Tunnel vom einen Teil zum anderen zu gelangen, ohne den langen Weg außen herum zu machen.[1] Eine solche Verbindung zwischen verschiedenen Teilen derselben Raumzeit heißt bei den Relativisten offiziell *Wurmloch.* Alles, was in unserer Vorstellung mit einem zweidimensionalen Blatt geschehen kann, das durch eine dritte Dimension gefaltet ist, kann mathematisch in eine vierdimensionale Raumzeit übertragen werden, die durch höhere Dimensionen gefaltet ist. Wenn die beiden Enden des Wurmlochs auf dem Blatt, sagen wir, ein Lichtjahr voneinander entfernt sind, kann auf diesem Weg kein Signal zwischen

1 Da ein Blatt Papier eine endliche Dicke hat, könnte man sich einfach auch vorstellen, ein Loch in das Papier zu bohren, um eine Abkürzung von der einen Seite zur anderen herzustellen.

ihnen in weniger als einem Jahr am Ziel sein; aber auf dem Weg durch das Wurmloch kann ein Signal, vielleicht sogar ein Mensch, in weit weniger als einem Jahr von einem Ende zum anderen gelangen.

Jetzt stellen Sie sich vor, daß die gekrümmte Raumzeit zurückgebogen und flach ausgebreitet wird, so daß das Wurmloch sich streckt, aber intakt bleibt. Das ergibt eine flache Raumzeit, in der zwei verschiedene Bereiche durch ein U-förmiges Wurmloch verbunden sind, so ähnlich wie der Henkel einer Tasse. Das ist auf den ersten Blick weit weniger interessant. Es sieht so aus, als sei die Entfernung vom einen Ende des Wurmlochs zum anderen größer, wenn man den Weg durch das Wurmloch nimmt, als wenn man normal durch den Raum geht. Das ist jedoch nicht unbedingt der Fall, weil Raum und Zeit sich im Wurmloch anders verhalten; auch wenn die Raumzeit des Mutteruniversums flach (oder fast flach) und das Wurmloch gekrümmt ist, kann es dennoch eine Abkürzung sein, so daß ein Reisender, der eine Öffnung des Wurmlochs betritt, fast gleichzeitig an der anderen Öffnung herauskommt, egal wie weit entfernt durch das Universum die andere Öffnung ist.

Obwohl die astronautischen Möglichkeiten, die der Cal-Tech-Vorschlag eröffnet, uns schwindeln lassen, betreffen die wirklich ausgefallenen Folgen nicht die Möglichkeit der Raumreise, sondern der Zeitreise. Wir haben erwähnt, daß eine Reise mit mehr als Lichtgeschwindigkeit zu einer Reise zurück in die Zeit werden kann. Beim Weg von A nach B durch das Wurmloch kommt man in B definitiv vor jedem Lichtsignal an, das auf dem normalen Weg durch den Raum von A ausgesandt wurde. Auf dem Weg durch das Wurmloch von der Erde direkt zum Zentrum der Milchstraße wäre man 30000 Jahre früher dort als das heutige Sonnenlicht auf dem langsamen Weg. Das heißt nicht, daß Sie 30000 Jahre in die Vergangenheit gereist sind, aber eine leichte Änderung an der Struktur des Wurmlochs macht eine Zeitreise tatsächlich möglich.

Die notwendige Änderung ist folgende: Ein Ende des Wurmlochs wird festgehalten, das andere wird fast mit Lichtgeschwindigkeit weggeschleudert. Wenn das bewegte Ende dann angehalten und zurückgeholt wird, so daß es ziemlich dicht am festen Ende des Tunnels liegt, entsteht eine relative Zeitdifferenz zwischen den beiden Wurmlochöffnungen. Das ist eine offenkundige Folge des Zwillingseffekts, weshalb bewegte Uhren langsam laufen – eines der grundlegendsten und einfachsten Merkmale der Relativitätstheorie, die wir in Kapitel 3 abgehandelt haben. Für Uhren an der stationären Wurmlochöffnung ist mehr Zeit vergangen als für die, die mit der fortgeschleuderten Öffnung unterwegs waren; die Öffnung, die unterwegs war, ist also sozusagen in der Vergangenheit der Öffnung, die sich nicht vom Fleck gerührt hat. Aber die »Gegenwart« entspricht für jeden, der durch ein solches Wurmloch reist, immer der Zeit an der Öffnung, an der man in das Loch tritt. Daraus folgt: Wenn Sie das Wurmloch an dem Ende betreten würden, das bewegt worden ist, würden Sie an der festen Öffnung des Wurmlochs herauskommen und feststellen, daß Sie in der Zeit rückwärts gereist sind. Vorausgesetzt, daß die beiden Enden des Lochs dicht genug beieinanderliegen – gemessen am normalen Raum –, könnten Sie eine ganze Runde drehen und zum Ausgangspunkt zurückkehren, bevor Sie in das Loch gesprungen sind. Wenn Sie immer wieder durch das Wurmloch gehen, können Sie sich in der Zeit immer weiter zurückbewegen – aber Sie können nicht in Zeiten vor dem Augenblick zurückreisen, als die bewegte Öffnung ihren Weg begann und der Zeitdehnungseffekt anfing zu wirken.

Es ist kaum überraschend, daß es gegen dieses Szenario viele Einsprüche gibt. Einer bezieht sich auf die Natur der so wichtigen reflektierenden Flächen, die den Casimir-Effekt hervorrufen. Es ist grundsätzlich so, daß ihre eigene Masse und innere Struktur die Gravitation nicht stärker erhöhen als die Antigravitation, die sie erzeugen, und es ist schwer zu erkennen, wie das in der Praxis erreicht werden könnte. Außerdem muß ein Weg gefunden werden, der dem vermeintlichen Zeitreisenden erlaubt, die reflektierenden Flächen (eine Falltür?) zu durchschreiten, ohne das heikle Gleichgewicht des Systems durcheinanderzubringen. Ein anderes Problem ist die Handhabung der Wurmlochenden. Da sie einfach leerer (wenn auch gekrümmter) Raum sind, können die Enden eines Wurmlochs nicht physisch mit einer Riesenzange gepackt und wie ein Materieklumpen beschleunigt werden. Irgendeine elektrische oder Gravitationskraft müßte auf die Wurmlochenden einwirken – und der ganze Vorgang muß erfolgen, ohne daß der Durchmesser des Wurmlochs auf Null schrumpft, wenn es gestreckt und in seinen früheren Zustand zurückversetzt wird. Neben all diesen Problemen erhebt sich die Frage, das Wurmloch überhaupt erst einmal zu schaffen.

Wir möchten hier ausdrücklich klarstellen, daß keine dieser Wurmlochspekulationen als ernstgemeinte praktische Anregung gedacht ist. Sie fallen in die Kategorie der Gedankenexperimente, wie Einsteins und Schrödingers Überlegungen zur Natur der Quantenwirklichkeit, die die Konsistenz der physikalischen Gesetze testen sollten. Die traditionelle Position ist die, daß kein physikalischer Prozeß Zeitreisen zulassen sollte, eben weil sie die Konsistenz in der Physik bedrohen.

Betrachten wir den Fall des Zeitreisenden, der seine Großmutter besucht, als sie noch ein Kind ist, und sie umbringt. Wenn die Großmutter schon als Kind stirbt, könnte der Zeitreisende niemals geboren werden und folglich auch nicht den Mord begehen. Aber wenn die Großmutter nicht ermordet wurde, hätte der Zeitreisende die Möglichkeit gehabt, sie umzubringen ... Diese Art innerer Widersprüche läßt sich nur auflösen, indem man für die theoretische Physik einige sonderbare zusätzliche Merkmale zu Hilfe ruft. Es kann zum Beispiel ein physikalisches Gesetz geben, das besagt, daß nur in sich widerspruchsfreie kausale Schleifen existieren können; wenn also irgend jemand sich auf das »Experiment« mit dem Mord an der Großmutter einließe, würde immer irgend etwas diesen Versuch vereiteln – die Pistole des angehenden Mörders geht zu früh los, oder es stellt sich heraus, daß er adoptiert war oder sonst irgend etwas. Oder wenn man an die Theorie der vielen Universen glaubt, erfordern vielleicht alle derartigen Zeitreisenszenarien eine Änderung der Vergangenheit, nicht der Welt, aus der der Zeitreisende kommt, sondern einer sehr ähnlichen parallelen Welt.

Was immer an Merkwürdigkeiten in diesen »Zurück-in-die-Zukunft«-Experimenten enthalten ist; wichtig ist es zu prüfen, ob die bekannten Gesetze der Physik allein eine Zeitreise ausschließen oder ob einige zusätzliche Prinzipien erforderlich sind. Das ist der eigentliche Beweggrund für die Arbeit von Thorne und Kollegen.

Tatsächlich wird das Thema Wurmlöcher gegenwärtig von vielen Forschungsgruppen intensiv untersucht, allerdings nicht, um die Zeitreise-Hypothese zu überprüfen. Das Interesse konzentriert sich vielmehr auf die Eigenschaften der mikroskopischen virtuellen Wurmlöcher, die wir in Kapitel 5 bereits kurz angeschnitten haben – jene, die mitten im Raumzeitschaum vorkommen. So wie die Quantenfluktuationen im Vakuum kurzlebige Photonen erzeugen, müßten sie eigentlich auch, in einem noch kleineren Maßstab, spontan kurzlebige (virtuelle) Wurmlöcher hervorrufen. Die Größe dieser Wurmlöcher liegt normalerweise beim $10^{-20}$ten Teil eines Atomkerns. In einem ultramikroskopischen Maßstab gliche der Raum demnach einem Labyrinth solcher Strukturen, das ihm die komplizierte Topologie verleihen würde, die den Namen Raumzeitschaum erhalten hat. Diese winzigen Tunnel durch die Raumzeit werden von den Relativisten mit meisterhaftem Understatement einfach als »mikroskopische« Wurmlöcher bezeichnet.

Möchtegern-Zeitreisende spekulieren damit, daß ein virtuelles mikroskopisches Wurmloch, das aus dem Raumzeitschaum gezogen und auf makroskopische Proportionen gestreckt würde, als Zeitmaschine verwendet werden könnte. Sie meinen, der uns umgebende Raum sei bevölkert von einer Unzahl winziger, kurzlebiger, natürlicher Zeitmaschinen. Wir müßten »nur« lernen, sie zu sammeln. Aber ein Wurmloch einzufangen und zu dehnen, nicht zu reden davon, es mit exotischer Materie gegen den Kollaps abzusichern, ist – wir wiederholen es – kein ernstzunehmender praktischer Vorschlag. Ernst zu nehmen ist dagegen die Möglichkeit, daß virtuelle Quantenwurmlöcher einen Hinweis auf eines der großen noch offenen Geheimnisse der modernen Physik liefern.

### *Wieviel wiegt leerer Raum?*

Die Vorstellung, daß leerer Raum etwas wiegen kann, mag verwunderlich oder gar sinnlos scheinen. Wie kann »nichts« etwas wiegen? Wir müssen allerdings daran erinnern, daß der leere Raum alles andere als nichts ist. Selbst wenn aus einem Raumbereich alle Teilchen entfernt werden, enthält er immer noch virtuelle Teilchen, die kurzzeitig von Quantenprozessen geschaffen werden und dem Vakuum Energie und Druck verleihen. Diese Energie ist durch Einsteins $E = mc^2$–Relation mit Masse verbunden, und man könnte damit rechnen, daß diese Masse der Gravitation unterliegt.

Leider ist es nicht damit getan, einen leeren Behälter auf eine Waage zu stellen und zu wiegen, wenn man diese Frage lösen will. Wir sind von Raum umgeben, und wenn er wirklich der Gravitation unterliegt, zieht er gleichmäßig in alle Richtungen. Dieser Gravitationszug äußert sich nur in der Bewegung des Universums insgesamt. In Kapitel 5 haben wir darüber gesprochen, daß die Energie des Quantenvakuums keine Gravitation, sondern Antigravitation hervorruft, weil der mit der Aktivität des Vakuums verbundene Druck negativ ist. Nach dem Inflationsszenario war dieses »negative Gewicht« des Raums die Ursache der kurzen, aber heftigen Periode der sich beschleunigenden kosmischen Expansion in den ganz frühen Phasen des Universums.

Nach dem Ende der Inflation ging das Gewicht des Raums praktisch auf Null zurück. Es sind allerdings Versuche unternommen worden, irgendwelche winzigen Restwirkungen aufzuspüren, die sich bis heute im Universum gehalten haben. Bliebe das Gewicht des Raums auch nur um den geringsten Betrag von Null verschieden, würde das auf die Expansion des Universums hinweisen und einen Kampf dagegen, daß die Anziehungskraft der normalen gravitierenden Materie die Expansion allmählich verringert.

Ein solcher Effekt ist nicht festgestellt worden, und man kann eine Obergrenze für das mögliche Gewicht des Raums angeben. Es ist unfaßbare $10^{-120}$ geringer als der Wert, der nach Berechnungen der Theoretiker in der Inflationsphase galt. Die Zahl $10^{-120}$ ist so unglaublich klein, daß man versucht ist, anzunehmen, das Gewicht betrage nun wirklich null. Doch dieser Schluß birgt etwas Geheimnisvolles. Wir würden normalerweise annehmen, daß die Energie des Quantenvakuums sehr hoch ist, von wirklich inflationären Ausmaßen. Wir stehen also vor der eigenartigen Situation, daß die Inflationsphase der »natürliche« Sachverhalt zu sein scheint, während uns der heutige, fast bei Null liegende Wert für das Gewicht des Raums eigenartig, ja geradezu künstlich erscheint.

Warum künstlich? Die Genauigkeit des Begriffs wird klar, wenn wir zu verstehen versuchen, wie der heutige Wert so klein werden konnte. Die Energie des Quantenvakuums kann positiv oder negativ sein, was von der Art der betroffenen Felder abhängt. Wenn die Natur es so einrichten könnte, daß die negativen und positiven Beiträge sich aufheben, wäre das Ergebnis null. Doch das würde einen kosmischen Buchhalter voraussetzen, der über ausgezeichnete Fähigkeiten zum Ausgleichen von Bilanzen verfügte. Um diesen unangenehmen Beitrag loszuwerden, müssen die Einflüsse verschiedener Teilchenarten und Felder genauestens abgestimmt werden, damit sie sich mit einer Genauigkeit von mindestens 120 Dezimalstellen gegeneinander aufrechnen. Es ist höchst unwahrscheinlich, daß sich so etwas zufällig ereignet. Die einzige Alternative ist die, daß es einen natürlichen Mechanismus gibt, der das Gewicht des Raums auf Null zwingt.

Hier kommen die Wurmlöcher ins Spiel. Einer der Bereiche, die zur Energie des Quantenvakuums beitragen, ist das Gravitationsfeld, und die Quantenfluktuationen des Gravitationsfelds sind es, die nicht nur die Miniwurmlöcher erzeugen, sondern auch andere Störungen in der Geometrie der Raumzeit hervorrufen. Einige dieser Störungen nehmen die Gestalt ganzer »Babyuniversen« an, die durch ein Wurmloch mit unserer Raumzeit verbunden sind wie durch eine Nabelschnur. Der ganze Prozeß findet in einem ultramikroskopischen Maßstab statt, und man muß sich vorstellen, daß diese Erhebungen im Mikroprofil sich ständig verändern, sich manchmal ganz von unserem Universum lösen, weil die Nabelwurmlöcher sich abschnüren, manchmal in unsere Raumzeit reabsorbiert werden, wenn die Quantenfluktuation abklingt. Die Gesamtwirkung ist, daß der Raum unseres Universums mit einer Art Gas aus veränderlichen Miniraum-Bläschen eingehüllt ist. Aber jeder Miniraum ist sein eigener Raum und seine eigene Zeit, wie die parallelen Universen, über die wir schon gesprochen haben. Die einzige Verbindung mit unserer Raumzeit besteht über die Nabelwurmlöcher, und die Wurmlochöffnungen haben, wie wir uns erinnern, einen weit kleineren Durchmesser als ein Atomkern, so daß wir sie nicht direkt beobachten können.

Wie wirkt sich all das auf die Natur des Vakuums aus? Der Aufgabe, die Wirkung dieses hochgradig labyrinthischen Raumzeitschaums auf das Gewicht des Raums zu berechnen, an dem er haftet, haben sich Stephen Hawking in Cambridge und Sidney Coleman in Harvard verschrieben. Ihre Berechnungen stützen sich auf ein allgemeingültiges Prinzip der Physik, das sogenannte Prinzip der kleinsten Wirkung. Es besagt in etwa, daß, wann immer sich etwas ändert, es sich so ändert, daß die Anstrengung minimiert wird. Eine Billardkugel etwa wählt immer den geraden Weg zwischen zwei Punkten, statt sich anzustrengen und etwa im Zickzack zu laufen, sofern nicht eine Kraft von außen auf sie einwirkt. Dieses Gesetz der natürlichen Trägheit, angewandt auf Wurmlochfluktuationen, bedeutet, daß die Babyuniversen mit sehr wenig Vakuumenergie denen mit viel Energie vorgezogen werden. Am begehrtesten sind diejenigen mit einer Energie von exakt null; der entsprechende »durchschnittliche« – oder erwartete – Quantenwert der Vakuumenergie wird also sehr nah bei Null liegen, und dieser Wert durchdringt unser Universum von den unzähligen Babyuniversen her, mit denen wir verbunden sind.

Wenn diese Berechnungen zutreffen, kommen wir zu einem eigenartigen Schluß. Unsere naive Annahme, daß der leere Raum nichts wiegt, erweist sich als richtig, aber nicht aus den Gründen, die wir meinen. Es hat nichts mit der Leere an sich zu tun, denn selbst im leeren Raum wimmelt es von Quantenaktivität. Die Gewichtslosigkeit geht vielmehr auf einen unsichtbaren Schaum aus parasitären Universen zurück, die über ein Netz aus unsichtbaren Wurmlöchern an unserer Raumzeit haften. Ohne Wurmlöcher würde das Universum kollabieren.

Die in diesem Kapitel aufgeworfenen »Gewichtsfragen« belegen lebhaft, wie das alte mechanistische Paradigma Newtons überwunden worden ist. Materie, weit davon entfernt, die Aktivitäten des Kosmos zu beherrschen, scheint fast eine Nebenrolle zu spielen. Die Hauptaktivität kommt statt dessen von den unscheinbarsten Gebilden, die man sich vorstellen kann, einem Schaum flüchtiger Quantenwurmlöcher, nichts weiter als ein Schaum aus leerem

Raum, der zu halbwirklichen Tunnels, Knoten und Brücken geschlagen ist. Und nur dank der besonderen Eigenschaften dieses Schaums übt die gewöhnliche Materie den Einfluß aus, den sie heute im Universum hat; denn hätte das Gewicht des Raums nicht so unglaublich nahe bei Null gelegen, hätte die Energie des Quantenvakuums die kosmische Dynamik bestimmt, nicht die Gravitation der Materie.

In den letzten Kapiteln haben wir gezeigt, wie die Revolution der Quantenphysik und der Relativitätstheorie unser Bild von der Natur als Uhrwerk zu etwas weit Differenzierterem und Unklarerem gewandelt hat. Doch diese Veränderungen verblassen neben dem Einfluß der neuen Informationsrevolution. Wie in Kapitel 2 erwähnt, betrachten die Wissenschaftler das physikalische Universum immer weniger als eine Ansammlung von Zahnrädern in einer Maschine und immer häufiger als ein informationsverarbeitendes System. Vorbei ist es mit plumpen Materieklumpen, an ihre Stelle sind Informationsbits getreten. So zeigt sich das neue Paradigma des Universums: als komplexes System, in dem Geist, Intelligenz und Informationen wichtiger sind als die Hardware. Es ist an der Zeit, einen Blick auf das Leben, auf Geist und Intelligenz zu werfen, nicht als etwas auf den Menschen Beschränktes, sondern in ihrem kosmischen Zusammenhang.

X

# Das lebende Universum

Viele alte Kulturen hielten das Universum für einen lebenden Organismus. Aristoteles, der sich sehr für Biologie interessierte, war davon beeindruckt, daß Lebewesen offenbar von einer Absicht geleitet werden und ihre Handlungen Teil eines Plans sind, der auf ein vorgegebenes Ziel gerichtet ist. Wenn wir zum Beispiel einen Vogel ein Nest bauen sehen, wird klar, daß sein Verhalten mit dem Ziel zu tun hat, Eier zu legen und Junge aufzuziehen. Ob der Vogel sich in irgendeiner Weise darüber im klaren ist, was er da tut, ist schon umstrittener, aber seine Aktivitäten erfolgen sicher nicht wahllos und können nur dadurch angemessen erklärt werden, daß man das Endergebnis berücksichtigt.

Es ist verlockend, aus dem Bereich der Biologie zu verallgemeinern und der ganzen Natur ein Ziel zuzuschreiben. Der Mensch bedient sich oft zwanglos einer zielgerichteten Sprache, wenn er etwa Wasser beschreibt, das sich »den eigenen Weg sucht«, oder Wetter, das sich »bessert«. Der Gedanke, daß Materie eine aktive Kraft ist, kein Gebilde, das passiv von blinden Kräften hin- und hergeschoben wird, spricht tief in uns etwas an. Man achte einmal darauf, wie schnell Kinder Geschichten aufnehmen, in denen unbelebte Gegenstände – Autobusse, Züge und sogar Felsen oder Wolken – zu Lebewesen mit Charakter und Emotionen werden. Nach Aristoteles ähnelt das gesamte Universum einem riesigen Organismus und ist letztendlich auf ein kosmisches Ziel ausgerichtet. Die Vorstellung, daß physikalische Prozesse durch einen vorherbestimmten Endzustand beeinflußt werden, wird Teleologie genannt.

Mit dem Vormarsch der modernen Wissenschaften, insbesondere des mechanistischen Paradigmas von Newton, wurde die Teleologie (zumindest außerhalb der Biologie) aufgegeben und durch die Vorstellung vom kosmischen Uhrwerk ersetzt. Und doch stammt aus diesen vermeintlich mechanistischen und rationalen

Zeiten einer der wenigen Gedanken, der aus der Wissenschaft kam und bei den verschiedensten Menschen in den letzten Jahrzehnten großen Anklang fand: die Vorstellung der Gaia, die Hypothese, daß die Erde in irgendeinem Sinn als ein großer lebender Organismus betrachtet werden kann.

Keine Frage fordert den Paradigmenstreit, den wir beschrieben haben, so stark heraus, wie das Geheimnis des Lebens. Nach mechanistischer Ansicht sind lebende Organismen nichts als Maschinen, wenngleich sehr komplizierte und wundervolle. Die Entwicklung des Lebens auf der Erde wird ähnlich mechanistisch gesehen, doch wird mit den Zufallsvariationen ein schöpferisches Element eingeführt. Die meisten Biologen erkennen an, daß allein die Zufallsmutationen und die natürliche Auslese zufriedenstellend die Formen aller lebenden Organismen erklären können, sobald das Leben einmal begonnen hat. Was den Ursprung des Lebens angeht, ist das problematischer. Es wird im allgemeinen angenommen, daß die genauen physikalischen Prozesse, die zum ersten lebenden Organismus führten, äußerst unwahrscheinlich waren; auf jeden Fall bleiben sie in geheimnisvolles Dunkel gehüllt. Von dieser Warte betrachtet, kann das Leben durchaus auf den Planeten Erde beschränkt sein, da die Abfolge von Ereignissen, die zum ersten Organismus führten, sich wahrscheinlich anderswo nicht wiederholt hätte.

Im Gegensatz zu dieser Anschauung erkennt die neue Sicht die schöpferische und fortschreitende Natur der meisten physikalischen Prozesse an. Zwischen lebenden und nichtlebenden Systemen wird keine scharfe Trennung gemacht. Der Ursprung des Lebens wird nur als ein Schritt (wenn auch ein sehr wichtiger) auf dem Weg der fortschreitenden Komplexität und Organisation der Materie betrachtet. Wenn Materie und Energie eine natürliche Tendenz zur Selbstorganisation haben, erwartet man, daß Leben unter den entsprechenden Bedingungen wieder und wieder entsteht. In dem Fall könnten wir damit rechnen, daß es andere Planeten mit Leben und vielleicht sogar intelligenten Wesen gibt. Die Entdeckung von Leben irgendwo im Universum würde das postmechanistische Paradigma folglich sehr stark voranbringen, vorausgesetzt natürlich, es könnte nachgewiesen werden, daß fremdes Leben unabhängig entstanden ist.

Fortschritte in der Raumtechnologie haben in jüngster Zeit ansatzweise die erste systematische Suche nach außerirdischem Leben ermöglicht. Die Fragen, um die es dabei geht, sind für das Bild, das wir uns von uns selbst und von unserem Platz im Kosmos machen, von grundlegender Bedeutung und haben auch direkte Auswirkungen auf die Notwendigkeit eines neuen Paradigmas. Aber bevor wir mit der Suche nach außerirdischem Leben beginnen können, brauchen wir eine klare Vorstellung, was genau wir eigentlich suchen. Was ist eigentlich Leben?

## *Leben – was ist das?*

Wir haben keine Schwierigkeiten, Leben zu erkennen, wenn wir ihm auf der Erde begegnen. Menschen, Mäuse, Pilze und Mikroben sind ohne Frage Lebewesen. Aber welche wichtigen Merkmale haben diese Systeme gemeinsam? Häufig genannte Eigenschaften des Lebens sind die Fähigkeit der Fortpflanzung, der Reaktion auf äußere Reize und des Wachstums. Das Problem dabei ist, daß auch andere, eindeutig unbelebte Systeme diese Eigenschaften aufweisen.[1] Flammen vermehren sich rasch. Kristalle können sich sowohl vermehren als auch zu höherorganisierten Strukturen wachsen. Blasen reagieren auf äußere Reize, indem sie sich zurückziehen, wenn man ihnen zu nahe kommt.

Außerdem, sobald wir unterhalb der Ebene unserer Alltagserfahrungen forschen – unterhalb der Ebene, die unseren Sinnen zugänglich ist, vor allem dem Sehen und Tasten –, gibt es schließlich keine klare Trennung mehr zwischen dem, was lebt, und dem, was nicht lebt. Das klassische Beispiel ist das Virus. Obwohl bei Viruserkrankungen eindeutig biologische Aktivitäten im Spiel sind, erfüllt das Virus nicht einmal eines der Kriterien für das Leben, die wir schon erwähnt haben – es kann sich weder aus eigener Kraft noch mit Hilfe eines anderen Virus fortpflanzen. Ein Virus kann sich nur dadurch vermehren, daß es in eine Wirtszelle eindringt und deren biochemische Funktionen übernimmt. Im Grunde macht es aus der Zelle eine Fertigungsstraße für weitere Viren.

1 Was tatsächlich ein weiterer Ausdruck des Prinzips der Selbstorganisation komplexer Systeme ist, lebender wie nichtlebender.

Man könnte entgegnen, daß die Zelle unter diesen Umständen gar nicht mehr lebendig ist, da sie die Fähigkeit der Fortpflanzung verloren hat. In Isolation dagegen können Viren zu einem inerten Pulver reduziert werden und unterscheiden sich in ihren Eigenschaften kaum von anderen Substanzen mit weniger organisierten biologischen Wirkungen.

Diese Schwierigkeiten zwingen uns, eine ziemlich vage Definition des Lebens zu übernehmen. Sicher ist ein hohes Maß an Organisation eine notwendige Anforderung. Wahrscheinlich sollten wir vermeiden, überhaupt in Kategorien individueller Organismen zu denken, und unsere Aufmerksamkeit statt dessen auf die komplexe wechselseitige Abhängigkeit der unermeßlich vielen verschiedenen Lebensformen richten. Auf der Erde spricht man von der Biosphäre. Es ist fraglich, ob irgendein Organismus in Isolation auf der Erde überleben könnte; nur das ganze verzweigte Netz ist lebensfähig.

Das bringt uns auf einem anderen Weg zu der kontroversen Vorstellung über die verschiedenen irdischen Lebensformen als einem einzigen lebenden Organismus, der Grundlage der Gaia-Hypothese. Jim Lovelock war der Wegbereiter dieser Idee, die heftige Debatten unter Biologen und Ökologen auslöste, aber in einigen Kreisen große Mode wurde – häufig mit Ausschmückungen versehen, von denen Lovelock sich distanziert. Uns fehlt hier der Platz, genauer auf diese Debatte einzugehen, wir möchten aber doch hervorheben, daß die Vorstellung des Gaia-Prinzips sich ganz natürlich in das neue Paradigma der selbstorganisierten Komplexität einfügt. Aber nicht nur das. Wenn die Lebensformen auf der Erde als Teile eines einzigen komplexeren Systems betrachtet werden, ob es nun »die Biosphäre« oder »Gaia« heißt, ist es berechtigt anzunehmen, daß sich in der langen künftigen Entwicklung des Universums die Komplexität derart entfaltet, daß nicht nur einzelne Planeten erfaßt werden, sondern ganze Sternensysteme und am Ende, wenn die Zeit reicht, auch ganze Galaxien, und ein lebendes kosmisches Geflecht wechselseitiger Abhängigkeit entsteht. Aber all das liegt noch in ferner Zukunft; wir beschäftigen uns gegenwärtig mehr mit der Vergangenheit, dem anderen Ende der Kette. Wie hat das Leben auf der Erde angefangen?

Seit Darwin wird das biologische Denken von der Vorstellung

der schrittweisen Evolution beherrscht. Aus fossilen Funden kann man schließen, daß der gegenwärtige Zustand der Erdbiosphäre das Ergebnis einer Unzahl sukzessiver Schritte zu immer größerer Komplexität, Anpassung und Differenzierung war. Vor 500 Millionen Jahren gab es noch keine Landlebewesen. Vor zwei Milliarden Jahren existierten noch keine Lebewesen mit Wirbelsäule. Die ältesten Steine überhaupt, die etwa 3,8 Milliarden Jahre alt sind, enthalten Spuren nur ganz elementarer mikroskopischer Lebensformen. Angesichts dieses Fortschreitens vom Einfachen zum Komplexen und der Existenz der Viren, die offenbar die Kluft zwischen Lebendem und Nichtlebendem überbrücken, ist es verlokkend anzunehmen, daß der Ursprung des Lebens auf der Erde einfach nur ein weiterer Schritt in einer allgemeinen evolutionären Abfolge war, ein Teil des Musters der kosmischen Selbstorganisation. Kann demnach lebende Materie ohne Hilfe aus unbelebten Chemikalien entstehen?

## *Der Ursprung des Lebens*

Die Vorstellung vom spontanen Auftreten des Lebens hat eine lange Geschichte. Ein beliebtes Demonstrationsobjekt, das noch gar nicht so viele Menschenleben alt ist, war ein Stück verwesendes Fleisch, aus dem schließlich »spontan« Maden hervorkrochen. Doch das ist nicht das, was wir heute unter der Entstehung des Lebens aus dem Unbelebten verstehen. Die Arbeit Louis Pasteurs machte diesen naiven Vorstellungen schließlich ein Ende, und heute gehört die spontane Entstehung von Leben fest in den Bereich der Biochemie.

Ein realistischer Versuch, die Entstehung von Leben auf der Erde zu erforschen, wurde 1953 von Stanley Miller und Harold Urey an der Universität Chicago durchgeführt, in einem Experiment, das inzwischen als klassisch gilt. Miller und Urey kamen auf folgende Idee: Wenn man im Labor die Bedingungen erzeugen könnte, wie sie vermutlich auf der urzeitlichen Erde herrschten, könnte man vielleicht die ersten Schritte zur chemischen Synthese lebender Materie wiederholen. Entsprechend dem damaligen Verständnis füllten sie einen Kolben mit Methan, Wasserstoff, Ammoniak und Wasser, die man für die Bestandteile der frühen Erdatmosphäre hielt. Die heutige Erdatmosphäre aus (überwiegend) Stickstoff und Sauerstoff bildete sich erst später und ist selbst ein Ergebnis biologischer Aktivität – ein Zeichen für jede außerirdische Gemeinschaft, die über genügend leistungsfähige Instrumente verfügt, um das Vorhandensein dieser Gase in der Atmosphäre aus großer Entfernung festzustellen, daß die Erde ein Ort ist, an dem Leben gedeihen kann.

Das Miller-Urey-Experiment, das mehrere Tage dauerte, bestand darin, einen elektrischen Funken durch das chemische Gemisch zu schicken, der die Energiezufuhr aus Gewittern in der frühen Erdatmosphäre simulieren sollte. Die Flüssigkeit verfärbte sich allmählich rot, und als man sie analysierte, enthielt sie beträchtliche Mengen organischer Moleküle[2], sogenannte Aminosäuren. Aminosäuren selbst sind *keine* lebenden Moleküle, aber Bausteine der Eiweißkörper (Proteine), die ihrerseits unentbehrliche Substanzen der Lebewesen auf der Erde sind. In den Zellen unseres Körpers werden verschlüsselte Botschaften in der DNA durch die RNA in Arbeitsmoleküle der Eiweißkörper übersetzt, die die Lebensfunktionen ausführen. In mancher Hinsicht schien es, als wären Miller und Urey bereits Anfang der fünfziger Jahre auf dem Weg gewesen, Leben im Labor zu erzeugen. Es ist zugegebenermaßen ein großer Schritt von einer Ansammlung von Aminosäuren zum ersten sich vermehrenden Organismus. Doch angesichts der Millionen Jahre, die seit der Bildung der Erde zur Verfügung standen, kann man sich vielleicht vorstellen, daß die Suppe aus Aminosäuren nach und nach immer komplexer wurde, wenn die organischen Moleküle ständig aneinanderstießen und auf vielfältigste Weise aneinander hafteten.

Erst 1953, im selben Jahr, als Miller und Urey ihr berühmtes

2 Organische Moleküle sind Moleküle, die Kohlenstoff enthalten – ein Atom mit der einzigartigen Fähigkeit, zusammen mit anderen Atomen, vor allem Wasserstoff, viele hochkomplexe Moleküle zu bilden. Diese komplexen Moleküle werden mit Lebewesen in Verbindung gebracht, daher ihr Name. Aber organische Moleküle können auch auf andere Art erzeugt werden, und ihre Existenz ist demnach, auch wenn sie für das Leben, wie wir es kennen, unentbehrlich sind, noch kein Beweis für das Vorhandensein von Leben.

Experiment durchführten, wiesen Francis Crick und James Watson in Cambridge die Struktur der DNA nach, die berühmte Doppelhelix, und ebneten damit den Weg für weitere Untersuchungen, die den Mechanismus aufdeckten, nach dem alles Leben auf der Erde abläuft. Bis dahin gab es angesehene Wissenschaftler, die die Proteine für den Schlüssel zum Leben hielten und meinten, das Geheimnis des Lebens könne durch die Bildung von Aminosäuren gelüftet werden. Nachdem die ganze Bedeutung der DNA klar wurde, mußte die Entdeckung einer natürlichen Aminosäurefabrik in ihrer Tragweite heruntergestuft werden.

Alles Leben auf der Erde ist letztlich auf diese beiden Chemikaliengruppen angewiesen, auf die Nukleinsäuren und die Proteine. Beide bestehen im wesentlichen aus Kohlenstoff, Wasserstoff und Sauerstoff, außerdem kleinen Mengen anderer Elemente wie Schwefel und Phosphor. Die Proteine setzen sich aus etwa zwanzig verschiedenen Aminosäuren in verschiedenen Kombinationen zusammen (nicht jeder Eiweißkörper weist alle zwanzig Aminosäuren auf). Proteine haben eine Doppelrolle als Strukturelemente und als Katalysatoren (als Enzyme bekannt), die die entscheidenden chemischen Prozesse deutlich beschleunigen. Ohne Enzyme würde das Leben einfach zum Erliegen kommen. Nukleinsäuren sind verantwortlich für die Speicherung und Übermittlung aller Informationen, die zum Bau des Organismus und seinem Funktionieren erforderlich sind – den genetischen Code. Der Code enthält Anweisungen für die Produktion bestimmter Enzyme und bestimmter Strukturproteine. Ein Nukleinsäuretyp, die DNA (auch DNS = Desoxyribonukleinsäure), hat die Form der inzwischen bekannten langkettigen Moleküle, die zu einer Doppelhelix gewunden sind. In der Doppelhelix sind die Informationen verschlüsselt, die für die Replikation und das Funktionieren des Organismus gebraucht werden.

Ein Molekül in vertrauten anorganischen Substanzen wie Luft oder Wasser besteht aus zwei oder drei Atomen, die durch elektrische Kräfte zusammengehalten werden. Ein DNA-Molekül kann dagegen viele Millionen Atome enthalten. Tatsächlich enthält jede Zelle in unserem Körper so viel DNA, daß die Moleküle aneinandergereiht eine Strecke von etwa 180 Zentimetern ergeben. Die Anordnung aller Atome in diesen Ketten ist keineswegs willkürlich, sondern folgt einem hochkomplizierten Schema. Unterschiede in der Reihenfolge wichtiger DNA-Untereinheiten entscheiden darüber, ob ein Elefant oder ein Floh entsteht oder – etwas subtiler – Sie oder ein Schimpanse. Die verwirrende Vielfalt der Lebensformen auf der Erde ist ein Indiz für die riesige Zahl der möglichen Kombinationen dieser Untereinheiten.

Die Zahl der möglichen Kombinationen, in denen sich die Atome von Kohlenstoff, Wasserstoff und Sauerstoff zu Molekularketten von der Größe der DNA-Moleküle in unseren Zellen aneinanderreihen könnten, ist unvorstellbar groß. Die Wahrscheinlichkeit, daß ein so komplexes und spezifisches Molekül wie die DNA, die den Code für einen Menschen enthält, sich rein zufällig aus einer Suppe einfacher organischer Untereinheiten bildet, ist so klein, daß man sie außer acht lassen kann. Wenn das geschehen wäre, wäre das Leben tatsächlich ein Wunder.

Aber was ist mit der darwinschen Variation und der natürlichen Auslese? Kann nicht dieser Prozeß allein verantwortlich für die Komplexität von DNA und Proteinen sein? Leider sind die traditionellen Evolutionswirkungen wenig hilfreich, wenn es darum geht, aus der Ursuppe wirklich lebende Materie abzuleiten. Die Vorstellung, daß der tüchtigste, bestangepaßte Organismus einen selektiven Vorteil gegenüber seinen Rivalen besitzt und deshalb überlebt, um die Umwelt mit einer größeren Zahl seiner Nachkommen zu bevölkern als seine Rivalen, läßt sich kaum auf ein abiotisches Molekül anwenden, das zur Replikation überhaupt nicht in der Lage ist.

Wir wissen wenig über den entscheidenden Sprung von den Aminosäuren zu den Eiweißen und noch weniger über den Ursprung der Nukleinsäuren. Es ist denkbar, daß irgendeine Variante der Ursuppe à la Miller-Urey irgendwann von selbst die »richtige« molekulare Anordnung finden würde, wenn man sie nur lange genug gewähren ließe.[3] So führt das Verhalten zufällig ent-

3 Eine Überlegung geht dahin, daß die ersten Schritte in Richtung Leben erfolgten, als die Moleküle nicht frei in Flüssigkeit umherirrten, wo sie vielleicht nur zufällig aufeinandertrafen (und wo Kollisionen dahin tendierten, komplexe Strukturen zu zerbrechen), sondern auf einer tonartigen Masse bereitgehalten wurden, als Schablone fungier-

standener Enzyme zur hohen Konzentration bestimmter Molekülarten auf Kosten anderer. Wenn jene Moleküle dahin tendierten, eben die Enzyme zu bilden, die bei ihrer Produktion helfen, würde ein sich selbst stärkender Zyklus entstehen. Ganze Folgen ineinandergreifender Zyklen könnten dann Stufe für Stufe die Komplexitätsebene anheben, bis schließlich das erste Riesenmolekül synthetisiert wäre, das sich reproduzieren könnte. Danach geht es leichter, denn dieses fortpflanzungsfähige Molekül macht sich daran, den übrigen Inhalt der Suppe in Kopien seiner selbst zu verwandeln. Damit ist der Weg frei, und die darwinsche Evolution kann einsetzen.

Hat das Leben auf der Erde so angefangen? Das behaupten viele Wissenschaftler. Wenn sie recht haben, erfolgt die spontane Entstehung von Leben aus einfachen abiotischen Chemikalien offenbar sehr viel leichter, als seine gewaltige Komplexität vermuten ließe. Die Erde ist erst viereinhalb Milliarden Jahre alt, und mehrere hundert Millionen Jahre nach der Entstehung des Planeten hätten das Bombardement durch riesige Meteoriten und hohe Temperaturen alle zögernden Schritte in Richtung Leben zunichte gemacht. Doch fossile Funde belegen ein Leben auf der Erde seit mindestens 3,8 Milliarden Jahren. Offenbar wurde die Erde erst bewohnbar, als primitives Leben auf ihr erschien. Für einige Wissenschaftler deutet dieses prompte Auftreten darauf hin, daß das Leben eine automatische und zwangsläufige Folge entsprechender physikalischer Bedingungen ist – eine alternative Phase der Materie, die auf natürliche Art entsteht, sofern die richtigen Rohstoffe vorhanden sind. Sollten sie recht haben, dann ist klar, daß das Leben alles andere als ein Wunder ist, sondern ein eher normales Merkmal überall im Universum. Wo ist es also?

### *Jenseits-Welten*

Seit den Tagen des Kopernikus vor fast fünfhundert Jahren hat die Menschheit wieder und wieder die heilsame Lektion lernen müssen, daß die Erde nichts Besonderes oder Bevorzugtes ist. Sie ist ein

ten und Zeit für Wechselwirkungen zwischen Nachbarn gewährten, damit komplexe Ketten entstehen konnten.

typischer Planet in der Nähe eines typischen Sterns in einer typischen Region einer typischen Galaxie. Können wir annehmen, das Leben auf der Erde sei eine Ausnahme von diesem »Prinzip irdischer Mittelmäßigkeit«? Oder sollten wir im Geiste Kopernikus argumentieren, daß das Leben auch ein typisches Produkt eines Planeten wie der Erde ist?

Wenn Leben unter den entsprechenden Bedingungen wirklich von selbst entsteht, geht es bei unserer Suche nach außerirdischem Leben um die Suche nach anderen Welten im Universum, auf denen diese Bedingungen wahrscheinlich erfüllt sind. Wenn es irgendwo in der Milchstraße einen anderen erdähnlichen Planeten gibt, würde sich nach dieser Ansicht irgendwann dort irgendeine Form von Leben bilden. Aber eine Suche in der näheren Umgebung unseres Weltalls ist nicht ermutigend. Unsere acht Schwesterplaneten im Sonnensystem unterscheiden sich alle eindeutig und vielleicht sogar auf tödliche Weise von der Erde. Trotzdem sollten wir sie nicht völlig abschreiben.

Der Mars galt in der Planetenfamilie unserer Sonne lange als der hoffnungsvollste Kandidat für ein erdenähnliches Leben. Das Klima auf dem Mars ist nach irdischen Maßstäben unausgeglichen – es ist sehr kalt, und der Planet hat eine extrem dünne Atmosphäre –, doch einige irdische Lebensformen existieren auf unserem Planeten unter ähnlich unwirtlichen Bedingungen und wären wahrscheinlich durchaus in der Lage, auf dem Mars zu leben, wenn man sie dorthin brächte. Außerdem gibt es Beweise, daß auf dem Mars irgendwann in weiter Vergangenheit erhebliche Vorkommen an flüssigem Wasser existierten – eine der wesentlichen Bedingungen für das Leben auf der Erde.

Es ist wichtig, sich vor Augen zu halten, daß das Leben auf der Erde eine enorme Vielfalt von Formen entwickelt hat, die alle wunderbar an die Bedingungen ihrer ökologischen Nische angepaßt sind, auch wenn diese Bedingungen von einer Gegend des Globus zur anderen beträchtlich voneinander abweichen können. Wir kennen Bakterien, die in den kochenden Eruptionen von Geysiren existieren, während andere Mikroorganismen in der Kälte der Antarktis überleben, wo die Bedingungen gar nicht so sehr verschieden von denen auf dem Mars sind. Selbst wenn es nicht zuträfe, daß die heutigen Bedingungen auf dem Mars einige Formen des auf der Erde existierenden Lebens ermöglichen würden, wäre es doch immerhin denkbar, daß sich auf dem Mars in der früheren feuchten Entwicklungsphase des Planeten Leben entwickelt und dann angepaßt hat, so daß es unter den modernen Bedingungen des Mars gedeihen konnte – Bedingungen, die der Mensch als unwirtlich ansieht.

Der Mars war in den siebziger Jahren tatsächlich Gegenstand einer eingehenden Suche nach Leben, als zwei Viking-Weltraumsonden auf dem Planeten landeten. In vier Experimenten wurde versucht, Spuren von Organismen (wie sie auf der Erde leben) im Boden des Mars aufzuspüren. Ein Experiment erbrachte positive Ergebnisse, ein anderes war negativ, und zwei Experimente ergaben Unerwartetes und Rätselhaftes. Ein einziges negatives Ergebnis in einem solchen Experiment bedeutet noch nicht, daß es kein Leben auf dem Mars gibt, sondern nur, daß das Experiment es nicht hat nachweisen können.[4] Ein einziges positives Ergebnis sollte eigentlich bedeuten, daß es Leben auf dem Mars gibt, aber in Anbetracht der fehlenden Eindeutigkeit der anderen Experimente und der Möglichkeit, daß (da keines der anderen Experimente Leben entdeckt hat) gerade dieses Experiment in seiner Anordnung einige Mängel aufwies, sollten die Ergebnisse nicht unbesehen hingenommen werden. Die meisten Wissenschaftler sind daher auch vorsichtig. Sie werden nur so weit gehen, zu sagen, daß im Boden des Mars offenbar irgendeine *ungewöhnliche* chemische Zusammensetzung existiert, ohne zu sagen, daß sie *bio*chemisch sein muß. Betrachtet man also die Ergebnisse der Viking-Experimente, ist die Frage nach Leben auf dem Mars noch offen, auch wenn aus den zur Erde übertragenen Aufnahmen klar hervorgeht, daß es, zumindest in der näheren Umgebung des Raumschiffs, keine großen Pflanzen oder Tiere gab.

Die vielleicht größte Hoffnung auf Leben irgendwo in unserem Sonnensystem ruht jetzt auf dem Jupiter und dem riesigen Saturn-Mond Titan, die beide in den achtziger Jahren vom Raumschiff Voyager erforscht wurden. Viele Wissenschaftler glauben, daß die

4 In einer in der Innenstadt von Quebec aufgestellten Elefantenfalle wird wahrscheinlich kein einziger Elefant gefangen, aber das beweist noch nicht, daß es auf der Erde keine Elefanten gibt.

Bedingungen auf dem Jupiter trotz der dort herrschenden großen Kälte chemisch denen der urzeitlichen Erde ähneln. In gewisser Hinsicht ist die Atmosphäre des Jupiter – reichlich Methan und Ammoniak sowie mächtige Stürme, die über den Planeten fegen – eine Art gigantisches Miller-Urey-Experiment. Der mehrschichtige Aufbau bietet eine ganze Skala verschiedener chemischer und physikalischer Bedingungen, von denen einige für ein primitives Leben förderlich sein sollten; sogar die rote und rötlichgelbe Färbung einiger Bänder des Jupiter ähnelt denen der Produkte des Miller-Urey-Experiments.

Der Titan ist zwar abweisend kalt, hat aber eine dichte Atmosphäre aus Stickstoff und könnte sogar Seen aus flüssigem Stickstoff aufweisen. Die Atmosphäre ähnelt einer tiefgekühlten Variante der Ursuppe, die in ein Kühlfach kam, als das Sonnensystem sich vor gut vier Milliarden Jahren bildete. In weiteren etwa vier Milliarden Jahren wird die Sonne jedoch nach anerkannter astronomischer Theorie größer werden, zu einem roten Riesen anschwellen und noch mehr Hitze abgeben. Wird der Titan dann aus seiner Kältestarre erwachen und erwärmt werden, so daß sein Zustand dem ähnelt, der sich als ideal für die Entstehung des Lebens auf der Erde erwies? Vielleicht sind wir vom Leben irgendwo im Sonnensystem mehr durch die Zeit als den Raum entfernt.

Die übrigen Planeten des Sonnensystems sind noch unwirtlicher für das Leben als Mars, Jupiter oder Titan. Die wirkliche Hoffnung auf erdenähnliches Leben muß zunächst bei den Sternen liegen. Allein unsere Milchstraße enthält 100 Milliarden andere Sonnen, von denen viele von Planeten begleitet sein könnten, die der Erde ähnlich genug sind, um als Asyl für das Leben in Frage zu kommen. Da selbst die besten Teleskope auf der Erde diese erdähnlichen Planeten nicht direkt erfassen können (man hofft allerdings, daß das im All kreisende Hubble-Teleskop dazu in der Lage ist, sobald die Anfangsschwierigkeiten überwunden sind), stützt sich diese Annahme allein auf theoretische Überlegungen. Die Meinungen gehen zwar auseinander, was die Zahl der erdähnlichen Planeten betrifft und wie nah an die irdischen Bedingungen andere bewohnbare Planeten herankommen müssen, aber die Zahlen, um die es hier geht, sind so groß, daß es wirklich überraschen würde, wenn es in der Milchstraße keine weiteren geeigneten Planeten gäbe; selbst wenn weniger als ein Prozent aller Sterne wie unser Sonnensystem von einer Planetenfamilie begleitet würde, könnten Hunderte von Millionen Planeten in der Milchstraße für ein Leben geeignet sein, wie wir es kennen. Und es gibt Millionen andere bekannte Galaxien...

Diese Art der Spekulation setzt sich allerdings dem Vorwurf aus, hochgradig chauvinistisch und darüber hinaus zu pessimistisch zu sein. Warum sollte eine fremde Biologie mit den sehr restriktiven Prinzipien übereinstimmen, die das Leben auf der Erde regeln? Vielleicht kann Leben auf zahllose andere Arten existieren, für die überhaupt keine Proteine oder Nukleinsäuren erforderlich sind.

Die DNA ist nur eins aus einer fast grenzenlosen Vielfalt alternativer langkettiger Moleküle auf der Grundlage der Kohlenstoffchemie. Wer will sagen, welche anderen Anordnungen möglich sind? Können wir wirklich annehmen, daß eine so ausgeklügelte Struktur wie die der DNA der einzig gangbare Weg für die Biologie ist? Und was ist mit anderen chemischen Elementen? Silizium zum Beispiel kann, auch wenn es nicht so vielseitig wie Kohlenstoff ist, eine ähnliche chemische Funktion erfüllen. Die Energiequellen und verfügbaren chemischen Reaktionen sind derart vielfältig, daß sich ungezählte Möglichkeiten anbieten. Aber weil eben alles Spekulation ist, können exotische Biologien nicht allzu ernst genommen werden. Der große Vorteil der Kohlenstoffchemie und der Biologie auf der Grundlage der DNA als Muster unserer Suche nach Leben irgendwo im Universum liegt darin, daß wir wissen, daß das System hier auf der Erde funktioniert.

Wenn aber wirklich irgendwo im Universum Leben auf der Grundlage alternativer chemischer Prozesse existiert, könnte es in den ausgefallensten Umgebungen gedeihen. Es gibt bunte Bilder von Organismen, die sich in den Seen des Titan aus flüssigem Stickstoff tummeln oder durch die ausgedörrten Wüsten des Merkur krabbeln. Jenseits des Sonnensystems können Milliarden anderer Planeten der unterschiedlichsten Formen die Heimat aller möglichen sonderbaren und wunderbaren Geschöpfe sein. Läßt man alternative chemische Zusammensetzungen zu, fällt es tatsächlich schwer, sich Planeten vorzustellen, auf denen irgendeine Lebensform nicht gedeihen könnte. Schließlich ist das grundlegende physikalische Prinzip, das bei der Selbstorganisation und Komplexität – auch der biologischen Komplexität – beteiligt ist, einfach die Bedingung eines offenen Systems, durch das Energie und Entropie fließen, und eine geeignete Energiequelle (was häufig nur bedeutet, daß ein Temperaturunterschied besteht), aus der »getankt« werden kann.

### *Leben ohne Welten*

Einige Wissenschaftler sind sogar über die Vorstellung fremder chemischer Zusammensetzungen hinausgegangen und haben den Gedanken ins Spiel gebracht, daß Leben an anderen Orten überhaupt nicht auf der Chemie beruhen müsse, sondern vielleicht auf anderen komplexen physikalischen Prozessen. Ein berühmtes Beispiel, das der Astrophysiker Fred Hoyle in seinem Science-fiction-Roman ›The Black Cloud‹ entwickelt, arbeitet mit einer riesigen Wolke aus dünnem interstellarem Gas, die als denkendes, zielstrebiges Individuum organisiert ist und sich von Stern zu Stern bewegt, um von der frei verfügbaren Energie zu leben.

Hoyle hat in den letzten Jahren eine ausführliche Theorie erarbeitet, deren Wurzeln auf diesen Gedanken zurückgehen. Zusammen mit Chandra Wickramasinghe erklärt er jetzt, die mikroskopischen Körnchen interstellarer Materie, die sich in diesen interstellaren Wolken finden (und mit Infrarotteleskopen von den Astronomen untersucht werden), seien in Wirklichkeit lebende, in eine schützende Schale gehüllte Bakterien. Hoyle und Wickramasinghe greifen die traditionelle Annahme an, das Leben, das wir kennen, habe auf der Erde begonnen, und lassen eine alte Theorie wiederaufleben, die vor fast hundert Jahren von Svante Arrhenius entwikkelt wurde, einem schwedischen Universalgelehrten, der unter anderem als einer der ersten eingehende Berechnungen über den Treibhauseffekt anstellte. Arrhenius meinte, das Leben könnte sich in Form von Mikroorganismen über die Milchstraße ausgebreitet haben, die auf Staubpartikeln sitzen und mit ihnen durch den Sonnenwind weitergetragen werden. Im Bild von Hoyle und Wickramasinghe erfüllt ein Heer verschiedener Mikroorganismen den interstellaren Raum, bereit, sich von jedem geeigneten Gastobjekt wie einem Planeten oder Kometen forttragen zu lassen. Das hat zur Folge, daß jeder ähnliche Planet auf ähnliche Art und gleich schnell mit Leben infiziert wird. Dadurch, daß die Theorie der präbiotischen chemischen Zusammensetzung Milliarden Jahre Zeit ließ, auf die Materie in den Wolken zwischen den Sternen einzuwirken, bevor die Erde sich überhaupt bildete, macht sie die ganze Sache, daß das Leben durch Zufall aus dem Abiotischen entstanden ist, um so glaubwürdiger.[5] Wenig Glauben kann man allerdings dem noch spekulativeren Gedanken von Hoyle und Wickramasinghe schenken, wonach unser Planet mit Mikroorganismen aus dem All ständig »neu infiziert« wird, die für große Epidemien wie die Grippe verantwortlich sind. Ein Schlüsseltest der Ideen von Arrhenius, Hoyle und Wickramasinghe ist die Existenz (oder Nichtexistenz) von Leben auf dem Mars. Da dieser Planet ein bevorzugter Kandidat für eine derartige Infektion ist – und es fällt schwer, sich vorzustellen, daß Mikroorganismen die Härten des interstellaren Raums überleben, aber nicht imstande sind, sich dort anzusiedeln –, müssen die ständigen Fehlschläge, Leben auf dem Mars zu bestätigen, gegen diese Theorie sprechen.

Wie aber kann außerirdisches Leben entdeckt werden, wenn das übrige Sonnensystem eine Öde ist? Unsere Weltraumsonden werden in absehbarer Zukunft wahrscheinlich keinen anderen Stern erreichen. Sollten sich unsere Schwesterplaneten im Sonnensystem als steril erweisen, wird dann die Frage nach Leben außerhalb der Erde ein Thema der Science-fiction bleiben? Vielleicht nicht, denn es gibt unter Umständen eine andere Methode, die Annahme zu testen, daß wir nicht allein sind.

5 Grundsätzlich glaubwürdiger, weil mehr Zeit zur Verfügung steht; in der Praxis jedoch schwerer zu verstehen, weil das sehr viel größere Spektrum der in der Milchstraße vorhandenen chemischen und physikalischen Bedingungen insgesamt es schwer macht, zu wissen, wo man anfangen soll mit der Entwicklung einer Theorie über die Entstehung des Lebens.

### *Die Fremden*

Obwohl die Entdeckung schon der kleinsten außerirdischen Mikrobe die Perspektive des Menschen auf das Universum für immer verändern würde, bleibt das eigentlich Faszinierende die Möglichkeit anderer *intelligenter* Lebensformen und fremder technologischer Gemeinschaften. Science-fiction-Autoren haben diese Faszination, die viele Wissenschaftler ebenfalls empfinden, weidlich ausgenutzt. Aber was sind die Fakten?

Auf der Erde hat die Intelligenz offenbar einen guten Überlebenswert und ist von selbst als Folge evolutionärer Zwänge entstanden. Intelligenz gibt es nicht nur beim Menschen, sondern auch bei anderen, ganz unähnlichen Geschöpfen, wie etwa den Delphinen. Es fällt leicht, sich davon überzeugen zu lassen, daß das Leben, wenn es auf einem Planeten einmal existiert, sich schrittweise und systematisch zu komplexeren Varianten entwickelt, so daß intelligentes Verhalten bei härter werdendem Wettbewerb einen Selektionsvorteil darstellt. Tatsächlich scheint der Sprung von der Mikrobe zum Menschen leichter nachvollziehbar als der von der Ursuppe zur DNA. Wenn Leben im ganzen Universum verbreitet ist, sind es nach dieser Philosophie auch die Intelligenz und vermutlich die Technologie. Es ist eine Schlußfolgerung, die den Weg zu einer völlig neuen Möglichkeit eröffnet, außerirdisches Leben zu entdecken. Statt nach den Lebensformen selbst zu suchen, können wir nach Zeichen ihrer Technologie suchen.

Menschen, die schlecht sehen, könnten von der Existenz winziger (und möglicherweise intelligenter) Lebensformen auf der Erde überzeugt werden, wenn sie den Bau von Ameisenhaufen beobachten, ohne daß sie jemals eine Ameise sehen oder mit ihr kommunizieren. Vor einem Jahrhundert war der Astronom Percival Lowell sich sicher, daß eine hochstehende Zivilisation auf dem Mars ein ausgeklügeltes Netz aus Kanälen errichtet habe. Leider zeigte sich, daß die verschwommenen Formen, die er durch sein Teleskop erkannt zu haben glaubte, mehr der Psychologie geschuldet waren als der physikalischen Wirklichkeit. Doch der Grundsatz, mit dem Teleskop nach technologischen Artefakten auf anderen Planeten zu suchen, ist nach wie vor vernünftig.

Wie könnte eine ferne, fremde Gemeinschaft uns ihre Existenz verraten? Der nächste Stern (nach der Sonne) ist mehr als vier Lichtjahre (etwa 39 Millionen Millionen Kilometer) von uns entfernt. Selbst nach optimistischen Schätzungen sind die Chancen nicht sehr hoch, daß es im Umkreis der Erde von zehn oder auch nur hundert Lichtjahren eine fremde Zivilisation gibt. Eine direkte Beobachtung mit optischen Mitteln über eine so ungeheuer große Entfernung steht außerhalb jeder Diskussion.

Eine erfolgversprechendere Strategie ist die, nach Radiosignalen zu suchen. Radioteleskope sind potentiell leistungsfähiger als ihre optischen Gegenstücke, was zum Teil daran liegt, daß sie kombiniert eingesetzt werden können, was die eigentliche »Lauschkraft« vervielfacht. Einige dieser Systeme ahmen, zumindest teilweise, die Eigenschaften einer einzelnen Radioantenne nach, die so groß wie die Erde ist. Leider ist auf der Erde kein Gerät empfindlich genug, das, was unseren Radio- und Fernsehsignalen entspricht, über interstellare Entfernungen zu belauschen. Doch das liegt überwiegend daran, daß diese Signale sich in alle Richtungen ausbreiten und einen expandierenden Raum rund um den Herkunftsplaneten (etwa die Erde) erfüllen. Die Situation ändert sich, sobald starke Radiosignale bewußt in einem Strahl auf einen bestimmten Punkt im Weltall gerichtet werden, wobei sie eine sehr viel größere effektive Reichweite haben können. Das Radioteleskop Arecibo in Puerto Rico ist in der Lage, auf diese Weise mit einem ähnlichen Instrument irgendwo in unserer Milchstraße in Verbindung zu treten – wenn wir nur wüßten, welchen Sternen wir unsere Botschaft schicken oder welche wir nach einer Botschaft belauschen sollen.

Die irdische Technologie reicht also aus, mit jeder technisch vergleichbaren Zivilisation in unserer Milchstraße in Verbindung zu treten. Der Gedanke an Radiodialoge mit entwickelten Gemeinschaften hat die Phantasie von Wissenschaftlern wie Nichtwissenschaftlern gleichermaßen beflügelt, wenngleich er für viele Einwände offen ist. Warum sollten »sie« sich die Mühe machen und uns Signale senden? Woher wissen »sie« überhaupt, daß es uns gibt und daß wir die Technologie besitzen, ihre Signale zu empfangen? Und was hat es überhaupt für einen Sinn, auf diese Weise zu kommunizieren, wenn die Botschaften selbst bei Lichtgeschwindigkeit Jahrzehnte oder länger brauchen, um ihren Zielort zu erreichen? Und warum eigentlich sollten auch »sie« Radiosignale statt einer fortgeschritteneren Technik einsetzen, die wir erst noch entdecken müssen? Es könnte sogar ein kosmisches Kommunikationsnetz zwischen hochstehenden Zivilisationen geben, das längst in Betrieb ist, und wir sind einfach nicht klug genug, uns einzuschalten.

### *Die Suche nach ET*

Verfechter des Kommunikationsgedankens lassen sich durch diese Probleme nicht beirren, und zwar aus folgenden Gründen: Die Erde mit ihren viereinhalb Milliarden Jahren ist nur ein Drittel so alt wie die Milchstraße, und das Leben auf der Erde hat für die Entwicklung von primitiven Mikroorganismen zu unserer modernen technologischen Gesellschaft etwa vier Milliarden Jahre gebraucht. Wenn sich das Leben auf den Planeten, die in der Frühgeschichte der Milchstraße entstanden sind, so schnell entwickelt hat, hätte es bereits vollentwickelte technologische Gemeinschaften geben können, bevor die Erde überhaupt existierte. Die Fähigkeiten einer Technologie, die Tausende, vielleicht Millionen oder gar Milliarden Jahre bestanden hat, sind gar nicht abzuschätzen. Vielleicht war es für so eine fortgeschrittene Zivilisation eine Kleinigkeit, Signale mit allen Sternsystemen in der Milchstraße auszutauschen. Was das Wissen betrifft, daß wir hier sind, müssen wir uns vor Augen halten, daß es diese expandierende Hülle aus Funk- und Fernsehrauschen gibt, daß sie inzwischen einen Radius von über 50 Lichtjahren hat und sich mit Lichtgeschwindigkeit vom Sonnensystem ausbreitet. Eine entsprechend fortgeschrittene Zivilisation könnte diese Verschmutzung der kosmischen Wellen wahrscheinlich feststellen, auch wenn wir das auf die gleiche Entfernung nicht können. Und nach einer nach Jahrtausenden zählenden Geschichte wäre eine Übermittlungszeit von ein paar Jahrzehnten für diese fremden Intelligenzen vielleicht annehmbar – selbst wenn ihre eigene Lebenserwartung nicht höher sein sollte als unsere, was wir keinesfalls für selbstverständlich halten sollten. Außerdem würde jede fremde Gesellschaft, die so intelligent ist, daß sie sich über die Aufnahme von Kontakten zu einer neu entstandenen technologischen Gemeinschaft (uns) Gedanken macht, sicher das wahrscheinlichste Kommunikationssystem (Funk) wählen, das angemessen wäre.

Wenn wir annehmen, daß jemand da draußen versucht, mit uns in Verbindung zu treten, besteht eines der Haupthindernisse beim Funkverkehr mit Fremden darin, die richtige Funkfrequenz zu wählen. Da die ganze Funkskala zur Verfügung steht, woher sollen wir wissen, auf welcher Frequenz »sie« senden? Vor drei Jahrzehnten haben Giuseppe Cocconi und Philip Morrison vom Massachusetts Institute of Technology diesbezüglich einen findigen Vorschlag gemacht. Jede Gemeinschaft in der Milchstraße, die mit den Grundzügen des Radioteleskops vertraut ist, würde, so argumentierten sie, das allgegenwärtige, durch Radioemissionen erzeugte Hintergrundrauschen aus den Wasserstoffgaswolken kennen, die sich um die Spiralarme der Milchstraße schlingen. Das ist das erste, was jeder Radioastronom »hören« würde. Was liegt da näher, als diese Frequenz (vielleicht die halbe oder doppelte Frequenz, um dem Rauschen selbst auszuweichen) für die interstellare Kommunikation zu wählen? Es könnte zumindest nichts natürlicher sein, wenn die Denkprozesse der Fremden genauso abliefen wie die von Cocconi und Morrison…

Einige Astronomen waren inzwischen enthusiastisch genug, verschiedene vorbereitende Maßnahmen einzuleiten. Beschränktes Suchen nach Signalen von nahen Sternsystemen hat bisher nichts erbracht, was als intelligente Kommunikation bezeichnet werden könnte, und eine weit ehrgeizigere und umfassendere Suche wäre nötig, wollte man irgendeine vernünftige Erfolgschance haben. Unverdrossen haben Radioastronomen in Arecibo einen Signalschwall in Richtung eines riesigen Sternenhaufens weit jenseits der Milchstraße gesandt, wo das Signal auf seiner Reise über zig Millionen Lichtjahre von jedem Wesen empfangen werden kann, das, mit einem ähnlichen Radioteleskop ausgerüstet, auf irgendeinem Planeten einen der Tausenden von Sternen in dem Haufen umkreist. Insgesamt wird die Erfolgschance bei der Suche nach außerirdischer Intelligenz allgemein jedoch als zu spekulativ betrachtet, als daß man mehr als einen Bruchteil der verfügbaren Instrumentenzeit an den großen Radioteleskopen der Welt verlangen könnte, ganz zu schweigen vom Bau einer ganzen Kette von Radioteleskopen, den einige Forscher als Mindestanforderung für ein wirklich systematisches Bemühen bezeichnen.

### *Wo sind sie?*

Eine der eher ernüchternden Schlußfolgerungen, die man aus einer ziemlich einfachen Wahrscheinlichkeitsanalyse außerirdischer Gemeinschaften ziehen kann, bezieht sich auf die Zahl anderer Zivilisationen in unserer Milchstraße, die vielleicht schon eine Technologie haben. Ständig entstehen in der Milchstraße Sterne und Planeten, und wenn Leben auf jedem geeigneten Planeten auftaucht und sich entwickelt, könnten sich auch immer mehr technologische Gemeinschaften bilden. Nimmt man optimistisch an, daß dieser Prozeß in jedem Planetensystem um einen Stern wie die Sonne unvermeidlich ist, müßte etwa alle zehn Jahre eine neue Ziviliation mit interstellarer Funktechnologie entstehen, und das seit zehn Milliarden Jahren, wenn die Milchstraße vierzehn Milliarden Jahre alt ist und es, wie auf der Erde, etwa vier Milliarden Jahre dauert, bis eine Technologie sich entwickelt.

Das ist eine doppelt bemerkenswerte Schlußfolgerung, denn unsere eigene Radioteleskoptechnologie ist nicht älter als ein paar Jahrzehnte. Daraus folgt, daß wir höchstwahrscheinlich die Neulinge in einem galaktischen Funkkommunikations-Club wären. Alle anderen Funkgemeinschaften sind technisch wahrscheinlich fortgeschrittener als wir.

Die Zahl solcher Gemeinschaften heute hängt jedoch maßgeblich von der Lebenserwartung einer technologischen Zivilisation und von der Geburtenrate ab. Wenn die Zivilisation auf der Erde morgen zerstört wird und wenn wir typisch sind, würde das bedeuten, daß im Durchschnitt zu jedem Zeitpunkt nur eine Gemeinschaft in der Milchstraße existiert, die zu interstellarer Kommunikation fähig ist. Wir hätten diese Auszeichnung heute ganz allein für uns, was uns im Augenblick zur technologisch fortgeschrittensten Gesellschaft in der Milchstraße machen würde. Wenn andererseits eine typische fortgeschrittene Gemeinschaft, sagen wir, zehn Millionen Jahre existiert, dann bevölkern etwa eine Million derartige Gemeinschaften die Milchstraße zu jedem Zeitpunkt, von denen die meisten uns technologisch eindeutig überlegen sind.

Das wirft eine schwierige und faszinierende Frage auf, die in dieser Form erstmals von dem Physiker Enrico Fermi gestellt wurde, der unter anderem der Theoretiker war, dem das Neutrino seinen Namen verdankt. Wenn Leben in der Milchstraße insgesamt gerade sporadisch existiert, dann ist angesichts der relativen Jugend der Erde schwer einzusehen, daß fortgeschrittene Gemeinschaften sich nicht schon vor Millionen Jahren entwickelt haben. Hätten solche Gemeinschaften inzwischen nicht die gesamte Milchstraße kolonisiert?

Überlegen wir, wie das vor sich gehen könnte. Stellen wir uns vor, unsere Zivilisation baute ein riesiges Weltraumschiff mit einer Energieversorgung, die ein Leben an Bord für mehrere tausend Jahre ermöglichte. Das könnte mit der heutigen Technologie bewerkstelligt werden, wenn man es wollte. Ein paar Kolonisten könnten sich mit einem solchen Raumschiff mit gemäßigter Geschwindigkeit auf die Suche nach einer neuen Heimat in der Milchstraße machen. Bei den im Moment möglichen Geschwindigkeiten dauert es vielleicht 10000 Jahre, den nächstgelegenen Stern zu erreichen, aber am Ende würden sich einige künftige Kolonistengenerationen auf einem anderen Planeten ansiedeln. Ein paar tausend Jahre später wäre dieser Planet vollständig besiedelt, und eine weitere Expedition könnte sich auf den Weg machen.

Mit dieser Strategie könnte die gesamte Milchstraße (die etwa 100000 Lichtjahre groß ist) in nur zehn Millionen Jahren mit Menschen besiedelt werden – nur ein Bruchteil des Alters der Milchstraße. In einem anderen Szenario könnten angehende Milchstraßeneroberer automatische Weltraumsonden aussenden, die technologisch nur unwesentlich weiter wären als unsere heutigen Roboter und mit genetischem Material ausgestattet wären, um buchstäblich irdisches Leben auf geeigneten Planeten auszusäen (gefrorene Ei- und Samenproben oder befruchtete Eier oder sogar die Rohstoffe lebender Moleküle zusammen mit genetischen Informationen, die im Computergehirn des Roboters verschlüsselt sind und die Herstellung von DNA nach der Ankunft ermöglichen). Und wenn auch viele Menschen die Wahrscheinlichkeit bezweifeln, daß eine Zivilisation sich dazu entschließt, auch wenn es technologisch machbar wäre, denken wir daran, daß es jederzeit in der bis jetzt rund 14 Milliarden Jahre alten Geschichte der Milchstraße[6] nur einer solchen Siedlerspezies bedarf, sich auszubreiten, und die

6 Das heißt, eine Siedlerzivilisation aus rund einer Milliarde technolo-

Milchstraße würde heute von ihren Nachkommen wimmeln. Wo sind sie also?

Es wäre offenbar ein größeres Dilemma für diejenigen, die an die Existenz intelligenten Lebens irgendwo im Universum glauben. Vielleicht sind sie hier, und wir sind nur zu begriffsstutzig, es zu merken – so wie Ameisen ihrer Beschäftigung nachgehen, ohne auf die Überwachung durch die Menschen zu achten. Vielleicht wird, wie uns einige Ufo-Freaks glauben machen wollen, die Erde aus der Ferne beobachtet wie eine Art kosmisches Naturreservat, an dem aus Gründen, die wir nicht verstehen können, Schilder mit der Aufschrift »Betreten verboten« angebracht worden sind. Vielleicht haben auch alle technologischen Gesellschaften, die die für eine Kolonisierung notwendige Aggressivität besitzen, einen eingebauten Selbstzerstörungsmechanismus, der sie vernichtet, bevor sie den Punkt interstellarer Reisen erreichen. Vielleicht führen gerade die evolutionären Zwänge, die zur Intelligenz führen, auch zur Aggression, und an irgendeinem kritischen Punkt bewirkt die Kombination beider eine nukleare Vernichtung oder etwas Entsprechendes – oder die intelligente Spezies läuft unausweichlich auf ihrem Planeten Amok, plündert die Umwelt und raubt dem Planeten die Fähigkeit, weiterhin Lebensgrundlage zu sein. Es kann auch, was nicht ganz so düster ist, Probleme mit dem interstellaren Reisen geben, an die wir nicht gedacht haben. Oder – was unwahrscheinlich ist – das Leben auf der Erde ist so ausgefallen, daß unser Planet für die meisten Lebensformen feindlich wäre. Denn es kann doch sicher nicht angehen, daß wir die einzige technologische Zivilisation sind, die in der Milchstraße oder dem gesamten Universum jemals entstanden ist, oder?

## *Von der Materie zum Geist*

In einem Artikel mit der Überschrift ›Information, Physik, Quanten: Die Suche nach Verbindungen‹ schrieb der theoretische Physiker John Wheeler Ende der achtziger Jahre, es gebe keinen Ausweg aus der Schlußfolgerung: »Die Welt kann keine riesige Maschine

gischer Zivilisationen, die nach den bisher von uns benutzten Zahlen auftreten.

sein, die irgendeinem vorgegebenen kontinuierlichen physikalischen Gesetz folgt.« Es wäre genauer, meinte Wheeler, sich das physikalische Universum als ein gewaltiges informationsverarbeitendes System zu denken, dessen Ergebnis noch nicht feststehe. Für diese massive paradigmatische Verschiebung prägte er den Slogan »It from bit«. Das heißt, jedes *it* – jedes Teilchen, jedes Kraftfeld, sogar die Raumzeit – offenbart sich uns letztlich durch Informations*bits*.

Der Wissenschaftsprozeß ist ein Prozeß der Naturbefragung. Jedes Experiment, jede Beobachtung entlockt der Natur Antworten in Form von Informationsbits. Aber noch grundlegender ist, daß die eigentliche Quantennatur der physikalischen Welt dafür sorgt, daß letzten Endes all diese Experimente und Beobachtungen auf Antworten der einfachen Ja-Nein-Art reduziert werden. Ist ein Atom in seinem Grundzustand? Ja. Hat das Teilchen einen ganzzahligen Spin? Nein. Und so weiter. Und wegen der der Quantenphysik eigenen Unbestimmtheit können diese Antworten nicht vorausgesagt werden. Außerdem spielt, wie in Kapitel 7 behandelt, der Beobachter eine Schlüsselrolle bei der Entscheidung über das Ergebnis der Quantenmessungen – die Antworten und die Natur der Wirklichkeit hängen zum Teil von der Fragestellung ab.

Wheeler ist ein extremer Vertreter der Philosophie vom »partizipatorischen Universum«, in der Beobachter wesentlich für die Natur der physikalischen Wirklichkeit sind und Materie letztlich auf den Geist verwiesen wird. Ein anderer Vertreter solcher Ideen ist Frank Tipler von der Tulane University in New Orleans. Tiplers Position unterscheidet sich jedoch von der Wheelers insofern, als die Teilnahme des Beobachters an der Natur nach seiner Meinung noch unbedeutend ist. Tipler glaubt vielmehr, daß die Intelligenz sich am Ende im gesamten Kosmos ausbreitet und sich immer stärker am Wirken der Natur beteiligt, bis sie schließlich ein solches Ausmaß erreicht, daß sie selbst Natur wird. Nach Tipler breitet sich intelligentes Leben – oder eher ein Netz aus Rechenanlagen – vom Ursprungsplaneten (möglicherweise der Erde) aus und gewinnt langsam aber sicher die Herrschaft über immer größere Bereiche. Tipler denkt dabei nicht nur an das Sonnensystem oder etwa nur die Milchstraße, sondern an das gesamte Universum, das unter die Herrschaft dieser manipulativen Intelligenz gerät – ein Szenario, das in mancher Hinsicht die frühen philosophischen Überlegungen des Jesuiten Pierre Teilhard de Chardin anklingen läßt, deren Schlüssel jedoch die Technologie ist. Auch wenn der Prozeß Billiarden Jahre dauern sollte, besteht das Ergebnis dieser schleichenden »Technologisierung« der Natur in Tiplers Szenario darin, daß der ganze Kosmos zu einem einzigen intelligenten Rechensystem verschmilzt! Die Intelligenz wird in Wirklichkeit das »natürliche« Informationsverarbeitungssystem, das wir Universum nennen, entführt und es für ihre eigenen Zwecke verwendet haben. Alle »Its« werden wieder zu »Bits«.

Wir erwähnen diese zugegebenermaßen spekulativen Vorstellungen, um die grundlegend gewandelte Sicht deutlich zu machen, die den Schritt zu einem postmechanistischen Paradigma begleitet hat. Statt Klumpen aus Materieteilchen in einer schwerfälligen newtonschen Maschine haben wir ein verwobenes Netz mit Informationsaustausch – ein ganzheitliches, indeterministisches und offenes System –, das vor Möglichkeiten strotzt und mit einer unendlichen Fülle bedacht ist. Der menschliche Geist ist ein Nebenprodukt dieses gewaltigen Informationsprozesses, ein Nebenprodukt mit der eigenartigen Fähigkeit, die Grundsätze, nach denen der Prozeß abläuft, zumindest teilweise verstehen zu können.

Descartes schuf das Bild vom menschlichen Geist als einer Art nebulöser Stoff, der unabhängig vom Körper existiert. Viel später, in den dreißiger Jahren unseres Jahrhunderts, verspottete Gilbert Ryle diesen Dualismus mit einem prägnanten Hinweis auf die Rolle des Geistes als »Geist in der Maschine«. Ryle brachte seine Kritik in der hohen Zeit des Materialismus und Mechanismus an. Die »Maschine«, auf die er anspielte, waren der Körper und das Gehirn des Menschen, die selbst nur Teile der größeren kosmischen Maschine waren. Aber schon als er seinen markanten Ausdruck prägte, war die neue Physik im Anmarsch und höhlte die Weltsicht aus, auf der die Anschauungen Ryles gründeten. Heute, beim Übergang ins 21. Jahrhundert, erkennen wir, daß Ryle recht hatte, die Vorstellung vom Geist in der Maschine zu verwerfen – nicht weil es keinen Geist, sondern weil es keine Maschine gibt.

# *Bibliographie*

Die in diesem Buch vorgestellte Synthese von Gedanken dokumentiert ein wachsendes Bewußtsein für die Notwendigkeit eines neuen, ganzheitlichen Paradigmas in den Naturwissenschaften. Dieses Bewußtsein entstand bei den Autoren im Laufe ihrer Beschäftigung mit den verschiedensten neueren Gedanken in der Physik. Wie das Universum selbst ist die in diesem Buch erzählte Geschichte mehr als die Summe ihrer Teile, was wir (und andere) schon erörtert haben. Die im folgenden genannten Bücher vertiefen einige der Fragestellungen, die auch Gegenstand unserer Überlegungen sind. Wir haben einige unserer früheren Publikationen aufgeführt, weil sie unser wachsendes Unbehagen über das rein reduktionistische Vorgehen deutlich machen. Sie bieten auch den ausführlichen Hintergrund für das, was das vorliegende Buch – wie wir hoffen – überzeugend behandelt.


Barrow, John: *The World within the World*. Oxford 1988.

Barrow, John: *Theories of Everything*. Oxford 1991.

Barrow, John/Silk, Joseph: *Die asymmetrische Schöpfung*. München 1986.

Barrow, John/Tipler, Frank: *The Anthropic Cosmological Principle*. Oxford 1986.

Berkeley, George: *Abhandlung über die Prinzipien der menschlichen Erkenntnis*, dt. 1906.

Bohm, David: *Die implizite Ordnung*. München 1985.

Clark, David: *Superstars*. London 1979.

Clayton, Donald: *The Dark Night Sky*. New York 1975.

Coveney, Peter/Highfield, Roger: *The Arrow of Time*. London 1990.

Davies, Paul: *The Physics of Time Asymmetry*. San Francisco 1974.

Davies, Paul: *The Accidental Universe*. New York 1982.

Davies, Paul: *Die Urkraft*. Hamburg 1987.

Davies, Paul: *Prinzip Chaos: die neue Ordnung*. München 1988.

Davies, Paul: *The Mind of God*. New York 1991.

Davies, Paul (Hg.): *The New Physics*. New York 1989.

Davies, Paul/Brown, Julian: *Der Geist im Atom*. Basel 1988.

Dunne, J. W.: *An Experiment with Time*. London 1934.

Feinberg, Gerald/Shapiro, Robert: *Life beyond Earth*. New York 1980.

Ferris, Timothy: *Kinder der Milchstraße*. Basel 1989.

Feynman, Richard: *The Character of Physical Law*. London 1966.

Feynman, Richard: *QED*. München 1992.

Gilder, George: *Microcosm: The Quantum Revolution in Economics and Technology*. New York 1989.

Gleick, James: *Chaos, die Ordnung des Universums*. München 1990.

Gribbin, John: *Auf der Suche nach Schrödingers Katze*. München 1991.

Gribbin, John: *In Search of the Double Helix*. New York 1985.

Gribbin, John: *In Search of the Big Bang*. New York 1986.

Gribbin, John: *Auf der Suche nach dem Omegapunkt*. München 1990.

Gribbin, John: *Hothouse Earth: The Greenhouse Effect and Gaia*. New York 1990.

Gribbin, John: *Blinded by the Light: The Secret Life of the Sun*. New York 1991.

Gribbin, John/Rees, Martin: *Cosmic Coincidences*. New York 1989.

Harrison, Ed R.: *Cosmology*. New York 1981.

Hawking, Stephen: *Eine kurze Geschichte der Zeit*. Hamburg 1989.

Heisenberg, Werner: *Physik und Philosophie*. Berlin 1959.

Hofstadter, Douglas R.: *Gödel, Escher, Bach, ein Endloses Geflochtenes Band*. Stuttgart 1985.

Kaufmann, William J.: *The Cosmic Frontiers of General Relativity*. Boston 1977.

Lovelock, James: *Das Gaia-Prinzip*. Zürich 1990.

Mandelbrot, Benoit B.: *Die fraktale Geometrie der Natur.* Basel 1987.
Minsky, Marvin: *The Society of Mind.* New York 1987.
Newton, Isaac: *Principia Mathematica* (1687; dt. unter dem Titel: *Mathematische Grundlagen der Naturphilosophie.* Hamburg 1988.
Pagels, Heinz: *The Dreams of Reason.* New York 1988.
Penrose, Roger: *The Emperors New Mind.* Oxford 1989.
Prigogine, Ilya/Stengers, Isabelle: *Order Out of Chaos.* London 1984.
Rae, Alastair: Quantum Physics: *Illusion or Reality?* New York 1986.
Rafelski, Johann/Muller, Berndt: *Die Struktur des Vakuums.* Freiburg 1985.
Shipman, Harry: *Black Holes, Quasars and the Universe.* New York 1976.
Shklovskii, Iosif/Sagan, Carl: *Intelligent Life in the Universe.* San Francisco 1966.
Stewart, Ian: *Spielt Gott Roulette?* Basel 1990.
Weinberg, Steven: *Die ersten drei Minuten.* München (dtv) 1980.
Will, Clifford: *Und Einstein hatte doch recht.* Berlin 1989.

# *Personenregister*